會計學

（第八版）

主編　趙德武

第八版說明

　　自 2015 年本書第七版后，為了適應中國社會主義市場經濟快速發展變化的需要，「企業互聯網+」經營模式轉變和資本市場的實際情況，為了實現中國會計準則與國際財務報告準則趨同與等效，繼 2014 年財政部對會計準則進行大規模修訂后，國家稅務總局 2016 年 3 月 23 日《關於全面推開營業稅改徵增值稅試點的通知》規定，從 2016 年 5 月 1 日起中國正式全面實行營業稅改增值稅。2016 年 12 月 3 日財政部《關於印發〈增值稅會計處理規定〉的通知》（財會〔2016〕22 號），將「營業稅金及附加」科目名稱調整為「稅金及附加」科目，核算內容取消了「營業稅」及原來「管理費用」核算的全部稅費。2017 年財政部陸續修訂發布了《企業會計準則第 16 號——政府補貼》《企業會計準則第 22 號——金融工具確認和計量》《企業會計準則第 23 號——金融資產轉移》和《企業會計準則第 24 號——套期會計》等四項相關會計準則，制定發布了《企業會計準則第 42 號——持有待售的非流動資產、處置組和終止經營》準則。2017 年 6 月財政部又發布了企業會計準則解釋第 9、10、11、12 號。因為這一系列準則修改與新準則的發布，需要對相關內容進行修改和調整，所以我們在黃增玉老師的大力幫助下組織教材的原作者依據新規定對書中相關內容進行重新修訂與補充，特別是第五章負債、第六章所有者權益、第八章收入與利潤、第九章會計報表，補充了相關內容，更新了相關案例。

　　本書是西南財經大學國家級重點學科會計學系列教材、國家級精品課程指定教材，2014 年又被指定為國家級精品資源共享課程會計學的配套教材。

　　為了更好地適應教材內容的變化，我們對本教材配套使用的《會計學學習指導》一書也進行了相應的修改與補充，同時也修改了為老師們開發的現代教學多媒體課件。

　　感謝多年來讀者對本書的厚愛與支持，從 1998 年第一版起，陪伴我們走過了 19 年歷程。我們將繼續努力，珍視讀者的寶貴意見和建議，不斷完善教材的內容體系與方法，為更多的讀者奉獻精品。

2017 年 7 月

向歷史致敬
——第四版說明

1978—2008年,是中國改革開放的30年,也是中國會計變革的30年。

30年中國會計始終在變革中前行。會計變革的實質就是要建立一種會計系統適應經濟社會發展變化的新機制。會計環境的最大變化莫過於市場經濟體制的確立。會計信息是市場經濟的基礎,基礎不牢,地動山搖。會計正是沿著這個經濟轉型軌跡堅定前行的。還記得當年的「記帳方法之爭」和「會計階級性的討論」,還記得基於「資金運用＝資金來源」的會計體系……然而,鬥轉星移,今天的會計已經面貌全新——會計在經濟社會中的地位和作用發生了變化,會計的思維方式和機制機理發生了變化,會計更好地適應了轉型經濟發展的需要。

中國會計變革遵循了「改革開放—市場經濟—資本市場—會計變革」的內在邏輯。無論是揚湯止沸的改革嘗試,還是釜底抽薪的革命性變革,會計變革既堅持了國際通用標準,又保持了自己應有的理性。中國會計變革凝聚了所有會計人的力量。無論是會計主管部門,還是會計學界業界,在共同的會計事業旗幟下,經歷了風雨,也見證了彩虹。

歷史會銘記會計制度變革的三個里程碑。1992年6月25日,《人民日報》刊登了財政部、國家體改委聯合頒布的《股份制試點企業會計制度》,要求從3月5日起實施,這種制度頒布在后而實施在前在會計史上絕無僅有,因為時不我待!這個制度突破了計劃經濟體制下的簿記制度,強調根據股份公司資本保值和增值的要求建立企業會計制度。這是會計變革的第一個里程碑。1996年「瓊民源」和「中川國際」事件的發生呼喚規範上市公司信息披露行為,財政部制定了《關聯方關係及其交易的披露》和《資產負債表日後事項》兩個會計準則,從此打破了會計制度一統天下的局面,中國會計制度開始走向了準則導向的道路。這是會計變革的第二個里程碑。2006年1月15日,財政部在人民大會堂發布新會計準則和審計準則體系,標誌著兩大準則體系的建設工作大功告成。新會計準則體系涵蓋各類企業各項經濟業務,能夠獨立實施,基本實現了與國際財務報告準則的趨同。這是完善市場經濟體制的一項基礎性工程。

歷史會銘記會計研究範式變革的抉擇。在方法論意義上,範式指的是某學科內被一批學者和應用者所共同接受、使用並作為交流思想的工具的一套概念體系和分析方法。只有建立在公認範式基礎上的會計學才可能有交流的共同語言和思想激蕩的平臺。庫恩在其飲譽世界的《科學革命的結構》(1962年)中一針見血地指出:範式的危機、破裂與演變是科學發展的重要環節和集中體現。在庫恩看來,科學革命的實質就

是「範式轉換」,是排擠掉「不可通約」的原有範式。會計學革命又何嘗不是範式的革命呢?或許出於職業的原因,會計學家的反應力是值得稱讚的。早在1996年中國會計教授年會上,香港科技大學的李志文先生毫不顧及兩百多位會計教授的情面猛烈抨擊中國會計研究,令會計界震驚。同樣出於職業的原因,會計學家們很快冷靜下來,反思自己的研究成果,檢討自己的研究範式,於是,一場範式的變革在會計界悄然興起,蔚然成風。範式的變革是一個艱難的過程,人們對於駕輕就熟的舊範式總是抱有依戀的溫情,對新範式的解釋力卻往往持懷疑態度。會計學家經受住這個抉擇的考驗。

歷史會被銘記,被歷史永遠銘記。30年中國改革開放的輝煌成就,30年中國會計的變革發展,更是值得永遠銘記!在紀念改革開放30周年的日子,本書第四版的問世表達的就是一種銘記。

本書從1998年出版以來,先後進行了三次修訂。修訂的本身反映了會計理論的和實踐的變革的軌跡,反映了我們這個編寫團隊對會計學不斷深化認識的過程。本次修訂主要依據2006年財政部發布的新會計準則,對一些章節進行了補充、修改或者重寫,以便於更好地反映會計準則的新成果和會計實踐的新經驗。同時,為了幫助讀者更好地理解教材,我們編寫了《會計學學習指導》。然而,實踐在發展,認識在進步,任何一本教材都始終處於不斷完善之中,沒有窮盡。

會計無處不在、無時不在。會計是一門充滿無限生機與活力的學科,也是一個知識與技術含量越來越高的職業。會計理論和實踐的發展對會計執業人士的知識、能力和素質提出了更高要求。因此,我們希望讀者在使用本教材時,不拘泥教材本身,重要的是學會學習、學會思考、學會應用、學會創造!

2008年7月31日於光華園

前　言

　　本書是按照西南財經大學「211工程」教材建設方案編寫的、供非會計學專業的學生使用的教科書。

　　現代會計作為一個信息系統，是會計信息生成系統和會計信息加工利用系統的有機統一。本書正是從這一基本觀點出發來構建會計學內容體系的。從邏輯關係看，第一章對會計系統進行了總體描述；第二章至第九章著重討論了會計信息是如何通過會計信息生成系統生成出來的，在內容上涉及基礎會計、財務會計和成本會計；第十章至第十三章著重討論了會計信息的加工利用系統，在內容上涉及會計報表分析和管理會計。

　　本書是全體執筆者愉快合作的結果。執筆者多次對編寫大綱進行了富有建設性的討論，初稿完成后相互之間進行了傳閱。最后由主編趙德武對全書進行統纂、修改和定稿。具體分工是：第一章、第十章由趙德武執筆；第二章、第六章由馮建執筆；第三章、第四章、第五章由付代國執筆；第七章、第八章、第九章由張力上執筆；第十一章、第十二章、第十三章由彭韶兵執筆。

　　本書的編寫，得到了西南財經大學教材建設委員會的大力支持，得到了西南財經大學教務處和會計學院教材編審委員會的大力支持，在此表示衷心的感謝。

　　由於作者水平有限，加之時間緊迫，疏漏乃至錯誤在所難免，懇請讀者批評指正。

編　者

1998年3月20日

於光華園

目　錄

第一章　會計系統 (1)

第一節　會計透視 (1)
第二節　會計是一個信息系統 (5)
第三節　會計信息的生成 (13)
第四節　會計信息的加工利用 (22)
本章學習要點 (23)
本章復習思考題 (25)

第二章　會計信息生成的方法 (26)

第一節　會計帳戶 (26)
第二節　復式記帳 (32)
第三節　會計憑證 (36)
第四節　會計帳簿 (44)
第五節　會計循環 (60)
本章學習要點 (67)
本章復習思考題 (68)

第三章　流動資產 (70)

第一節　貨幣資金 (70)
第二節　交易性金融資產 (73)
第三節　應收款項 (75)
第四節　存貨 (83)
本章學習要點 (91)
本章復習思考題 (92)

第四章　長期資產 (94)

第一節　持有至到期投資和可供出售的金融資產 (94)
第二節　長期股權投資 (99)

第三節　固定資產 ………………………………………………… (106)
　　第四節　無形資產和投資性房地產 …………………………… (115)
　　第五節　長期待攤費用和其他資產 …………………………… (121)
　　本章學習要點 ……………………………………………………… (122)
　　本章復習思考題 …………………………………………………… (124)

第五章　負債 ……………………………………………………………… (125)
　　第一節　流動負債 ………………………………………………… (125)
　　第二節　長期負債 ………………………………………………… (144)
　　本章學習要點 ……………………………………………………… (151)
　　本章復習思考題 …………………………………………………… (152)

第六章　所有者權益 …………………………………………………… (153)
　　第一節　所有者權益的特徵和構成 …………………………… (153)
　　第二節　投入資本 ………………………………………………… (155)
　　第三節　資本公積和其他綜合收益 …………………………… (159)
　　第四節　留存收益 ………………………………………………… (164)
　　本章學習要點 ……………………………………………………… (165)
　　本章復習思考題 …………………………………………………… (165)

第七章　費用與成本 …………………………………………………… (166)
　　第一節　費用確認、計量和分類 ……………………………… (166)
　　第二節　生產成本 ………………………………………………… (169)
　　第三節　期間費用 ………………………………………………… (184)
　　本章學習要點 ……………………………………………………… (185)
　　本章復習思考題 …………………………………………………… (186)

第八章　收入與利潤 …………………………………………………… (187)
　　第一節　收入 ……………………………………………………… (187)
　　第二節　利潤 ……………………………………………………… (196)
　　第三節　利潤分配 ………………………………………………… (204)
　　本章學習要點 ……………………………………………………… (206)
　　本章復習思考題 …………………………………………………… (207)

第九章　會計報表 ……………………………………………………（208）

第一節　編制會計報表的目的與要求 ………………………………（208）
第二節　資產負債表 …………………………………………………（214）
第三節　利潤表 ………………………………………………………（220）
第四節　現金流量表 …………………………………………………（224）
本章學習要點 …………………………………………………………（229）
本章復習思考題 ………………………………………………………（230）

第十章　會計報表分析 …………………………………………………（231）

第一節　會計報表分析的目的與方法 ………………………………（231）
第二節　償債能力分析 ………………………………………………（235）
第三節　營運能力分析 ………………………………………………（238）
第四節　盈利能力分析 ………………………………………………（241）
第五節　財務綜合評價 ………………………………………………（244）
本章學習要點 …………………………………………………………（247）
本章復習思考題 ………………………………………………………（248）

第十一章　會計規劃 ……………………………………………………（250）

第一節　成本性態分析 ………………………………………………（250）
第二節　損益平衡分析 ………………………………………………（257）
本章學習要點 …………………………………………………………（262）
本章復習思考題 ………………………………………………………（262）

第十二章　會計決策 ……………………………………………………（263）

第一節　短期經營決策 ………………………………………………（263）
第二節　長期投資決策 ………………………………………………（270）
本章學習要點 …………………………………………………………（281）
本章復習思考題 ………………………………………………………（282）

第十三章　會計控製 ……………………………………………………（283）

第一節　標準成本控製 ………………………………………………（283）
第二節　責任成本控製 ………………………………………………（291）
本章學習要點 …………………………………………………………（300）
本章復習思考題 ………………………………………………………（301）

附表 ……………………………………………………………………（302）
  附表一 一般終值系數表 $(F,i,n)=(1+i)^n$ ……………………（303）
  附表二 一般現值系數表 $(P,i,n)=(1+i)^{-n}$ …………………（307）
  附表三 年金終值系數表 $(F_A,i,n)=[(1+i)^n-1]/i$ ……………（310）
  附表四 年金現值系數表 $(P_A,i,n)=[1-(1+i)^{-n}]/i$ ……………（314）

第一章
會計系統

學習目標

今天，會計在社會經濟生活中扮演著越來越重要的角色。經濟越發展，會計越重要。會計工作的好壞直接影響會計信息的質量，關係到社會資源的合理配置，關係到市場經濟的正常發展。在本書的開篇中，請將注意力集中在：

(1) 明確會計在社會經濟發展中的重要作用，瞭解會計歷史變遷中的重大事件，深刻認識環境特別是經濟環境對會計發展的影響。

(2) 掌握會計信息系統的目標、結構和功能，根據經濟學中的供求理論，正確認識會計信息的需求與供給——會計信息的用戶及其需要，會計系統能提供什麼信息；準確理解有用信息的標準；瞭解會計人員從事的職業，深刻認識會計人員的職業道德，一般瞭解計算機在會計中的作用。

(3) 掌握會計的概念結構及其要素構成；理解會計目標是會計概念結構的最高層次；掌握會計假設的內容及其意義；掌握並熟練運用加工處理會計信息的基本規範；著重掌握會計要素的分類及其相互關係；瞭解會計的基本程序和會計信息生成的主要方法。

第一節　會計透視

會計是生產發展到一定階段的產物。會計自產生以來經歷了由低級向高級、由簡單向複雜、由不完善向完善的漫長的發展過程，在這一過程中，環境因素起著十分重要的作用。

一、早期會計

物質資料的生產是人類社會存在和發展的基礎。會計產生於物質資料生產的需要。人們在生產活動中，為了以最小的投入取得最大的產出，必須對生產過程中的勞動耗費和勞動成果進行有效的反映，取得必要的核算資料，據以控制生產過程，實現預

定目標。正是這種客觀需要,會計行為便應運而生了。

會計有著悠久的歷史。據考證,反映經濟業務的某些計算記錄,最早可以追溯到公元前3600年,一些具有現代色彩的會計概念甚至可以追溯到希臘和羅馬時代。到公元前1000年左右,世界上一些比較發達的國家就出現了專職會計。據《周禮》記載,中國古代的西周(公元前1046年—公元前771年)就出現了「會計」一詞,並設有專門核算周王朝財賦收支的官職——司會,定期對宮廷的收入支出實行「歲計」「月會」。

中國唐宋時期,出現了「四柱清冊」。所謂「四柱」,是指「舊管」「新收」「開除」和「實在」,相當於現代會計中的上期結存、本期收入、本期支出和本期結存,通過「舊管+新收－開除＝實在」的計算方法,分類匯總日常會計記錄,檢查會計記錄的正確性。

二、復式簿記

儘管早期的會計概念已經孕育了現代會計思想,但仍不足以形成現代會計。會計學家認為,現代會計始於15世紀的復式簿記。換言之,復式簿記的誕生標誌著現代會計的開始。

復式簿記誕生在地中海沿岸,有著深刻的社會經濟背景。11世紀,阿拉伯數字取代羅馬文字,使記帳變得清晰;11世紀至13世紀,十字軍東徵戰爭使義大利沿海城市成為與東方貿易的聯結中心;航海業的發展為海上貿易創造了條件;商業貿易對資本的需求推動了借貸活動和銀行信用的發展。因此,復式簿記誕生了。

1494年義大利數學家、傳教士盧卡·巴其阿勒(Luco Pacioli)在《算術、幾何與比例的概要》中,第一次系統論述了復式簿記,為推動復式簿記在歐洲和全世界的普及奠定了基礎。巴其阿勒被公認為「現代會計之父」。著名詩人歌德讚頌復式簿記,稱:復式簿記乃人類智慧之絕妙創造。

這一時期,簿記的目的在於向業主提供有關資產、負債情況的信息。簿記不僅反映企業經營業務,也反映業主個人的業務。也就是說,會計主體假設尚未出現。同時,會計還缺乏統一而穩定的貨幣計量單位。

三、工業革命

復式簿記產生以后,從15世紀到18世紀是會計發展的停滯時期。在重商主義的影響下,商業成為各國經濟發展的重點。隨著經濟中心從義大利向英、法等國轉移,復式簿記也從義大利傳播到整個歐洲。這一時期,會計核算以內部管理為主要目的,很少向外提供信息;會計的內容主要是個體、合夥經營的商業業務,不需要複雜的會計技術;會計期間假設得以形成,有的企業按年度計算損益。總體上看,這一時期的會計沒有發生重大變化。

直到19世紀后期,發生在西方國家的工業革命推動了生產技術的改進和工商活動的發展,促進了會計理論和會計實務的進步。工業制度的建立和設備的大量採用,

提高了企業長期資產的比重，長期資產的成本化要求促進了系統折舊方法的產生。股份公司的發展和所有權與經營權的分離，客觀上要求把業主投入的資本和投入資本的報酬加以區分。會計實務中逐漸形成了收入與費用相配比的思想，損益表開始成為正式的對外報表。由於重工業的發展和生產規模的擴大，製造費用在生產成本中的比重逐漸提高，正確分攤費用和計算成本成為會計中的重要內容，成本會計得到了迅速發展。隨著會計的發展，公共會計師職業開始興起，1854年蘇格蘭成立了世界上第一個皇家特許會計師協會。

這一時期，會計的目的仍然以內部管理為主；會計的內容從商業活動業務為主轉向工業業務為主；持續經營假設得以形成，歷史成本會計計量模式得以建立；在會計實踐中，不僅重視資產負債表，而且也重視損益表。

四、會計分化

進入20世紀以後，企業經營環境發生了深刻變化，經濟的迅速發展促進了會計理論和會計實務的深刻變革，一個重要表現就是會計分化為財務會計和管理會計。

從20世紀20年代起，股份有限公司成為占主導地位的經營組織形式。隨著所有權和經營權的進一步分離，企業經營活動基本上由股東集團聘任的經理來控製，這時，會計不再局限於為企業主服務，而要考慮企業外部利益集團的需要。傳統會計逐漸發展成為主要向外部有利害關係者提供財務信息的財務會計。財務會計定期提供一套通用的財務報表，以便會計信息用戶做出合理的經濟決策。財務會計的程序和方法具有嚴格的規範，要求遵循一整套關於會計確認、計量、記錄和報告的公認程序。

二戰以後，企業規模越來越大，生產經營日趨複雜，市場競爭更加劇烈。企業管理當局為了避免在競爭中被淘汰，迫切需要會計不僅要能反映過去，而且要能控製現在、預測未來。在這種情況下，會計實踐中逐漸形成了與財務會計相對應的管理會計。管理會計以服務於企業內部管理為主，內容更加廣泛，形式更加靈活，方法也多種多樣。

會計分化為財務會計和管理會計，標誌著會計進入了成熟時期。

此外，這一時期，會計領域不斷拓寬，新的會計分支不斷出現。20世紀20年代至30年代，西方國家發生了空前的經濟危機，各國政府加強了對經濟活動的管制，稅收會計和政府會計得以形成。20世紀70年代以後，西方國家出現了持續高漲的通貨膨脹，動搖了財務會計的許多重要基礎，由此形成了通貨膨脹會計；企業與社會的關係發生了重要變化，在社會福利主義思想的影響下，會計領域中出現了社會責任會計；隨著跨國經營和國際貿易的發展，國際會計迅速發展起來。

五、信息技術

20世紀80年代以後，隨著系統論、信息論和控製論的出現，人們對會計本質有了更全面、更深刻的認識。現代會計學家一般將會計看成是一個信息系統。

由於信息技術的採用，會計系統出現了一些新特點：會計數據載體從紙張轉向磁介質和光介質；會計數據處理工具從草稿紙、算盤轉向計算機；會計信息輸入輸出的方式從低速單向傳遞變為實時雙向交流，互聯網、EDI電子數據交換，使每個人都具有了相同的獲得信息的條件。

六、中國會計與國際接軌

中華人民共和國成立前，中國會計採用中西並存的會計模式。中華人民共和國成立后，會計工作走過了一條不平凡的發展道路。

新中國成立初期，財政部設置了主管全國會計事務的機構——會計制度司。會計制度司根據宏觀經濟管理的需要，先后制定了多種統一的會計制度。第一個五年計劃時期，中國制定了一系列會計法規和規章，促進了會計工作的改進。1958年以後，中國會計工作進程受阻。「文革」期間，會計制度被廢除，會計機構被撤並，會計工作遭到破壞。

黨的十一屆三中全會以後，中國制定了一系列新的會計法律、規章，會計工作得到了恢復和加強，但仍存在著不少問題，一些單位會計基礎工作薄弱，財經紀律鬆弛，數字不實，帳目不清，監督不力。1985年1月21日，第六屆全國人大常委會第九次會議審議通過了《中華人民共和國會計法》（下稱《會計法》）。《會計法》的頒布和實施對於加強會計工作起到了重要作用。1993年12月29日，第八屆全國人大常委會第五次會議對《會計法》進行了部分修改。

1992—1993年，中國對財務會計制度進行了重大改革，這場改革被譽為「會計風暴」。其間，財政部先后頒布了《企業會計準則》《企業財務通則》以及分行業的財務會計制度，建立了資產、負債、所有者權益、收入、費用和利潤六大會計要素，統一了記帳方法，採用了國際通行的會計報表體系。這是中國會計理論和會計實務發展的一個重要里程碑，標誌著中國會計核算模式從計劃經濟體制下的會計模式向市場經濟體制下的會計模式的轉變，標誌著中國會計走向了與國際慣例接軌的道路，為中國企業引進外資、走出國門奠定了財務會計的基礎。

隨著中國經濟改革的深入發展，為了進一步完善會計法制，加強會計工作，1999年10月31日，第九屆全國人大常委會第十二次會議審議通過了經過修改的《會計法》，並於2000年7月1日起施行。《會計法》的再次修改和發布，對於規範會計行為，保證會計資料的真實、完整，加強經濟管理和財務管理，提高經濟效益，維護社會主義市場經濟秩序都具有極為重要的意義。

隨著中國證券市場的進一步開放，企業股份制改造日益興起，並在國內上市。同時，中國企業到香港、境外等地發行股票，接受外國政府貸款、世界銀行貸款、亞行貸款等越來越多，從而帶來了會計的國際協調問題。上市公司因其投資者眾多，公眾對上市公司會計信息的需求越來越大。因此，提高會計信息質量，保證會計信息的可靠性，增強會計信息的透明度被提到議事日程。「瓊民源」事件發生后，社會公眾和證券監

管部門對會計核算和信息披露提出了更高的要求。在這種情況下，財政部於1997年發布了第一個具體會計準則——《關聯方關係及其交易的披露》，此后又陸續發布了收入、投資等具體會計準則。具體會計準則的建設是一個浩大的系統工程，還需要一個較長的時期才能完成。

　　鑒於會計準則和會計制度並存，為了克服行業會計制度的缺陷，財政部於2000年12月29日發布了《企業會計制度》。該制度結合中國國情，借鑒國際慣例，是一個跨行業、跨經濟成分，融準則和制度於一體，統一通用的會計核算制度。《企業會計制度》的發布為規範中國企業會計核算行為，真實、完整地反映企業財務狀況、經營成果和現金流量，提高會計信息的質量具有深遠的意義。

　　縱觀當今世界，經濟一體化已成為世界經濟發展的重要趨勢。影響貿易的關稅壁壘和非關稅壁壘正在大幅度削弱，貿易自由化程度越來越高；國際資本市場、跨國併購和戰略聯盟的發展，使資本、勞務等生產要素在全球範圍內自由流通更加便捷，推動著經濟領域中包括會計標準在內的各種標準、制度的國際趨同；信息資源正在被更廣泛的領域、更多的群體所分享，日益成為一種世界性的公共產品。

　　基於以上原因，2006年2月15日，財政部頒布了新的《企業會計準則》，包括基本準則和38條具體準則，規範了企業會計確認、計量和報告行為。中國會計準則與國際財務報告準則實現了實質性趨同，將中國會計提升到了國際先進水平的行列，有助於企業可持續健康發展，同時為實現中國會計準則與其他國家或者地區會計準則等交叉奠定了基礎。對提升中國企業的國際競爭力具有重大的意義。

第二節　會計是一個信息系統

　　會計是一個經濟信息系統。本節主要討論作為信息系統的會計、會計信息的用戶及其需要、會計信息的質量特徵、會計職業、計算機在會計中的作用。

一、作為信息系統的會計

　　在日常生活中，我們會感受或者親自面對各式各樣的決策問題，比如AC米蘭俱樂部決定是否購買足球明星馬拉多納、你決定學會計學專業還是財務管理專業、公司經理決定在沿海建廠還是在內地建廠、公司採購人員要考慮從A公司還是從B公司購買原材料、公司董事會決定是否增加股利、你是否準備投資購買一家公司的股票等。

　　面對決策，誰都希望能夠做出正確的決斷。決策的正確性不僅取決於決策者自身的分析判斷能力，還取決於是否佔有充分而可靠的信息，因此，信息是決策的基礎。決策需要的信息來自許多方面，會計是經濟決策所需信息的主要來源。

　　會計是一個經濟信息系統，旨在提供有助經濟決策的會計信息。會計信息系統有其特定的目標、結構和功能。

(一)會計系統的目標

會計系統是在一定的環境下朝著自己的目標運行的。會計系統的目標是會計系統運行的方向,也是連接外部環境和會計系統的紐帶。一方面,會計環境通過會計目標作用於會計系統;另一方面,會計系統通過會計目標去適應外部環境。因此,會計環境的變化必然提出重新選擇和調整會計目標的需要,會計目標的調整又會引起整個會計系統的相應變化。所以,會計系統圍繞著自己的目標開展活動,根據這一目標的要求發揮功能。一個簡單的例子,隨著中國資本市場的發展,公眾對上市公司會計信息的可靠性和透明度要求越來越高,「瓊民源」事件的發生導致了《企業會計準則——關聯方關係及其交易的披露》的出拾。這種通過會計系統的調整,既滿足了信息用戶的需要,也適應了會計環境的變化。

會計系統的目標是什麼呢?

第一個目標是提供財務信息。會計作為一種實踐活動,既不生產物質產品也不生產能量,而是生產信息,用以滿足信息用戶做出經濟決策的需要。會計生成的信息主要是財務信息,即以貨幣形式表達的信息。美國會計學會(AAA)1966年在其《基本會計理論》中指出:「會計就是為了使信息用戶能夠做出有根據的判斷和決策而確認、計量和傳輸經濟信息的過程。」美國註冊會計師協會(AICPA)所屬的會計原則委員會(APB)在1970年發布的第4號公告中認為:「會計的功能在於提供有關經濟主體的數量信息(主要具有財務性質),以便於做出經濟決策。」

第二個目標是加工利用信息。會計將財務信息加工轉換成綜合信息,同時也利用綜合信息參與經濟管理。會計的這一目標常常被人們所忽視。

以上兩個目標中,提供財務信息是會計系統最基本的和首要的目標,加工利用信息是適應會計環境變化的需要,在提供財務信息目標的基礎上,會計系統目標的擴展。隨著現代會計的發展,會計加工利用信息將變得越來越重要。

(二)會計系統的結構

會計系統的目標決定會計系統的結構。會計系統是會計信息生成系統和會計信息加工利用系統的有機統一。換言之,會計系統由信息生成和信息加工利用兩個子系統構成。

信息生成系統是以貨幣形式,按照確認、計量、記錄和報告的信息處理程序,採用一系列信息生成方法,反映經濟過程及其結果,提供信息用戶做出經濟決策所需的財務信息。會計信息生成系統是由輸入、轉換、輸出和反饋組成的。在這一系統中,輸入的是反映經濟過程的各種數據資料,然后在會計的帳簿系統中進行加工處理,即對各種經濟數據通過記帳、算帳的方式進行分類整理、分析提煉,經過加工處理,原始數據資料被轉換成對決策有用的財務信息,最后以財務報告的方式提供給信息用戶。此外,根據用戶反饋的信息,對會計信息生成系統的有效性進行檢驗,並做必要的修正。財務會計主要是一個信息生成系統。

信息加工利用系統是根據會計信息生成系統所提供的基本財務信息,結合其他信

息,進一步分析加工,提供經濟決策所需要的綜合(高級)信息,並利用這些信息參與企業經營管理。財務報表分析和管理會計主要是一個信息加工利用系統。

(三)會計系統的功能

會計信息生成系統和加工利用系統的目標不同,它們的功能也不一樣。

信息生成系統的主要功能是反映經濟過程。這一功能是通過收集經濟數據資料並將它轉化為財務信息的過程來實現的。所謂反映經濟過程就是以貨幣形式,如實記錄、計量和報告經濟過程及其結果。

信息加工利用系統的主要功能是參與經濟管理。這一功能是通過會計加工利用信息來實現的。會計參與經濟管理主要是會計利用綜合信息規劃經濟前景、參與經濟決策、控制經濟活動、評價經濟業績。在這裡,規劃經濟前景,就是在進行經濟活動之前需要對經濟活動及其發展趨勢,做出合理的估計,進行經濟預測;參與經濟決策,就是對企業經濟活動的目標以及企業各種經濟資財的各種備選用途做出合理的選擇;控制經濟活動就是根據預定的經濟目標,對企業生產經營過程進行約束和調節,發現並糾正偏差,以便實現預定目標;評價經濟業績就是利用會計信息,與計劃目標進行比較,判斷經濟活動和管理活動成績的大小,借以考核企業業績和經濟責任的履行情況。

綜上所述,現代會計是一個信息系統。它是通過收集、存貯、傳輸和加工會計數據,輸出財務信息,滿足信息用戶的需求,在此基礎上,對會計信息做進一步加工,並利用加工后的信息參與經濟管理。現代會計學就是研究財務信息處理的一門科學,它是在會計實踐的基礎上,經過理論概括總結出來的關於現代會計科學的知識體系。

二、信息用戶及其需要

我們已經知道,會計信息生成系統主要生成財務信息,反映經濟過程,滿足信息用戶做出決策的需要。那麼,會計信息生成系統究竟生成什麼樣的會計信息呢?這首先取決於信息用戶及其需要。

(一)會計信息的用戶

會計信息的用戶是多種多樣的。按其與企業的關係,可以分為外部用戶和內部用戶兩大類。

外部用戶泛指企業外部的人士和組織,它又可分為與企業有直接利害關係的外部用戶和與企業有間接利害關係的外部用戶。前者如企業的投資者、債權人等;后者如稅務部門、證券監管部門、政府機構、社會公眾等等。外部用戶需要通過會計信息,瞭解企業的財務狀況、經營成果、現金流量,以便做出投資、信貸和其他決策。

內部用戶是指企業內部各階層的管理人員,包括董事會成員、經理、計劃、財務、人事、供應、市場營銷、技術等方面的管理人員,甚至企業車間的負責人。在企業經營活動中,企業內部的管理人員需要根據會計信息做出判斷和決策,如籌資決策、投資決策、營銷決策、薪酬決策、股利分配決策等。

(二)信息用戶的需要

信息用戶所需要的信息,並非都由會計信息生成系統生成出來。會計信息生成系

統所生成的信息有其自身的特性。這些特性表現在：會計信息是以貨幣單位表述的財務信息；會計信息是近似計量的結果；會計信息反映的是已發生的經濟事項的結果；會計信息的提供要花費代價。這些特性決定了會計信息生成系統不能提供用戶決策所需的全部信息，而只能提供他們需要的基本財務信息。

從經濟內容看，基本財務信息包括：

（1）有關企業經濟資財的信息。企業經濟資財是指企業在經營活動中可以利用的、能夠為企業帶來未來經濟利益的經濟資源。

（2）有關企業經濟資財要求權的信息。債權人和投資者對企業的經濟資財有要求權，會計應提供有關企業經濟資財要求權的信息。

（3）有關企業經濟資財、經濟資財要求權變動情況的信息。企業經濟活動會引起企業經濟資財、經濟資財要求權發生變動，有關這些變化的信息可以說明企業經營業績、財務狀況和發展趨勢。

所以，會計人員既要瞭解信息用戶及其需要，又要明白會計信息的特性。只有這樣，才能進一步確定會計應該搜集哪些數據，以及如何加工和處理這些數據，從而最大限度地保障用戶決策所需要的信息供給。

三、會計信息的質量特徵

會計信息用戶需要什麼質量的信息呢？這是會計信息質量特徵回答的問題。會計信息的質量特徵指的是會計信息應達到的質量標準，直接體現了信息用戶對會計信息的質量要求，表明了什麼是有用的會計信息。會計信息的質量特徵主要由會計準則規定，會計人員遵照執行。中國會計核算的一般原則中涉及八個信息質量標準，它們是：

（一）可靠性

會計信息以及會計所確認的經濟活動應當是客觀的、真實的，因而是可靠的。它要求：會計核算必須以實際發生的經濟業務為依據，真實反映企業的財務狀況和經營成果；會計確認、計量、記錄和報告的過程應當是可以驗證的，即不同的會計人員對同一對象的處理應該得出相同或相似的結果；會計人員在選擇會計方法處理會計信息的過程中，應持公允立場，不偏不倚。

（二）相關性

會計信息應當與信息用戶的經濟決策相關，以減少經濟決策的不確定性。它要求：會計核算要考慮信息用戶對會計信息需求的不同特點，確保他們對會計信息的相關性需要得到滿足。具體地說，會計核算應當滿足國家宏觀經濟調控的要求，滿足有關各方面瞭解企業財務狀況和經營成果的需要，滿足企業內部加強經營管理的需要。相關性意味著會計信息與決策更為相關，於決策更為有用。

（三）可理解性

可理解性要求企業提供的會計信息應當清晰明了，便於財務報告使用者理解和使

用。可理解性不僅可以擴大會計信息的使用範圍,而且可以進一步增強會計信息的效用。

企業編制財務報告、提供會計信息的目的在於使用,而要使使用者有效使用會計信息,應當能讓其瞭解會計信息的內涵。弄懂會計信息的內容,這就要求財務報告所提供的會計信息應當清晰明了,易於理解。只有這樣,才能提高會計信息的有用性,實現財務報告的目標,滿足向投資者等財務報告使用者提供決策有用信息的要求。

(四)可比性

可比性是指企業的會計核算必須按照規定的會計處理方法來進行,會計指標應當口徑一致,相互可比。具體要求:①同一企業不同時期發生的相同或者相似的交易或者事項,應當採用一致的會計政策,不得隨意變更。②不同企業發生的相同或者相似的交易或者事項,應當採用規定的會計政策。會計處理方法的統一是保證會計信息可比的基礎。在會計核算中堅持可比性,既可以提高會計信息的相關性,又可以制約和防止利用會計處理方法和程序的變更來弄虛作假,以保證會計核算的客觀性。

(五)實質重於形式

在會計實務中,交易或事項的實質往往存在著與其法律形式不一致的情形。實質重於形式,就是會計核算主要依據交易或事項的經濟實質,而不僅僅看其法律形式。中國第一個具體準則——《關聯方關係及其交易的披露》中首次提到了運用實質重於形式具體判斷是否存在關聯方關係。1998年以後陸續發布的具體會計準則,多次提到運用實質重於形式原則判斷交易或事項的實質,在此基礎上進行會計核算。中國對上市公司某些重大案例進行判斷時,也多次運用了實質重於形式原則。

(六)重要性

會計應當提供對信息用戶決策有用的重要信息。它要求:會計核算對於重要的經濟事項,應當分別核算,分項反映,力求準確,並在財務報表中重點說明;而對於次要的經濟事項,在不影響會計信息質量的前提下,可以適當合併,簡化反映。遵循重要性原則,有利於降低信息成本,增強信息效用。

(七)謹慎性

謹慎原則又稱穩健原則,是指會計對收入、費用和損失的處理所採取的謹慎態度,是對不確定性的審慎反映。它要求:在有幾種可供選擇的會計處理方法時,寧可採用資產低估、利潤少計的方法,而不採用資產高估、利潤多計的方法。謹慎原則有利於分散企業的經營風險,增強企業應付風險的能力。

(八)及時性

會計核算應當及時進行。它要求:凡是在某會計期間發生的經濟事項,應當在該期內及時登記入帳,不得拖延也不得提前;結算業務要及時辦理;財務報表要及時編報。及時性附屬於會計信息的相關性。不及時的信息就是不相關的信息,因而也是無用的信息。

四、會計職業

會計信息是由會計人員提供的。會計人員主要從事三大職業：企業會計、非營利組織會計、註冊會計師。會計人員應取得會計從業資格，遵守職業道德。

（一）企業會計

大多數會計人員服務於以盈利為目的的經濟組織，如公司、工廠、商店、賓館等。企業會計主要有以下分支：財務會計、管理會計和內部審計。

財務會計主要以會計準則為依據，確認、計量和控製企業資產、負債、所有者權益的增減變動，記錄、反映營業收入的取得、費用的發生和歸屬以及利潤的形成和分配情況，定期編制財務會計報告，據以反映企業的財務狀況、經營成果和現金流量。財務報告既可以滿足投資者、債權人、政府管理部門等企業外部用戶的需要，也可以滿足企業內部管理部門的需要。政府證券監管部門和證券交易所從保護投資者和社會公眾利益的角度，要求證券上市公司上報或者公開披露財務信息和其他信息，這些報告以財務信息為基礎，可以看成是財務會計的延伸。財務會計的另一個延伸是稅務會計，其主要目的是根據稅法要求，調整財務會計按照會計準則計算的會計利潤，使之成為應稅利潤，並據以申報和繳納稅款；另一個目的是在不違反稅法的前提下，使企業的稅負最低，即稅收籌劃。

管理會計是從傳統會計系統中分離出來的旨在針對企業管理上編制計劃、做出決策、控製經濟活動的需要，記錄和分析經濟業務，呈報管理信息，直接參與決策控製過程的會計。管理會計一般由成本會計、決策會計、控製會計、責任會計四大部分構成。成本會計是以歸集和分配生產經營過程中的各種耗費，計算、報告、分析產品單位成本和總成本為目的的會計。決策會計是以為企業短期經營決策和長期投資決策提供信息，並直接進行備選方案優選為目的的會計。控製會計是以編制各種費用預算，制定各種成本目標，並根據這些預算或目標，控製、報告和分析成本情況為目的的會計。責任會計是以企業內部各部門在經濟業務和作業中所承擔的責任為對象，以歸集、報告、分析各部門履行責任情況為目的的會計。

內部審計是企業內部專職的機構和人員對企業自身的經濟活動所進行的審核檢查活動。重點是評價企業內部控製制度和內部經管責任及其履行情況，主要目的是查錯防弊，促進企業管理水平和資源利用效率的提高。審計結果僅供企業內部使用，不作為對外報告的依據。

（二）非營利組織會計

會計人員除服務於以盈利為目的的經濟組織外，也服務於各種非營利組織，如學校、醫院和科研機構以及各種政府機關。非營利組織會計在習慣上也稱為行政事業單位會計。

非營利組織一般通過預算控製各種收支，而其中的會計又以反映控製這些組織預算執行過程及其結果為目的，所以又稱為單位預算會計。與單位預算會計相對應的是

總預算會計,即反映和控制國家預算執行情況及其結果的會計,兩者統稱預算會計。

(三)註冊會計師

與律師、醫師一樣,會計行業中有一個以向當事人提供專業性服務、收取報酬為業的群體,即註冊會計師。註冊會計師是依法取得註冊會計師證書並接受委託從事審計和會計諮詢、會計服務業務的執業人員。其主要審計業務是:審查企業會計報表,出具審計報告;驗證企業資本,出具驗資報告;辦理企業合併、分立、清算事宜中的審計業務,出具有關報告;法律行政法規規定的其他業務。註冊會計師在執行審計業務時必須保持超然獨立的地位,對委託人不得偏袒,才能獲得會計信息用戶的信任。註冊會計師還可以承辦會計諮詢、會計服務業務,如擔任會計顧問、提供管理諮詢、代理納稅申報、協助企業擬訂合同、章程和其他經濟文件等。中國實行註冊會計師全國統一考試製度。

註冊會計師執行業務應當加入會計師事務所。會計師事務所是依法設立並承辦註冊會計師業務的機構。會計師事務所可以由註冊會計師合夥設立。合夥設立會計師事務所的債務,由合夥人按照出資比例或者協議的約定,以各自的財產承擔責任。合夥人對會計師事業所的債務承擔連帶責任。

註冊會計師應當加入註冊會計師協會。註冊會計師協會是由註冊會計師組成的社會團體。中國註冊會計師協會是註冊會計師的全國組織,省、自治區、直轄市註冊會計師協會是註冊會計師的地方組織。註冊會計師協會負責擬訂註冊會計師執業準則、規則,組織專業技術培訓和專業資格考試,支持註冊會計師依法執行業務,維護其合法權益。註冊會計師協會對註冊會計師的任職資格和執業情況進行檢查。中國註冊會計師協會成立於1988年,全球性的註冊會計師團體是國際會計師聯合會。近年來,一些國家出現了註冊管理會計師,並組成全國性的註冊管理會計師團體。

國務院財政部門和省、自治區、直轄市人民政府財政部門,依法對註冊會計師、會計師事務所和註冊會計師協會進行監督和指導。

(四)會計人員資格與職業道德

從事會計工作的人員必須取得會計從業資格證書。會計人員的技術職稱分為高級會計師、會計師、助理會計師和會計員。擔任單位會計機構負責人的除取得會計從業資格證書外,還應當具備會計師以上專業技術職務資格或者從事會計工作三年以上經歷。

會計人員應當遵守職業道德,樹立良好的執業品質、嚴謹的工作作風,嚴守工作紀律,努力提高業務素質、工作效率和工作質量,熱愛本職工作,努力鑽研業務,使自己的知識和技能適應所從事工作的要求;熟悉財經法律、法規、規章和國家統一會計制度,按照法律、法規和國家統一會計制度規定的程序和要求進行會計工作,保證所提供的會計信息合法、真實、準確、及時、完整;實事求是,客觀公正;熟悉本單位的生產經營和業務管理情況,運用掌握的會計信息和會計方法為改善單位內部管理、提高經濟效益服務;保守本單位的商業秘密。

「誠信為本,操守為重,遵循準則,不做假帳」,是對會計人員的基本要求,也是最高要求。

五、計算機的作用

以計算機為主要信息處理工具的會計信息系統,稱為計算機會計信息系統,也稱會計電算化。會計從手工操作到計算機的操作,是會計發展的革命性進步。

計算機會計信息系統是一個人機合一的系統,它是由會計人員、計算機硬件、計算機軟件和系統運行規範等要素組成的。在計算機環境下,會計人員主要從事會計數據的錄入、會計數據審核、控制和使用,財務管理系統的開發、組織和維護。因此,會計人員不僅應具備紮實的會計專業知識,還應具有熟練的計算機操作能力,努力成為複合型人才。計算機硬件是進行會計數據輸入、處理、存儲、傳輸和輸出的各種電子、機械設備。輸入設備如鍵盤、光電自動掃描輸入裝置、條形碼掃描裝置等,數據處理設備即計算機主機,存儲設備如磁盤機、磁帶機等,傳輸設備如調制解調器、電話機及電纜、光纜等,輸出設備如打印機、顯示器等。計算機軟件包括系統軟件和會計軟件,前者如中、西文操作系統軟件、數據庫管理系統等,后者是專門用於會計數據處理的應用軟件,如用友軟件、金蝶軟件等。系統運行規範是保證計算機信息系統正常運行的各種制度和控製程序,如硬件管理制度、數據管理制度、操作人員崗位管理制度、系統安全制度等。

計算機會計信息系統是在對手工會計信息系統進行充分調查研究的基礎上開發出來的,其實質是將手工會計信息處理流程計算機化。因此,計算機會計信息系統與手工會計信息系統既有聯繫又有區別。

從聯繫來看,首先,它們都以會計信息處理為目的,都遵循相同的會計準則、會計理論和會計方法。計算機會計信息系統雖然引起了會計理論和方法的一些變革,但並不動搖會計信息處理的基礎,手工會計信息系統採用的設置帳戶、復式記帳、填制和審核憑證、登記帳簿、成本計算、財產清查、編制財務報表等方法同樣適用於計算機會計信息系統。其次,在基本功能上,計算機會計信息系統與手工系統一樣,都進行信息的收集和記錄、信息的存儲、信息的加工處理、信息的傳輸、信息的輸出。但計算機會計信息系統收集記錄數據的數量更大、速度更快,信息加工處理更迅速,信息輸出也更加豐富多樣。

計算機會計信息系統與手工系統相比也有許多區別,這些區別使計算機會計信息系統具有更大的優越性,具體表現在:①在運算工具上,手工會計信息系統以算盤、計算器為運算工具,計算速度慢,出錯率高,且不能存儲計算結果。計算機信息系統採用不斷更新換代的電子計算機作為運算工具,數據處理過程由計算機程序控制,自動完成,計算速度快,準確率高,並可以儲存大量運算結果。②在信息載體上,手工會計系統下的會計信息載體是憑證、帳簿和報表等紙介質,這些會計信息不需要經過任何轉換便可直接查閱。計算機會計系統下的會計信息以各種數據文件的形式,記錄在磁

帶、磁盤、光盤等載體中,這些磁介質、光介質中的會計信息以機器可讀的形式存在,具有體積小、易保管、複製快等優點,當然也容易被刪除或被更改,甚至損壞或丟失,所以,保證會計信息的安全性尤為重要。③在表達方法上,手工會計系統主要用文字和數字表達。計算機系統下,為了便於計算機處理和存儲,大量信息用代碼表達,如常見的會計科目、部門、職工、產成品、材料、固定資產、主要客戶等需要以適當的代碼表達,這雖然便於計算機處理,但不便於直接閱讀和利用。因此,科學設計代碼是計算機會計信息系統的一項重要工作。④在信息處理方式上,計算機會計信息系統改變了手工會計系統由許多人分工協作完成記帳、算帳、編表的工作方式,改變了通過帳帳核對、帳證核對和帳表核對的保證記錄正確性的工作方式,各種憑證一經輸入計算機,便由計算機自動完成記帳、算帳、編表及部分分析工作,許多人分工完成的工作由計算機程序集中完成,憑證、帳簿、報表之間的鈎稽關係由計算機程序自動予以保證;利用計算機進行批處理和實時處理,提高了會計信息處理的及時性,縮短了會計結算的週期,可以做到月核算、周核算甚至日核算,及時編制月報、季報和年報;會計數據的集中管理可以實現一數多用、充分共享、聯機快速查詢和遠程數據交換;通過建立數學模型,輔助進行預測、決策、控制、分析,擴大了會計信息的應用領域。這樣,會計人員從繁瑣的工作中解脫出來,有更多的時間和精力從事更高層次的管理活動,因此,計算機會計信息系統導致了會計工作從核算型向管理型的深刻轉變。⑤在運行環境上,計算機會計信息系統所使用的計算機、打印機、通信設備等精密設備要求防磁、防震、防塵、防潮等,系統環境要保證計算機的正常運行。

中國計算機會計信息系統始於20世紀70年代。與西方國家相比,中國計算機會計信息系統直接從手工處理過渡到計算機處理,中間跨越了以卡片穿孔為錄入方式的半手工、半機械化的會計數據處理階段。總體上看,中國計算機會計信息系統發展較快,但不平衡,將計算機用於輔助會計人員進行管理和決策還很有限,既懂專業又懂計算機的複合型人才還相當缺乏。中國計算機會計信息系統的開發與應用任重道遠。

第三節　會計信息的生成

一、會計信息生成的前提——會計假設

會計賴以活動的客觀經濟環境存在著許多不確定性。在進行會計處理時難免運用判斷、估計。為了避免判斷和估計的隨意性,保證會計信息質量,需要做出普遍認可的假定,這些假定是會計信息生成的前提條件。會計假設包括會計主體、持續經營、會計期間和貨幣計量,它們分別從空間、時間和計量單位上對會計信息的生成活動進行了限制。

(一)會計主體

會計主體是指會計為之服務的特定單位。會計主體假設是對會計信息生成活動

的空間範圍的限定。它要求會計核算應當以企業發生的各項經濟業務為對象,記錄和反映企業本身的生產經營活動。一個單位要想運用會計為之服務,它必須成為一個會計主體。

會計主體是獨立核算的經濟實體,它包括:進行特定生產經營活動的企業和執行特定社會職能的機關事業單位;具有獨立資金並能單獨核算生產經營成果的企業內部單位或擁有自己的收支、並能單獨核算事業成果的機關事業的內部單位;由若干獨立企業組成需要編制合併財務報表的公司或企業集團。

會計核算遵循會計主體假設,有利於把會計主體與主體所有者和經營者自身的財務收支嚴格區分開來,有利於把會計為之服務的主體與其他會計主體的活動嚴格區分開來。這樣,會計只是計量和報告特定主體經營活動和財務活動的結果,從而正確反映企業管理當局對投資人所負的受託責任,明確了處理各種會計業務所應持有的立場。

(二)持續經營

持續經營是指企業的存在沒有時間限制,可以持續它的經營活動。生產的連續性是任何社會生產方式下的普遍規律,生產經營過程構成再生產過程的一個環節,但企業總要經歷新陳代謝的變化過程,從而出現持續經營、間斷經營和結束經營的情況。這種不確定性給會計處理帶來了困難。因此,會計中提出了持續經營的假設。

持續經營假設是對會計核算時間無限性的規定。它要求會計核算應當以企業持續、正常的生產經營活動為前提,連續記錄和報告企業的經營活動和結果。會計計量特別是資產的計價、費用的分攤、收益的確定都必須按持續經營的觀點處理,除非企業已經破產,否則都不應建立在企業即將破產清算的基礎之上。

會計核算遵循持續經營假設,能夠合理解決企業資產與負債的計量、費用與成本的分配問題。

(三)會計期間

會計期間是將企業川流不息的經營活動劃分為若干個相等的區間,在連續反映的基礎上,分期進行會計核算,編制財務報表,定期反映企業某一期間的經營活動和成果。

會計期間假設是對持續經營假設的必要補充,是對會計核算時間有效性的規定。按照持續經營假設,企業的存在是沒有時間限制的,而會計信息用戶又需要得到反映某一會計期間的會計信息。所以,有必要在持續經營假設的基礎上提出會計期間假設。中國會計期間採用的是公曆曆年制,即公曆1月1日至12月31日為一個會計年度。

會計核算遵循會計期間假設,有利於分期進行會計核算,編制財務報表,有利於採用特殊的會計程序和方法,劃清各個會計期間的經營業績和經濟責任。

(四)貨幣計量

貨幣計量是指以貨幣作為計量尺度,以名義貨幣單位作為計量的單位,進行會計

核算。經濟活動和反映經濟活動的度量本來是多種多樣的,但由於創造商品使用價值的具體勞動的差異帶來了使用價值的差異,從而使使用價值量度的應用受到了限制。同時由於會計所反映的經濟活動與價值形式密不可分,所以,會計計量不得不以價值量度來反映會計主體的經濟活動,這就形成了貨幣計量假設。

貨幣計量假設要求會計核算必須確定一種貨幣為記帳本位幣。比如,中國是以人民幣為記帳本位幣,業務收支以外幣為主的企業和境外企業也可設定某種外幣為記帳本位幣,但在編制財務報表時,應換算成人民幣反映。

貨幣計量假設還附帶一個假設,即幣值不變。現實經濟生活中的貨幣價值並非是一個永恆不變的量,貨幣幣值的經常變動會影響會計計量信息的可靠性,因此,貨幣計量假設是以幣值不變為前提的,它要求用作計量單位的貨幣的購買力是固定不變的。

會計核算遵循貨幣計量假設,有利於以貨幣為綜合計量單位來計量、記錄企業的經濟活動並報告其結果,使有關企業的經濟活動情況予以數量化和綜合化,從而使會計信息用戶佔有更充分的會計信息。值得注意的是,在現實中,通貨膨脹和通貨緊縮可能降低或提高貨幣的購買力,對幣值產生影響,從而使單位貨幣所包含的價值量隨著現行價格的波動而變化。這時,幣值不變假設的缺陷就暴露出來,資產不能反映其真實價值,影響了會計信息的質量。

二、會計信息生成的規範

(一)會計基礎——權責發生制

為了保證會計信息的有用性,正確劃分各個會計期間的收入和費用,正確確定各個會計期間的損益,必須確定會計計量的基礎。中國《企業會計準則》基本準則中規定,中國採用「權責發生制」作為會計基礎。企業會計的確認、計量和報告應當以權責發生制為基礎。

以收入是否實現、費用是否發生為標準,確認各個會計期間的收入和費用。權責發生制要求:凡是在本會計期間已經實現的收入,不論是否收到款項,都應作為本會計期間的收入入帳;凡是在本會計期間發生的費用,不論是否付出款項,都應作為本會計期間的費用入帳。換言之,凡是不屬於本會計期間的收入,即使收到款項,也不應作為本會計期間的收入入帳;凡是不屬於本會計期間的費用,即使付出款項,也不應作為本會計期間的費用入帳。採用權責發生制有利於準確劃分不同會計期間的收入和費用,通過收入與費用的比較,正確確定經營成果。

收付實現制是與權責發生制相對應的一種會計基礎,它是以收到或支付的現金作為確認收入和費用等的依據。目前,中國的行政單位會計採用收付實現制,事業單位會計大部分也採用收付實現制(經營業務除外)。

(二)會計要素的計量屬性

會計計量是為了將符合確認條件的會計要素登記入帳並列報於財務報表而確定其金額的過程。企業應當按照規定的會計計量屬性進行計量,確定相關金額。

1. 歷史成本

歷史成本又稱實際成本,是指取得或製造某項財產物資時所實際支付的現金或其他等價物。在歷史成本計量下,資產按照其購置時支付的現金或者現金等價物的金額,或者按照購置資產時所付出的對價的公允價值計量。負債按照其因承擔現時義務而實際收到的款項或者資產的金額,或者承擔現時義務的合同金額,或者按照日常活動中為償還負債預期需要支付的現金或者現金等價物的金額計量。

2. 重置成本

重置成本又稱現行成本,是指按照當前市場條件,重新取得同樣一項資產所需支付的現金或者現金等價物金額。在重置成本計量下,資產按照現在購買相同或者相似資產所需支付的現金或者現金等價物的金額計量。負債按照在償付該項債務所需支付的現金或者現金等價物的金額計量。在實務中,重置成本多應用於盤盈固定資產的計量。

3. 可變現淨值

可變現淨值,是指在正常生產經營過程中,以預計售價減去進一步加工成本和預計銷售費用以及相關稅費後的淨值。在可變現淨值計量下,資產按照其正常對外銷售所能收到現金或者現金等價物的金額扣減該資產至完工時估計將要發生的成本、估計的銷售費用以及相關稅費后的金額計量。可變現淨值通常應用於存貨的期末計價。

4. 現值

現值是指對未來現金流量以恰當的折現率進行折現後的價值,是考慮貨幣時間價值的一種計量屬性。在現值計量下,資產按照預計從其持續使用和最終處置中所產生的未來淨現金流入量的折現金額計量,負債按照預計期限內需要償還的未來淨現金流出量的折現金額計量。現值通常用於非流動資產可收回金額和以攤餘成本計量的金融資產價值的確定。

5. 公允價值

公允價值,是指市場參與者在計量日發生的有序交易中,出售一項資產所能收到或者轉移一項負債所需支付的價格。

三、會計生成信息的內容——會計要素

會計是以貨幣形式反映企業的經濟活動,會計生成的信息是關於經濟活動的信息。經濟活動千姿百態,千變萬化。從會計的角度看,經濟活動是由各種各樣的經濟事項所組成的。所謂經濟事項是指在企業經濟活動中發生的、需要由會計反映的一切經濟業務,比如事件、事情或狀況。在企業實際中,經濟事項也是多種多樣、紛繁複雜的。如果會計不對這些複雜的經濟事項引起變化的項目進行分類,很難想像會計能夠提供多少有用的會計信息。所以,會計必須對經濟事項引起變化的項目加以適當的歸類,並為每一類別取一個名稱,這就是會計要素。

會計要素是對經濟事項引起變化的項目所做的歸類。按照會計要素所處的狀態,

可以分為靜態會計要素和動態會計要素兩類。

(一)靜態會計要素

靜態會計要素描述一瞬間的資產和對資產的要求權,反映企業在一定日期的財務狀況,包括資產、負債和所有者權益。

1. 資產

資產是指企業過去的交易、事項形成並由企業擁有或者控制的資源,該資源預期會給企業帶來經濟利益。企業資產按照流動性(資產的週轉、變現能力)可以分為流動資產和非流動資產。

(1)流動資產。流動資產是指可以在一年或者超過一年的一個營業週期內變現、出售或耗用的資產。生產企業的一個營業週期是指從貨幣資金購買原材料到生產的產品銷售出去,並轉化為貨幣資金所需要的時間。企業的流動資產包括貨幣資金(如庫存現金、銀行存款等)、交易性金融資產、應收票據、應收帳款、預付帳款、其他應收款、存貨(原材料、在產品、庫存商品、包裝物、低值易耗品等)等。

(2)非流動資產。流動資產以外的資產為非流動資產。按其性質分為可供出售金融資產、持有至到期投資、投資性房地產、固定資產、無形資產、長期待攤費用、其他非流動資產等。

2. 負債

負債是企業過去的交易、事項形成的現時義務,履行該義務預期會導致經濟利益流出企業。它是企業債權人對企業資產的要求權,是企業對債權人所承擔的經濟責任。負債按償還期限的長短,分為流動負債和非流動負債。

(1)流動負債。流動負債是指在一年或者超過一年的一個營業週期內需要償還的債務,包括短期借款、應付票據、應付帳款、預收帳款、應付職工薪酬、應交稅費、應付利潤、其他應付款等。流動負債的確認除了其償還期限短之外,還應注意其清償對象一般是流動資產。

(2)非流動負債。它是指償還期在一年或超過一年的一個營業週期以上的債務,包括長期借款、應付債券、長期應付款等。與流動負債相比,長期負債具有償還期限長、每次發生數額大、需要支付使用成本的特點。企業舉借長期負債主要是為了進行長期資產投資,如擴建廠房、購買機器設備等。

3. 所有者權益

所有者權益是企業投資者對企業淨資產的要求權,所謂淨資產就是資產減去負債后的差額。它包括實收資本、資本公積、盈餘公積和未分配利潤。

(1)投入資本。它是指投資者實際投入企業的財產物資。

(2)資本公積。它是指投資者實際繳入的資本超過投入資本的差額(股本溢價),直接計入所有者權益的利得和損失。

(3)其他綜合收益。它是指企業根據相關會計準則規定未在當期損益中確認的各項利得和損失。

(4)盈餘公積。盈餘公積是指按規定從淨利潤中提取的公積金。

(5)未分配利潤。未分配利潤是指企業留待以后年度分配的利潤或本年度已經實現尚未分配的利潤。

以上三個要素反映企業的財務狀況,資產是企業擁有或控製的經濟資源,負債和所有者權益分別是債權人和所有者對企業資產的要求權。因此,它們之間的數量關係是:

$$資產 = 負債 + 所有者權益$$
$$資產 - 負債 = 所有者權益$$

(二)動態會計要素

動態會計要素描述企業在一定時期資產和對資產要求權的變動過程,反映企業在一定時期的經營成果,包括收入、費用和利潤。

1. 收入

收入有廣義和狹義之分。狹義的收入,是指營業收入和投資收入,即企業銷售商品、提供勞務以及讓渡資產使用權等日常活動中所形成的經濟利益的總流入。企業發生營業收入時,必然引起貨幣資金或其他資產的流入,或引起負債的減少,或兩者兼而有之。企業的營業收入按照企業經營業務的主次,可以分為主營(基本)業務收入和其他業務收入。

主營(基本)業務收入在製造企業中表現為產品銷售收入,在商業企業表現為商品銷售收入,在服務行業表現為服務費收入。

其他業務收入是指主營(基本)業務收入以外的營業收入。如出售多餘的材料物資所取得的收入、轉讓技術使用權的收入、出租固定資產和包裝物的租金收入。

廣義的收入,除營業收入和投資收入外,還包括營業外收入。

中國會計準則中的收入要素只是營業收入和投資收入。營業外收入作為利潤要素的組成項目。

2. 費用

費用是企業在生產經營過程中發生的各種耗費。耗費的發生必然引起資產的流出,或者負債的增加,或者兩者兼而有之。企業的耗費主要包括為生產產品所發生的費用,為取得營業收入而發生的費用和支出。廣義的費用還包括生產經營過程以外的各項支出或損失。

(1)為生產產品所發生的費用。為生產產品所發生的費用就是企業產品的生產成本,包括直接費用和間接費用。其中,直接費用主要是直接材料、直接人工費用;間接費用是指與多種產品生產有關不能直接確定是生產哪種產品所引起的費用。生產成本是一種生產性質的消耗,它不意味著企業經濟資源的真正耗費,而只不過是一種經濟資源轉化成另一種經濟資源。所以,生產成本的實質仍然是企業的經濟資源。

(2)為取得營業收入而發生的費用和支出。它是企業為了銷售商品、提供勞務等日常活動所發生的經濟利益的流出。與生產成本不同,它是企業經濟資源的真正消

耗。這類費用和支出包括：

主營業務成本，即已銷售產品的生產成本或已銷商品的購進成本。商業企業銷售的不是自己生產的產品而是購進的商品，所以，已銷商品的成本就是它們的購進成本。

其他業務成本，即為取得其他業務收入而發生的費用和支出。包括其他銷售的銷售成本、費用。

稅金及附加，即企業經營活動而發生的營業稅、消費稅、城市維護建設稅、資源稅和教育費附加等相關稅費。

管理費用，即企業行政部門為了組織和管理生產經營活動而發生的各種費用，如行政管理人員的工資、辦公費用以及其他管理費用。

銷售費用，即企業在銷售商品、提供勞務等日常活動中發生的除營業成本以外的各項費用以及專設銷售機構的各項經費。如銷售商品的運輸費用、裝卸費用、廣告宣傳費用等。

財務費用，即企業為了籌集生產經營所需資金而發生的費用，包括利息支出、外幣匯兌損失以及相關的手續費用等。

以上管理費用、銷售費用和財務費用屬於期間費用。這種費用的效益只限於本期，應當全部計入本期損益，直接作為本期銷售收入的抵減。

3. 利潤

利潤是企業一定期間的經營成果。利潤包括收入減去費用以後的差額和直接計入當期利潤的利得和損失等。

利潤表現為營業收入（主營業務收入、其他業務收入）減去營業成本（主營業務成本、其他業務成本）、稅金及附加、管理費用、銷售費用、財務費用、資產減值損失加上公允價值變動損益（減損失）、投資收益（減損失）之後的差額再加上營業外收入，減去營業外支出。

以上三個要素反映企業的經營成果。它們之間的數量關係是：

收入 – 費用 = 利潤

四、會計信息生成的技術——會計程序與方法

會計技術是指會計信息處理程序、方法的總稱。會計技術是針對會計目標的不同要求提出來的，它以會計假設為基礎，並受會計原則的約束。

（一）會計程序

1. 會計確認

一個經濟事項的發生要進入會計系統，首先要經過會計確認。所謂會計確認，就是把一個經濟事項正式作為會計要素予以認可的會計行為。會計確認主要解決：①判斷一個經濟事項是否進入會計系統。②如果該經濟事項要進入會計系統，應以何種會計要素進入系統。③該經濟事項應當在何時進入會計系統。

按照對經濟事項確認的時間順序，會計確認可以分為初始確認和再確認。初始確

認主要是針對最初輸入會計系統的經濟事項的確認。通過初始確認,有關經濟數據才能在計量后正式輸入帳簿系統。再確認是指對已經確認的經濟事項在未來發生變動或者消失,對變動結果或者消失所進行的確認。因此,初始確認和再確認的關係是:初始確認是對會計信息系統輸入數據的「篩選」,再確認是對會計核算系統輸出信息的「檢驗」。前者針對應予輸入復式簿記系統的經濟數據,后者主要針對財務報表上應予揭示的信息。

2. 會計計量

會計計量是會計信息生成的第二個環節。它是會計人員採用一定的計量模式,對符合會計要素定義的項目所做的貨幣量化,並產生以貨幣定量信息為主的一種會計行為。

會計計量主要解決會計要素項目的貨幣定量。會計計量的內容包括資產計量和收益計量兩大部分。資產計量是以一定的金額表現特定時點上的資產、負債和所有者權益及其變動結果,從資產計量的結果中可以瞭解企業的財務狀況;收益計量則是以一定的金額計量企業在一定時期內的收入與費用,並通過比較決定企業的收益,從收益計量的結果中可以確定企業的經營成果。資產計量和收益計量相互聯繫、相互制約,只有將兩者有機結合起來,才能正確揭示企業的財務狀況和經營成果。

3. 會計記錄

經過確認和計量后的經濟事項,必須按照一定的帳務處理程序正式進入簿記系統,以便於經過簿記系統的分類、整理、加工和轉換,最終通過財務報表系統輸出會計信息。經濟事項所經過的這一環節就是會計記錄。會計記錄就是根據一定的帳務處理程序,將已經確認、計量的經濟事項正式記入簿記系統,並進行分類整理、加工和轉換的會計行為。

會計記錄主要解決:①分類整理。通過設置和運用帳戶,將經濟事項按會計要素的具體類別進行分類整理。②加工轉換。將大量的分散數據加工轉換成少量的綜合數據,將原始數據加工成簿記信息。

4. 會計報告

會計報告是以簿記系統加工生成的信息為基礎,按照會計信息用戶的要求進行加工和轉化,並通過財務報表將會計信息輸出系統。

會計報告主要解決:①將簿記信息轉化為會計信息。雖然經濟事項的數據經過會計記錄處理以後已經轉化為簿記信息,但是,由於簿記信息數量龐大而且分散,不利於信息的傳輸和信息用戶的利用,因此,還必須借助於會計報告對簿記信息進行加工轉化,最終生成會計信息。②將會計信息輸出會計信息生成系統。財務報表是會計信息的「物質載體」,會計信息只有通過財務報表,才能傳遞到信息用戶手中。

會計確認、計量、記錄和報告相互聯繫,逐步深入,都以會計要素為其共同的對象,都以會計信息的有用性為其共同的目標,都統一於會計信息生成的過程之中,並構成會計信息生成的一般程序。

(二)會計方法

在會計確認、計量、記錄和報告的過程中,需要採用一套專門的會計信息生成方法。隨著會計的發展,會計信息生成的方法也在不斷地豐富和完善。會計信息生成的方法有設置帳戶、復式記帳、填制和審核憑證、登記帳簿、成本計算、財產清查和編制財務報表。

1. 填制和審核憑證

填制和審核憑證是初步記錄經濟業務,並保證經濟業務合理性和合法性所使用的專門方法。會計憑證是證明經濟業務已經完成作為記帳依據的一種書面證明。企業在生產經營過程中都會發生各種各樣的經濟業務。企業發生經濟業務以後,首先要通過會計憑證加以初步記錄,經審核認定后,才能作為記帳的依據。所以,填制和審核憑證是會計信息生成的第一步。

2. 設置和運用帳戶

設置和運用帳戶是連續地歸類記錄經濟業務各項數據,從而提供各個會計要素動態和靜態資料所使用的專門方法。會計憑證對經濟業務的反映是零星的、分散的,必須按照會計要素項目,設置和運用帳戶,對零星的、分散的數據,進行系統的歸類。

3. 復式記帳

復式記帳是在帳戶中,全面地、相互聯繫地記錄經濟業務所使用的專門方法。企業發生的經濟業務不是孤立的,都有來龍去脈,為了真實地反映經濟業務的來龍去脈及其所引起的變化,不僅要求對一切變化了的會計要素項目進行記錄,而且要對同一經濟業務引起的變化項目聯繫起來記錄。採用這種方法,不僅可以全面地反映經濟事項,而且可以通過帳戶的對應關係,檢查會計記錄的正確性。

4. 設置和登記帳簿

設置和登記帳簿是序時地或分類地記錄經濟業務所使用的專門方法。企業發生的經濟業務都必須設置若干帳冊,對發生的經濟業務進行登記。

5. 成本計算

成本計算是對生產經營過程中發生的耗費按照成本計算對象進行歸集,從而計算出總成本和單位成本所使用的專門方法。通常,外購材料、生產的產品和銷售的產品都應單獨進行成本計算。

6. 財產清查

財產清查是核實各項財產物資、貨幣資金帳實是否相符所使用的專門方法。貨幣資金和實物資產的增減變化雖然有帳簿記錄,但用於種種原因,可能導致帳實不符,所以,需要運用財產清查的方法進行核實,以便保證會計記錄的真實性和正確性。

7. 編制財務報表

編制財務報表是會計總括地和系統地提供會計信息所使用的專門方法。在日常會計核算中,有關會計數據是分散在各個會計帳戶中的,為了滿足會計信息用戶的需要,會計部門應當定期將帳戶資料加工成會計信息,通過財務報表傳輸給用戶。

會計信息生成的各種方法既獨立存在,又相互聯繫,形成了一個完整的方法體系。

第四節　會計信息的加工利用

一、會計信息加工利用的意義

會計信息生成系統所生成的信息與經濟決策之間存在著一定程度的相關性,但與經濟決策所要求的信息相比,這種相關性還不夠。這是因為:

(1)會計主體假設使會計信息局限在會計主體的範圍內,會計信息只反映會計主體的經濟活動,不能反映會計主體內的各種非經濟因素以及會計主體外部有關環境變動的情況。

(2)貨幣計量假設使會計信息局限在財務信息的範圍內。會計信息主要是以貨幣表達的財務信息,排除了若干無法以貨幣形式表達的非財務信息,難以滿足信息用戶對非財務信息的需求,並且容易使決策者根據單純的「貨幣化信息」做出錯誤判斷。

(3)會計生成的信息局限在信息用戶所需要的共同信息上,這些共同信息舍棄了企業經濟交易的特殊性,以至於會計信息難以滿足信息用戶的多樣化信息需求尤其是某些特定的信息需求。

(4)歷史成本原則使會計信息主要表現為歷史信息,而不是企業現在的和未來的信息,不利於信息用戶直接瞭解企業生產經營活動和財務活動的未來發展趨勢。同時,歷史成本原則以原始交易價格並經雙方認可為基礎來計量,導致物價變動下資產的帳面價值難以反映資產的實際價值。

(5)會計信息採用會計報表的輸出方式,往往使信息用戶難以從會計報表中直觀地發現相關數據之間的內在聯繫,給決策造成麻煩甚至誤導。

因此,有必要對會計信息進行合理的加工利用,以彌補會計信息的上述不足,增強會計信息的效用,使經濟決策建立在可靠的信息供給基礎之上。

會計信息的加工利用實質上是數據挖掘、凝練與再生,因此,它是多姿多彩的。

二、會計信息的一般加工利用

會計信息的加工利用分為一般加工利用和綜合加工利用。

會計信息的一般加工利用是指採用特定的方法,對會計信息生成系統所生成的信息直接進行加工轉化,並利用加工轉化后的信息評價企業的財務狀況和經營成果。會計報表分析是會計信息一般加工利用的主要體現。

會計信息一般加工利用的方法多種多樣,比如:運用調整的方法,通過計算,消除物價變動對會計信息的影響;運用比較分析法,通過比較兩個相關的財務數據,揭示有關財務數據之間的相互關係;運用比率分析法,計算不同報表項目有關數據的比率,據

以分析評價企業的財務狀況和經營成果；運用趨勢分析法，通過計算連續數期會計報表中相同項目的百分比，分析各個項目的動態趨勢等。

會計信息經過一般加工利用，能夠解釋和評價企業的償債能力、營運能力、盈利能力和綜合財務能力。

三、會計信息的綜合加工利用

會計信息的綜合加工利用就是採用靈活多樣的方法，主要根據會計信息並結合其他信息（非財務信息），進行綜合加工轉化，並利用加工轉化后的信息來規劃經濟未來、參與經濟決策、控制經濟過程。管理會計實質上是對會計信息的綜合加工利用。

會計信息的綜合加工利用主要包括：①會計規劃，如成本性態分析、損益平衡分析等。②會計決策，如短期經營決策、長期投資決策等。③會計控制，如標準成本控制、責任成本控制等。

未來會計的一個重大變化在於會計信息的綜合加工利用將變得越來越重要，會計理論和會計方法的發展特別是計算機在會計中的廣泛而有深度的應用，為這一變化提供了有力支持。

在結束本章時，有必要說明一下本書的結構體系。除了第一章之外，本書其餘部分由兩大板塊組成：

第一大板塊主要討論會計信息是怎樣生成的，包括第二章至第九章。

第二大板塊主要討論會計信息是怎樣進行加工利用的。其中，第十章討論會計信息的一般加工利用，第十一章至第十三章主要討論會計信息的綜合加工利用。

＊＊＊＊本章學習要點＊＊＊＊

1. 會計產生於物質資料生產的需要。會計發展過程中，環境因素起著重要的推動作用。復式簿記的誕生標誌著現代會計的開始。復式簿記產生以后，從15世紀到18世紀，會計發展基本上處於停滯時期。直到19世紀后期，工業革命推動了生產技術的改進和工商活動的發展，促進了會計理論和會計實務的進步。進入20世紀以後，企業經營環境發生了深刻變化，經濟的迅速發展促進了會計理論和會計實務的深刻變革，一個重要表現是會計分化為財務會計和管理會計。同時，會計領域不斷拓寬，新的會計分支不斷出現。20世紀80年代以后，隨著系統論、信息論和控製論出現，現代會計學家一般將會計看成是一個信息系統。

中國會計工作走過了一條不平凡的發展道路。1992—1993年，中國對財務會計制度進行了重大改革，這場被譽為「會計風暴」改革標誌著中國會計走上了與國際接軌的道路。

2. 會計是一個經濟信息系統。會計系統圍繞自己的目標開展活動,根據這一目標的要求發揮功能。會計系統的目標,一是提供財務信息,二是加工利用會計信息。隨著現代會計的發展,會計加工利用信息將變得越來越重要。會計系統的目標決定會計系統的結構。會計系統由會計信息生成和會計信息加工利用兩個子系統構成。財務會計主要是一個會計信息生成系統,財務報表分析和管理會計主要是一個會計信息加工利用系統。會計信息生成系統的主要功能是反映經濟過程,會計信息加工利用系統的主要功能是參與經濟管理。

會計信息生成系統究竟生成什麼樣的會計信息,首先取決於會計信息的用戶及其需要。會計信息的用戶按其與企業的關係,可以分為外部用戶和內部用戶兩大類。會計信息生成系統所生成的信息具有自身的特性,因此,會計信息生成系統不能提供用戶決策所需的全部信息,而只能提供他們需要的基本財務信息。

會計信息用戶需要什麼質量的信息,這主要由會計信息的質量特徵來回答。中國會計核算涉及八個信息質量標準,它們是:可靠性、相關性、可比性、及時性、可理解性、實質重於形式、重要性、謹慎性。

會計信息是由會計人員提供的。會計人員主要從事三大職業:企業會計、非營利組織會計、註冊會計師。「誠信為本,操守為重,遵循準則,不做假帳」,是對會計人員的基本要求,也是最高要求。

計算機會計信息系統是一個人機合一的系統,它由會計人員、計算機硬件、計算機軟件和系統運行規範等基本要要素組成。計算機會計信息系統的實質是將手工會計信息處理流程計算機化。計算機會計信息系統與手工會計信息系統既有聯繫又有區別。中國計算機會計信息系統的開發與應用任重道遠。

3. 為了避免判斷和估計的隨意性,保證會計信息質量,需要做出普遍認可的假定,這些假定是會計信息生成的前提條件。會計假設有會計主體、持續經營、會計期間和貨幣計量,它們分別從空間、時間和計量單位上對會計信息的生成活動進行了限制。

會計核算的基礎是權責發生制。會計計量屬性包括歷史成本、重置成本、可變現淨值、現值和公允價值。企業在對會計要素進行計量時,應當保證所確定的會計要素金額能夠取得並可能計量。

會計要素是對經濟事項引起變化的項目所做的歸類。會計要素分為靜態會計要素和動態會計要素兩類。靜態會計要素描述一瞬間的資產和對資產的要求權,反映企業在一定日期的財務狀況,包括資產、負債和所有者權益,它們之間的數量關係是:資產＝負債＋所有者權益。動態會計要素描述企業在一定時期資產和對資產要求權的變動過程,反映企業在一定時期的經營成果,包括收入、費用和利潤,它們之間的數量關係是:收入－費用＝利潤。

會計技術是指會計信息處理程序、方法的總稱。會計技術有兩類:一類是會計信息處理的程序,即從經濟事項進入會計系統開始直到會計系統輸出會計信息為止的整個過程,包括會計確認、會計計量、會計記錄和會計報告;另一類是會計信息的生成方

法，包括設置帳戶、復式記帳、填制和審核憑證、登記帳簿、成本計算、財產清查、編制財務報表，這些方法既獨立存在，又相互聯繫，形成了一個完整的方法體系。

＊＊＊＊本章復習思考題＊＊＊＊

1. 試以20世紀以來會計的發展分析說明環境對會計的影響。
2. 試述財務會計與管理會計的聯繫和區別。
3. 試述中國會計與國際接軌的意義。
4. 試論會計信息系統的目標、結構和功能。
5. 會計信息用戶、會計信息的用途、會計信息的質量要求與經營決策聯繫是何種關係？會計人員應當怎樣面對環境的變化？
6. 當前的會計人員從事哪些職業？註冊會計師在資本市場中扮演什麼角色？
7. 什麼是「安然事件」？「安然事件」對會計職業界有何影響？你是怎樣看待「操守為重」「不作假帳」的？
8. 計算機會計信息系統與手工會計信息系統有何聯繫和區別？
9. 怎樣理解會計目標是會計概念結構的最高層次？
10. 試述會計假設的內容及其意義。
11. 會計核算必須遵循哪些一般原則？
12. 會計要素包括哪幾個要素？各會計要素有哪些特徵？它們之間存在著什麼樣的關係？
13. 試述會計確認、會計計量、會計記錄和會計報告之間的關係。
14. 會計信息生成的方法有哪些？

第二章
會計信息生成的方法

學習目標

　　會計信息的生成必須借助於一整套相互聯繫的專門方法。這些方法主要是填製和審查會計憑證、設置和運用會計帳戶、復式記帳、登記帳簿、成本計算、財產清查和編製會計報表。本章主要介紹會計記帳、算帳、報帳的基本技能和會計憑證的填製與審查、會計帳簿的登記以及記帳方法等。這些方法，基本上描述出了會計信息的生成過程。學習本章的目標是：

　　(1)掌握帳戶的設置原理、帳戶的結構和使用方法。
　　(2)重點掌握復式記帳法的特點、原理，並能熟練地加以應用。
　　(3)掌握會計憑證的種類、會計憑證的填製和審核方法。
　　(4)掌握帳簿的種類、帳簿的設置和登記方法。
　　(5)理解會計循環的意義，掌握會計循環的程序。

第一節　會計帳戶

一、會計帳戶的設置

　　企業任何一項經濟業務發生以后，都會引起會計要素的各個具體內容發生數量上的增減變動。為了反映經濟業務發生后所引起的各個會計要素在數量方面的增減變動情況，實現對經濟活動過程和結果的反映與控製，就需要設置帳戶，通過帳戶記錄來全面、系統、完整地反映各要素變動過程和結果，提供用戶所需的會計信息。

　　會計帳戶是對會計要素各具體內容進行分類反映和控製，並提供每一類別增減變動過程(動態)和結果(靜態)指標的工具。設置和運用會計帳戶是會計核算的基本方法。在實際工作中，會計帳戶是根據會計科目設置的。

　　會計科目，簡稱科目，是對會計要素按經濟內容進一步分類的項目。會計要素不僅包含的內容多，而且具體項目差別大。比如：廠房、機器、材料等都屬資產，但它們的

經濟用途、價值方式各不相同；應付供應單位款和向銀行借入的長期借款雖然都屬於負債，但它們的形成原因、償還期限和承擔的風險程度有很大差別。因此，如果企業發生的各項經濟活動都以資產、負債、所有者權益、收入、費用、利潤六個要素作為會計數據歸類的標準，難免過於籠統，很難滿足信息用戶的需要。為了提供詳細、具體、規範化的會計信息，就有必要對每一會計要素按構成項目的經濟內容再分類，並在此基礎上設置會計科目。比如將廠房、機器等主要勞動資料設置一個「固定資產」科目，將貨幣資金按其存放地點設置「庫存現金」「銀行存款」科目。每一科目作為經濟業務引起要素變動的基本歸類單位，如以銀行存款購入機器，則反映「銀行存款」減少，「固定資產」增加。由此可見，只有在對會計要素具體內容進一步分類的基礎上設置會計科目，會計才可能對經濟業務引起的會計要素具體內容的增減情況做出正確而恰當的記錄。

　　會計科目是一個完整的體系，它包括會計科目的內容和級次。科目的內容反映科目的橫向聯繫，每個科目都有其特定的經濟內容；科目的級次體現科目的縱向聯繫，許多科目都可據以進一步劃分層次。為了兼顧各有關方面對會計信息不同詳略程度的需要，將會計科目可以劃分成總分類帳科目（一級科目）、子目（二級科目）和明細分類帳科目（細目）三個層次。

　　總分類帳科目，亦稱總帳科目或一級科目，是按照會計要素分別設置的會計科目，是設置總分類帳的依據，提供的是各類別總括資料。如「原材料」科目、「固定資產」科目等。

　　明細分類帳科目，亦稱明細科目，是對某一總分類帳科目具體內容的分類而設置的會計科目，是企業設置明細帳的依據，提供的是每一類別更加詳細、具體的會計信息。如在「原材料」總帳科目下分設的「圓鋼」「方鋼」「扁鋼」或「甲材料」「乙材料」「丙材料」等。

　　子目，亦稱二級科目，介於總分類科目和明細科目之間，核算資料比總帳科目詳細、比明細科目概括。如在「原材料」總帳科目和「甲」「乙」「丙」明細科目之間設置的「金屬材料」「非金屬材料」或「原料」「輔助材料」「燃料」等都屬二級科目。

　　一級科目、二級科目、明細科目之間的關係如圖 2-1 所示。

　　會計提供的信息是國家宏觀經濟調控、進行國民經濟綜合平衡的重要依據之一，又是投資者、債權人等瞭解企業財務狀況和經營成果的主要依據。為了統一核算口徑，保證核算指標在不同企業、不同部門的可比性，便於綜合匯總和分析利用，中國企業使用的一級科目和主要的明細科目由財政部統一頒布，其他明細科目和二級科目由企業根據需要和規定設置。會計正是通過使用不同層次的會計科目進行會計核算，提供不同詳細程度的核算指標，以滿足不同信息使用者的需要。以會計科目為依據設置會計帳戶的原則是：首先，有一個會計科目相應地就應設置一個帳戶，用以反映每一類別增減變動的情況。其次，由於會計科目分別有總帳科目、二級科目和明細科目不同層次，相應地會計帳戶也分別設置成總分類帳戶、二級帳戶和明細分類帳戶，不同層次的帳戶

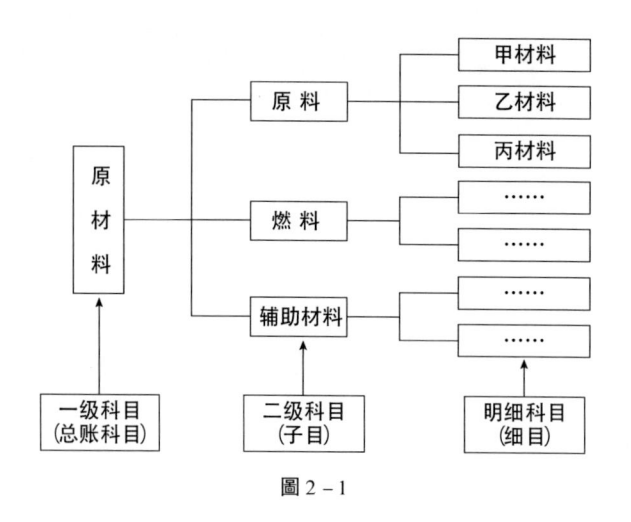

```
                    ┌─── 甲材料
           ┌── 原 料 ├─── 乙材料
           │         └─── 丙材料
           │         ┌─── ……
原材料 ────┼── 燃 料 ├─── ……
           │         
           │         ┌─── ……
           └─ 辅助材料├─── ……

  一级科目      二级科目      明细科目
 (总账科目)     (子目)        (细目)
```

圖 2-1

提供同一類別指標的詳細程度不同。

　　帳戶有一定的格式,可作為記錄經濟業務的載體,但是各種帳戶本身是沒有差別的,要根據會計科目確定其登記的內容和使用方法。會計帳戶與會計科目是既有聯繫又有區別的兩個概念。其聯繫在於:會計科目是設置帳戶的依據,也是帳戶的名稱;會計科目與會計帳戶所反映的經濟內容都是會計要素的具體內容;設置科目和開設帳戶的目的都是為了提供分類核算的會計信息。其區別在於:會計科目僅僅是要素分類的項目,本身沒有具體格式,不能用來記錄經濟業務,只是分類的標誌;而會計帳戶既有其名稱,又有專門的格式,是記錄經濟業務並進行分類核算的載體。

二、帳戶的基本結構

　　帳戶的基本結構是由會計要素及其數量變化情況決定的。經濟業務所引起的各項會計要素的數量變化,不外乎是增加和減少兩種情況。因此,作為記錄經濟業務的帳戶,除應有一特定名稱,借以表明它記錄經濟業務的類別外,還應相應地分為兩個基本部分,用以分別記錄經濟業務所引起的各會計要素的增加額和減少額。帳戶通常分左右兩方,一方記錄增加額,一方記錄減少額,每方再根據實際需要闢出若干欄次,用以登記有關信息資料。帳戶的格式是多種多樣的,但作為基本結構,一般應包含下列要素:

(1)帳戶名稱(即會計科目);
(2)日期和摘要(說明經濟業務發生的時間,概括經濟業務的內容);
(3)增加額、減少額、餘額記錄;
(4)經濟業務的說明記錄(包括經濟業務的內容提要、發生日期及記錄依據)。

　　帳戶的基本格式如表 2-1 所示。

表 2-1

左方				帳戶名稱（會計科目）			右方	
日期	憑證	摘要	金　額	日期	憑證	摘要	金　額

在會計教學和研究中，為方便起見，往往將帳戶左右兩方的金額欄突出出來，舍去其他欄次，從而形成簡化格式，即所謂的「T」型帳戶。如圖 2-2 所示。

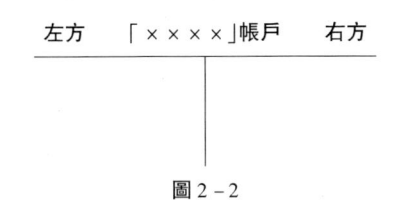

左方　　「××××」帳戶　　右方

圖 2-2

以上兩種帳戶的格式都屬於簡化格式，反映的是帳戶的基本構成要素。在實際工作中帳戶的標準格式見本章第四節所示。

上列帳戶左右兩方的金額欄，一方記增加額，一方記減少額。增減金額相抵后的差額，稱為帳戶的餘額。餘額按其表現的時間不同分期初餘額和期末餘額。因此，通過帳戶記錄經濟業務后可以提供四種金額數據：期初餘額、本期增加額、本期減少額、期末餘額。

本期增加額是指在一定時期內（月份、季度、年度）帳戶所登記的增加金額合計，也稱本期增加發生額。本期減少額是指在一定時期內帳戶登記的減少金額合計，也稱本期減少發生額。本期（增加或減少）的發生額屬於動態指標，反映有關會計要素增減變動的過程。本期增加發生額與期初餘額之和抵減本期減少發生額后的差額即為本期期末餘額，本期期末餘額轉入下期，即為下期期初餘額。期初餘額和期末餘額屬於靜態指標，反映有關會計要素增減變動的結果。上述四種金額指標的關係用公式表示為：

期末餘額＝期初餘額＋本期增加發生額－本期減少發生額

三、帳戶的使用方法

在會計帳戶中，左右兩方具體叫什麼名稱，哪方記增加數，哪方記減少數，餘額應在哪方，取決於所採用的記帳方法和帳戶本身的性質。按照中國《企業會計準則》的要求，企業會計核算應統一採用借貸記帳法。按照帳戶反映會計要素的經濟內容，帳戶可分為資產、負債、所有者權益、收入、費用、利潤六大類帳戶。在記帳方法既定的前提條件下，不同性質的帳戶使用方法不同。

在借貸記帳法下，帳戶左方稱為「借方」，帳戶右方稱為「貸方」。借方、貸方僅表

示帳戶的一個方向,本身無實質性含義,其帳戶格式如圖2-3所示。

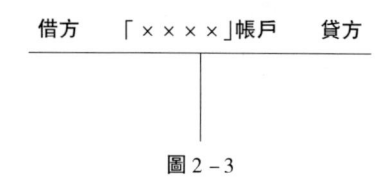

借方　「××××」帳戶　貸方

圖2-3

借方、貸方哪方記增加額、哪方記減少額,由帳戶的性質決定。現先以資產、負債、所有者權益三類帳戶說明之。

資產類帳戶:借方登記期初餘額、本期增加額,貸方登記本期減少額,期末餘額在借方。

負債和所有者權益類帳戶:借方登記本期減少額,貸方登記期初餘額、本期增加額,期末餘額在貸方。

上列幾類帳戶的使用方法如圖2-4所示。

借方　「資產類」帳戶　貸方		借方　「負債、所有者權益」類帳戶　貸方	
期初餘額 本期增加額	本期減少額	本期減少額	期初餘額 本期增加額
期末餘額			期末餘額

圖2-4

【例2-1】假定有關帳戶餘額為:銀行存款80,000元,原材料50,000元,短期借款10,000元,應付帳款12,000元。

本期發生下列經濟業務:
①購入材料10噸,價值3,000元,貨款以存款支付。
②以存款5,000元償還欠銀行的8月期借款。
③購入材料20噸,價值6,000元,貨款未付。
④借入10月期借款8,000元存入銀行。
⑤借入5月期借款9,000元直接償還供應單位的購料款。

對以上業務記入帳戶的方法是:

第①筆業務:引起材料增加,銀行存款減少。材料屬資產,增加的3,000元記入「原材料」帳戶借方;銀行存款屬資產,減少的3,000元記入「銀行存款」帳戶貸方。

第②筆業務:引起銀行存款減少和短期借款減少。銀行存款屬資產,減少的5,000元記入「銀行存款」帳戶貸方;短期借款是負債,減少的5,000元記入「短期借款」帳戶的借方。

第③筆業務:引起材料(資產)的增加,記入「原材料」帳戶借方;同時引起應付帳款(負債)的增加,記入「應付帳款」帳戶貸方。

第④筆業務:引起短期借款(負債)增加,記入該帳戶貸方;同時引起銀行存款(資

產)增加,記入該帳戶借方。

第⑤筆業務:引起短期借款(負債)增加,記入該帳戶貸方;同時引起應付帳款(負債)減少,記入該帳戶借方。

上述業務記入帳戶的結果如圖2-5所示。

借方	原材料	貸方		借方	銀行存款	貸方
期初餘額	50,000			期初餘額	80,000	①3,000
①	3,000			④	8,000	②5,000
③	6,000					
發生額	9,000	發生額 0		發生額	8,000	發生額 8,000
餘額	59,000			餘額	80,000	

借方	短期借款	貸方		借方	應付帳款	貸方
②	5,000	期初餘額 10,000		⑤	9,000	期初餘額 12,000
		④ 8,000				③ 6,000
		⑤ 9,000				
發生額	5,000	發生額 17,000		發生額	9,000	發生額 6,000
		餘額 22,000				餘額 9,000

圖2-5

與帳戶使用的幾個相關問題:

(1)在帳戶記錄業務前,首先應登記期初餘額。上述「原材料」「銀行存款」屬資產,其餘額登記在借方;「短期借款」「應付帳款」為負債,其餘額記在貸方。

(2)在期末,要計算出每一個帳戶的發生額和期末餘額,這項工作在會計上稱為結帳。在借貸記帳法下,在帳戶借方的發生額叫借方發生額,表示本期每一資產項目的增加合計數(資產類帳戶)和每一負債、所有者權益項目的減少合計數(負債、所有者權益類帳戶);在貸方的發生額叫貸方發生額,表示每一資產項目的減少合計數或負債、所有者權益的增加合計數。由於借貸方發生額在不同性質帳戶中含義不同,因此,帳戶餘額計算方法也不同。其中,資產類帳戶:

$$期末餘額 = 期初餘額 + 借方發生額 - 貸方發生額$$

負債、所有者權益類帳戶:

$$期末餘額 = 期初餘額 + 貸方發生額 - 借方發生額$$

(3)前述帳戶使用方法只講了資產、負債、所有者權益三類基本帳戶。費用類帳戶與資產類帳戶的運用方法基本相同;收入、利潤類帳戶與負債、所有者權益類帳戶的運用方法基本相同。后三類帳戶的運用將在后續章節中逐一闡述。

第二節　復式記帳

一、復式記帳法及其特點

在第一節中曾指出：為了詳細反映會計要素的具體內容，需要設置相應的會計科目，並根據會計科目開設相應的帳戶。但是，帳戶僅僅是記錄經濟業務的工具，要通過帳戶反映特定會計主體經濟活動的增減變動過程及結果，還必須運用科學的記帳方法——復式記帳法。

復式記帳法是隨著社會生產的進一步擴大、經濟活動日益頻繁、經濟業務內容更加複雜以及管理要求不斷提高而產生的。復式記帳法是指對任何一筆經濟業務，都應以相等的金額，在兩個或兩個以上的帳戶中全面地、相互聯繫地進行登記的方法。

企業任何一筆經濟業務的發生，都會引起會計要素中至少兩個具體項目的變化，並體現其變化的相互關係。這兩個項目可能是同一性質的要素項目（如以銀行存款購入材料業務，同時引起資產中的銀行存款減少和材料的增加，且銀行存款的減少是材料增加的原因），也可能是不同性質的要素項目（如以銀行存款上交稅費業務，同時引起資產中的銀行存款和負債中的應交稅費的減少，且說明了銀行存款的減少是應交稅費減少的原因）。可見，復式記帳的主要特點是：對發生的任何一筆經濟業務所引起的不同項目的增減變化，都能以相等金額在至少兩個帳戶中相互聯繫地反映出來。因此，通過復式記帳不僅可以瞭解每一項經濟業務的來龍去脈，而且將全部經濟業務記入帳戶后，可以通過帳戶記錄，完整、系統地反映經濟活動的過程和結果。同時，對帳戶記錄的結果可以試算平衡，以檢查帳戶記錄的正確性。

復式記帳法的產生和應用，是記帳方法的一個具有劃時代意義的進步，它推動了現代會計方法體系的形成，是「會計科學史上的偉大建築」。

二、借貸復式記帳法

借貸復式記帳法，簡稱借貸記帳法，是復式記帳法的一種。它大約起源於 13 世紀至 14 世紀資本主義開始萌芽的義大利，15 世紀逐步發展成為一種比較完備的復式記帳方法。從 1494 年由盧卡·巴其阿勒系統總結成書出版以後，首先在歐洲廣泛傳播和運用，繼而流傳至世界各地，在日本明治維新時代傳入日本，20 世紀初傳入中國。由於借貸記帳法以其科學性和廣泛的適用性為世界各國會計所採納，以至成為會計的國際語言。

借貸記帳法是以「資產＝負債＋所有者權益」為理論依據，以「借」「貸」作為記帳符號，按照「有借必有貸、借貸必相等」的記帳規則，對發生的經濟業務在兩個或兩個以上的帳戶中全面地、相互聯繫地記錄的一種復式記帳方法。

(一)理論依據

「資產＝負債＋所有者權益」的會計等式是建立借貸記帳法的理論依據。

首先,會計等式規範了企業經濟業務的內容。一個企業要進行生產經營活動必須擁有一定數額的資產,資產的來源一是負債,二是所有者權益。因此,企業有一定數額的資產,就必然有一定數額的負債和所有者權益;反之,有一定數額的負債和所有者權益,就必然形成同等數額的資產。資產與負債、所有者權益是相互依存的,從數量上看,「資產總額＝負債總額＋所有者權益總額」。經濟業務儘管多種多樣,但就一個會計主體來講,任何一筆業務要麼引起會計等式的左方或者右方某一要素的增加,另一要素的減少;要麼引起會計等式左右雙方要素同時增加或同時減少。但無論屬哪類業務,都不會破壞會計等式的平衡關係。依據會計等式的基本規律,企業經濟業務的變化類型有:

(1)一項資產增加,另一項資產減少;
(2)一項負債增加,另一項負債減少;
(3)一項所有者權益增加,另一項所有者權益減少;
(4)一項資產增加,一項負債增加;
(5)一項資產減少,一項負債減少;
(6)一項資產增加,一項所有者權益增加;
(7)一項資產減少,一項所有者權益減少;
(8)一項負債增加,一項所有者權益減少;
(9)一項負債減少,一項所有者權益增加。

以上九種業務是引起企業資產、負債、所有者權益變動的業務。此外,還有引起費用、收入、利潤變動的經濟業務。一般來講,費用發生會導致資產減少(或負債增加),收入取得會引起資產增加(或負債減少),收入大於費用的利潤屬於所有者,收入小於費用的虧損由所有者承擔。因此,從其性質上看,利潤增加所有者權益、虧損減少所有者權益。所以,會計等式規範的九種業務類型就是借貸記帳法所要反映的業務內容。

其次,會計等式可檢驗帳戶記錄結果的正確性。會計等式規範的以上九類經濟業務的數量變化對會計要素的影響為:有的類型的經濟業務發生不引起會計要素總額的變動,有的類型經濟業務的發生要引起會計要素總額的變動,但無論是否引起會計要素總額發生變動,都不會影響「資產＝負債＋所有者權益」的平衡關係。因此,記帳是否正確可以根據記帳結果是否符合這一等式來加以檢驗。

(二)記帳符號

記帳符號是指經濟業務發生后記入帳戶的方向的標記。在借貸記帳法下,以「借」「貸」作為記帳符號,即一切帳戶的左方為借方,右方為貸方。至於借方、貸方是記增加數,還是記減少數,由帳戶的經濟性質來決定。

(三)帳戶的設置和運用

在借貸記帳法下,將帳戶分設成資產、負債、所有者權益、收入、費用、利潤六大類,

不同性質的帳戶使用方法不同。各類帳戶的使用方法如圖2-6所示。

資產		負債、所有者權益	
借方　費用　貸方		借方　收入、利潤　貸方	
增加	減少	減少	增加
餘額			餘額

圖2-6　各類帳戶模式

(四)記帳規則

記帳規則是指在帳戶中記錄經濟業務的規律性,它是根據不同性質帳戶的結構和不同類型經濟業務在帳戶中登記的方法總結而成的。借貸記帳法的記帳規則是「有借必有貸、借貸必相等」,即每筆經濟業務發生后在記入一個帳戶借方的同時,記入另一個帳戶的貸方,且記入借方、貸方帳戶的金額應該相等。它是將借貸記帳法應予記錄的九種類型的經濟業務按各類帳戶的使用方法記錄的結果。這種聯繫如圖2-7所示。

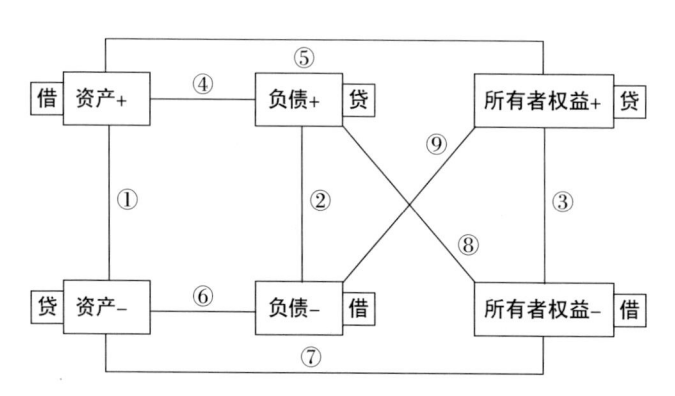

圖2-7　經濟業務類型與帳戶模式的聯繫

從圖2-7看出,借貸記帳法下,無論發生怎樣的業務,在記入帳戶時總是一方面記入有關帳戶借方,另一方面必然記入相關帳戶的貸方,且每筆業務金額是同一的。可見,借貸記帳法的記帳規則是「有借必有貸,借貸必相等」。

(五)平帳方法

平帳方法是根據復式記帳原理,檢查和驗證帳戶記錄正確性的方法。借貸法下可根據帳戶的發生額和餘額檢驗。

發生額法是根據全部帳戶借、貸方發生額為依據檢驗帳戶記錄正確性的方法。由於借貸記帳法記帳規則是每筆業務發生都記入一個帳戶借方和另一個帳戶貸方,且借、貸方金額相等,因此,將全部業務登記入帳后必然有:

$$\sum (全部帳戶借方發生額) = \sum (全部帳戶貸方發生額)$$

餘額法是根據帳戶餘額為依據檢驗帳戶記錄正確性的方法。按照帳戶模式記帳，期末各類帳戶的餘額必然是：資產類帳戶餘額在借方，負債、所有者權益類帳戶餘額在貸方，收入、費用類帳戶發生額期末轉入利潤類帳戶后，應無餘額。利潤類帳戶餘額若在貸方，為實現利潤，屬所有者權益增加數；若在借方，為發生的虧損，屬所有者權益減少數。這樣，根據「資產＝負債＋所有者權益」的原理，在帳戶餘額間必然有以下關係：

$$\sum (全部帳戶借方餘額) = \sum (全部帳戶貸方餘額)$$

記帳后的平帳方法可通過編制總分類帳戶本期發生額對照表進行。

總分類帳戶本期發生額對照表，簡稱對照表，它是依據借貸復式記帳法的借貸平衡關係編制的，用來驗算全部總帳記錄正確性的一種試算表。該表的格式見表2－18（第65頁）所示，根據登記的每一總帳的期初餘額、借方發生額、貸方發生額、期末餘額抄列，在表中形成期初餘額的借方合計數與貸方合計數相等、借方發生額合計數與貸方發生額合計數相等、期末餘額的借方合計數與貸方合計數相等的關係。

以上發生額平衡反映企業資本處於不斷變化的平衡關係，是餘額平衡的前提條件，餘額平衡是發生額平衡的必然結果。

三、會計分錄

會計分錄是根據復式記帳原理，集中、簡明、完整地指出每筆業務應記帳戶名稱、方向和金額的一種記錄。會計分錄的編制方法通過以下經濟業務的分析加以說明。

【例2－2】從銀行提取現金500元備用。

該筆業務引起資產中的銀行存款項目減少500元，因而記入「銀行存款」帳戶貸方；同時引起資產中現金項目增加500元，因而記入「庫存現金」帳戶借方。由此，該筆經濟業務的會計分錄為：

借：庫存現金　　　　　　　　　　　　　　　　　　　　500
　貸：銀行存款　　　　　　　　　　　　　　　　　　　　500

【例2－3】購入材料3,000元，貨款以存款支付2,000元，其餘1,000元暫欠。

該筆業務引起材料(資產)項目增加3 000元，記入該帳戶借方，同時引起銀行存款(資產)項目減少2,000元，記入該帳戶貸方，以及應付帳款(負債)項目增加1,000元，記入該帳戶貸方。由此，該筆經濟業務的會計分錄為：

借：原材料　　　　　　　　　　　　　　　　　　　　3,000
　貸：銀行存款　　　　　　　　　　　　　　　　　　　2,000
　　　應付帳款　　　　　　　　　　　　　　　　　　　1,000

【例2－4】企業收回購買單位所欠購貨款6,000元，其中4,000元存入銀行，2,000元為現金。

該筆業務發生引起資產中的銀行存款增加4,000元和現金增加2,000元,因此分別記入「銀行存款」和「庫存現金」帳戶借方;同時引起資產中的應收帳款減少6,000元,因而記入「應收帳款」帳戶貸方,由此,該筆經濟業務的會計分錄為:

借:銀行存款　　　　　　　　　　　　　　　　　　　　4,000
　　庫存現金　　　　　　　　　　　　　　　　　　　　2,000
　　貸:應收帳款　　　　　　　　　　　　　　　　　　6,000

通過對以上經濟業務的分析可以看出:

(1)會計分錄的格式是:借方科目在上,貸方科目在下,且借、貸方科目及金額應錯開。借方靠前,貸方退後。這樣可直接體現借貸記帳法的記帳規則。

(2)會計分錄的種類有二:一是簡單分錄,即由兩個帳戶,一個借方帳戶和一個貸方帳戶構成的分錄,如例1的分錄;二是複合分錄,即由兩個以上的帳戶構成的會計分錄,它可以是一個借方帳戶和多個貸方帳戶構成,如例2分錄,也可以是多個借方帳戶和一個貸方帳戶構成,如例3分錄,同時還可以由多個借方帳戶和多個貸方帳戶構成。但由於多借多貸的會計分錄不能清晰地反映帳戶對應關係,不能一目了然地看出經濟業務的內容,所以一般應盡量避免採用。

從以上分析看出,利用不同帳戶反映同一經濟業務后,在相關帳戶之間必然存在內在聯繫,即帳戶對應關係。帳戶對應關係是採用復式記帳記錄每筆經濟業務以後,由相互關聯的帳戶產生的應借、應貸的相互關係。發生對應關係的帳戶,互稱對應帳戶。在前述例1中,銀行存款與現金發生對應關係,互為對方的對應帳戶。在例2中,原材料與銀行存款、應付帳款發生對應關係,且原材料既是銀行存款,又是應付帳款的對應帳戶;反之,銀行存款的對應帳戶是原材料,應付帳款的對應帳戶也是原材料,同一方向的銀行存款與應付帳款則不構成對應關係,也不是相互的對應帳戶。通過帳戶對應關係,可以瞭解經濟業務的內容,瞭解資本運動的來龍去脈。

第三節　會計憑證

一、會計憑證的意義

會計憑證是指記錄經濟業務,明確經濟責任,具有法律效力,作為記帳依據的書面證明。填制或取得會計憑證是會計工作的初始階段。填制和審核會計憑證,是證明記錄經濟業務發生、保證經濟業務合理性和合法性所使用的專門方法。

一切會計記錄都要有真憑實據,使核算資料具有客觀性,這是會計核算必須遵循的基本原則,也是會計核算的一個重要特點。任何會計主體的會計工作都必須遵循「填制和審核會計憑證—登記帳簿—編制會計報表」的基本核算程序,這也是會計帳

務處理的三個基本環節。填制和審核會計憑證作為第一個環節,是其他環節的基礎。因此,會計資料的正確、可靠與否,都有賴於正確、及時地填制和審核會計憑證。

二、會計憑證的種類

會計憑證按其填制程序和用途不同,可分為原始憑證和記帳憑證兩大類。

(一) 原始憑證

原始憑證是在經濟業務發生時直接取得或填制的,用來載明經濟業務實際執行和完成情況,明確經濟責任,並具有法律效力的原始書面證明,是記帳的原始依據。一切經濟業務的發生,都應由有關部門或人員向會計部門提供原始憑證。

原始憑證按其來源不同,可分為外來原始憑證和自製原始憑證。外來原始憑證是在經濟業務完成時,從其他單位或個人直接取得的憑證,如購貨時取得的發票、收款單位或個人開給的收據等。自製原始憑證是在經濟業務發生時或完成后,由本單位經辦業務的部門和人員,根據經濟業務的內容自行填制的憑證,如驗收材料時填制的收料單、領用材料時填制的領料單、發放工資時填制的工資結算單、出差人員填制的差旅費報銷單、出納員開出的匯款單和支票等。

原始憑證按其填制手續和方法的不同,又可分為一次憑證和累計憑證。一次憑證是指憑證的手續是一次完成的,用以記錄一項或若干項同類性質的經濟業務的憑證。累計憑證是指在一定時期內(通常是一個月)連續記錄不斷重複的同類經濟業務,期末按其累計數作為記帳依據的一種原始憑證。它主要適用於某些經常重複發生的經濟業務。如產品製造企業使用的限額領料單(見表2-2)等。

表2-2　　　　　　　　　(企業名稱)限額領料單

材料科目:　　　　　　　　　　　　　　　　　　材料類別:
領料部門:配件車間　　　　　　　　　　　　　　編號:008
用途:生產　　　　　　　2014年4月　　　　　　倉庫:1號倉

材料編號	材料名稱	規格	計量單位	領用限額	實際領用			備註
					數量	單位成本	金額	
11101	中鋼板	205cm	噸	20	19	2,050	38,950	

領料日期	請領		實發			退回			限額結餘
	數量	領料單位負責人簽章	數量	發料人簽章	領料人簽章	數量	收料人簽章	退料人簽章	
2	5		5						15
12	11		11						4
26	3		3						1
合計	19		19						1

生產計劃科負責人:　　　　　供應科負責人:　　　　　倉庫負責人:

原始憑證按其反映經濟業務的數量分為單項原始憑證和匯總原始憑證。單項原始憑證是指按每項經濟業務編制的憑證。匯總原始憑證是指按照同類原始憑證匯總編制的憑證。在實際工作中,對於業務相同而數量較多的原始憑證,可以按照一定要求進行匯總,編制原始憑證匯總表,也就是說對於一些經常重複發生的同類經濟業務的原始憑證定期加以整理、匯總而另行編制原始憑證匯總表(或稱匯總原始憑證),作為記帳依據,以簡化核算工作。如根據收料(貨)單編制的收料(貨)匯總表、工資匯總表等。

(二)記帳憑證

記帳憑證是會計人員根據審核無誤的原始憑證或原始憑證匯總表編制的,並確定會計分錄,作為記帳依據的會計憑證。

會計帳簿需要根據會計憑證並遵循記帳規則進行登記,由於原始憑證中並沒有寫明會計帳戶名稱和記帳方向,這就需要先根據原始憑證編制記帳憑證,然后再據以記帳。因為在記帳憑證中,列示了會計帳戶名稱,指明了記帳方向,確認了記帳金額。

記帳憑證除按規定內容填寫外,還應將有關原始憑證和原始憑證匯總表附在記帳憑證后面,並在記帳憑證上註明附件的張數,以便查閱和保管。記帳憑證本身是否正確、合理和合法,除技術原因外,主要依靠所附的原始憑證來證明。

記帳憑證按反映的經濟業務內容不同,可分為專用憑證和通用憑證。專用憑證是專門用來反映某一類經濟業務的記帳憑證,通常設置成收款憑證、付款憑證和轉帳憑證三種。收款憑證是收入貨幣資金使用的憑證,適用於現金和銀行存款收款業務(其格式見表2-3);付款憑證是付出貨幣資金使用的憑證,適用於現金和銀行存款付款業務(其格式見表2-4);轉帳憑證則是用於反映不涉及貨幣資金的其他經濟業務,即轉帳業務(其格式見表2-5)。通用憑證是對於收款、付款和轉款業務,都使用一種格式的記帳憑證,這種憑證稱為通用記帳憑證。

對於經濟業務較多的會計主體,為了簡化登記總分類帳的工作,還可以根據記帳憑證按帳戶名稱進行匯總,編制科目匯總表(其格式見表2-6)或匯總記帳憑證據以登記總分類帳。

三、會計憑證的填制

(一)原始憑證的填制

1. 原始憑證的基本內容

由於原始憑證是經濟業務發生或完成時的最初記錄,所涉及的經濟業務複雜多樣,所反映的具體內容千差萬別,來源渠道各不相同,但不管怎樣,作為明確經濟責任的最初書面證明,它們都必須具備以下的基本內容:

(1)原始憑證的名稱。

(2)填制憑證的日期和編號。

(3)接受憑證的單位名稱。

（4）經濟業務的內容摘要（經濟業務的實物數量、單價和金額等）。

（5）填制憑證單位及經辦人員簽章。

2. 原始憑證的填制

原始憑證是具有法律效力的證明文件，是進行會計處理的依據。因此，為了保證整個會計核算資料的真實、正確和及時，原始憑證的填制，必須符合以下基本要求：

（1）填制及時。根據經濟業務的發生或完成情況及時填制，並按照規定程序及時送交審核，以便據以編制記帳憑證。

（2）內容完整。凡憑證內要求填寫的項目，要逐項填寫齊全，不可遺漏或少填。

（3）記錄真實。憑證上填寫的日期、經濟業務內容必須與實際情況完全相符，絕不允許有任何歪曲和弄虛作假。

（4）書寫規範。憑證上填寫的數字和文字，一定要字跡清晰、整潔、易於辨認，不得任意塗改、刮擦、挖補；規定大寫的數字，必須用正楷或行書字體書寫，大寫數字中間的「0」，應寫「零」字；阿拉伯數字不得連筆寫；小寫金額前應填寫人民幣符號「￥」。

（二）記帳憑證的填制

1. 記帳憑證的基本內容

記帳憑證可以根據每一張原始憑證填制，也可以根據原始憑證匯總表填制。它的作用主要是：便於登記帳簿，減少差錯，保證帳簿記錄的質量。記帳憑證的格式雖然多種多樣，但都必須具備以下的基本內容：

（1）記帳憑證的名稱。

（2）記帳憑證的填制日期和編號。

（3）經濟業務的內容摘要。

（4）會計分錄。

（5）記帳標記。

（6）所附原始憑證的張數。

（7）會計主管人員、記帳、審核和填制人員的簽章；收付款憑證還要有出納人員的簽章。

2. 記帳憑證的填制

記帳憑證是登記帳簿的直接依據。為了保證帳簿記錄的正確性，記帳憑證的填制除了應具備與原始憑證相同的基本要求外，還必須注意下列要求：

（1）填制日期和編號。記帳憑證填制日期原則上應與經濟業務發生日期、收到原始憑證日期相一致，按經濟業務發生日期填列；如果經濟業務發生日期與原始憑證收到日期不一致，按收到原始憑證日期填列，而將發生日期寫入摘要。記帳憑證的編號一般以月為單位順序編號，並分別寫明「字」和「號」。「字」表示記帳憑證的種類；「號」表示每張記帳憑證的序號。若採用收、付、轉三種記帳憑證，「字」可分別簡寫為「收」「付」「轉」，則某月第一筆收款業務填制的收款憑證編號為「收字第 1 號」，以此類推；若採用通用記帳憑證，字簡化為「記」，其編號從本月編制的第一張憑證為「記字

第1號」開始,以此類推。

(2)經濟業務摘要和所附原始憑證張數。摘要欄應摘出經濟業務的要點,摘要的文字應能正確概括會計分錄中對應帳戶所體現的經濟內容,要求表述準確,而又簡明扼要。通常只填寫經濟業務的簡要情況,如系收、付業務,還應寫明所涉及的對方單位或人名和重要單據(如發票、收付款單據)的號碼,以便查考。所附原始憑證張數按黏附的原始憑證數量列;如根據同一原始憑證填制幾張記帳憑證時,未黏附原始憑證的記帳憑證,可註明「附件見×字第×號憑證」。

(3)記帳標記。它是根據記帳憑證記帳以後所做的標記。一般在記帳憑證上設置「記帳」或「過帳」「帳頁」欄,以便在過帳後做出標記。標記的方法是:在該欄內填寫過入帳的頁碼。為了簡化手續,有的記帳後只在該欄內註明「√」符號,但這種表示不便於根據記帳憑證查找帳簿記錄。

(4)有關人員簽章。記帳憑證的簽章通常在記帳憑證傳遞過程中按下列次序進行:製單人員簽章,審核人員簽章,記帳人員簽章,會計主管簽章。收款憑證和付款憑證還應由出納人員於收、付款後加蓋「收訖」「付訖」戳記並簽章。

下面介紹收款憑證、付款憑證和轉帳憑證的填制方法。

收款憑證是根據有關現金和銀行存款的收款業務的原始憑證填制的,其填制方法舉例說明如下:

【例2-5】2014年1月2日,按銀行收帳通知,收回長江工廠前欠貨款75,000元,黃河工廠前欠貨款61,000元。該筆經濟業務填制的收款憑證如表2-3所示。

表2-3　　　　　　　　　　(企業名稱)收款憑證
借方科目:銀行存款　　　　2014年1月2日　　　　　編號:收字第1號

摘　要	貸方科目		金　　額		記帳
	一級科目	明細科目	一級科目	明細科目	√
收到長江、黃河工廠前欠貨款	應收帳款		136,000	00	
		長江工廠			75,000	00
		黃河工廠			61,000	00
合　計			136,000	00	136,000	00

附件2張

會計主管:　　　　記帳:　　　　出納:　　　　審核:　　　　填制:

從表中看出,收款憑證的「摘要」欄應填列經濟業務的簡要說明,左上方「借方科目」應填列「庫存現金」「銀行存款」科目,「貸方科目」欄應填列與上述「庫存現金」「銀行存款」相對應的一級科目及其明細科目,各一級科目的應貸金額,應填入本科目同

一行的「一級科目金額」欄中，所屬明細科目應貸金額應填入各明細科目同一行的「明細科目金額」欄中，各一級科目應貸金額應等於所屬各明細科目應貸金額之和，「借方科目」應借金額應為「合計」行的合計金額，「帳頁」欄註明記入總帳或日記帳、明細帳的頁次，也可以註明「√」表示已經登記入帳。

付款憑證是根據有關現金和銀行存款付款業務的原始憑證填制的，其填制方法舉例說明如下：

【例2-6】2014年1月13日，以現金支付企業辦公費用100元。該筆經濟業務填制的付款憑證如表2-4所示。

表2-4　　　　　　　　（企業名稱）付款憑證
貸方科目：庫存現金　　　　　2014年1月13日　　　　　編號：付字第1號

摘要	借方科目		金額		記帳
	一級科目	明細科目	一級科目	明細科目	√
支付辦公費用	管理費用		100	00	
合計			100	00	

附件1張

會計主管：　　　記帳：　　　出納：　　　審核：　　　填制：

從表中看出，付款憑證的填制方法與收款憑證基本相同。左上方「貸方科目」應填列「庫存現金」「銀行存款」科目，在「借方科目」欄中填列與上述「庫存現金」「銀行存款」科目相對應的科目。

在填制收款憑證與付款憑證時，對於庫存現金、銀行存款之間的劃轉業務，如「將現金存入銀行」或「從銀行提取現金」，同一筆經濟業務既是收款業務，又是付款業務，在實際工作中為避免重複過帳，按規定只填制一張付款憑證，不填制收款憑證。

轉帳憑證是根據有關轉帳業務的原始憑證填制的，其填制方法舉例說明如下：

【例2-7】2014年1月31日向白雲工廠購進B材料800噸，單價50元，金額40,000元，材料驗收入庫，貨款尚未支付。該筆經濟業務編制的轉帳憑證如表2-5所示。

表 2-5　　　　　　　　　　(企業名稱)轉帳憑證
　　　　　　　　　　　　　2014 年 1 月 31 日　　　　　　編號:轉字第 47 號

| 摘要 | 會計科目 | | 借方金額 | | 貸方金額 | | 記帳 |
	一級科目	明細科目	一級科目	明細科目	一級科目	明細科目	√
購入 B 材料	原材料		40,000 00				
		B 材料		40,000 00			
	應付帳款				40,000 00		
		白雲工廠				40,000 00	
合　計			40,000 00	40,000 00	40,000 00	40,000 00	

會計主管:　　　　　記帳:　　　　　審核:　　　　　填制:

　　從表中看出,轉帳憑證的「會計科目」欄應分別填列應借、應貸的一級科目和所屬的明細科目,借方(貸方)科目應記金額,在借方(貸方)科目同一行的「借方(貸方)金額」欄內填列。「借方金額」欄合計數,與「貸方金額」欄合計數應相等。

　　通用記帳憑證的格式與填制方法與轉帳憑證基本相同。不同的僅僅為各自反映的經濟業務內容和編號。

3. 科目匯總表的編制

　　為了簡化登記總分類帳的工作,可以對記帳憑證進行匯總,編制科目匯總表,作為登記總分類帳的依據。

　　科目匯總表編制時間,可視記帳憑證數量多少,每天、每五天或每十天編制一張。其編制方法是:以匯總期的記帳憑證為依據,將相同的借方(貸方)帳戶的金額分別相加,得到每一會計帳戶匯總期的借方(貸方)發生額;然后填入科目匯總表內;最后分別加計科目匯總表內借方(貸方)的金額合計數,並通過試算軋平。

表 2-6　　　　　　　　　　科目匯總表
　　　　　　　　　　　　年　月　日至　日　　　　　　科匯　　號

| 會計科目 | 記帳√(總頁) | 發生額 | | 備註 | 記帳憑證自 |
		借方	貸方		號至　號共　張
原材料					
庫存現金					
…					
合計					

　　　　　　會計主管:　　　　　復核:　　　　　製表:

四、會計憑證的審核

填制或取得會計憑證是整個會計工作的開始。如果憑證內容不真實或手續不完備,將會影響整個會計工作的質量。為了正確反映經濟活動的執行和完成情況,充分發揮會計監督作用,打擊經濟領域違法犯罪活動,維護財經紀律,遵守會計制度,保證核算資料真實、準確、完整,會計主管人員和會計人員以及指定的審核人員必須認真地、嚴格地審核各種會計憑證。只有經過審核確認無誤的會計憑證,才能作為記帳的依據。

(一)原始憑證的審核

原始憑證的審核,應從形式(憑證的外表形式)和內容實質(憑證所記錄的經濟業務)兩個方面進行。

從形式上審核,主要審核原始憑證的填制是否符合規定的要求,即原始憑證規定的內容是否填寫齊全、數字的計算是否正確、辦理憑證手續是否完備、憑證上填制的文字是否清晰易認等。

從內容實質上審核,主要審核原始憑證上所記錄的經濟業務是否真實、合理、合法。原始憑證表面形式符合要求,是構成合法憑證所必須具備的條件。但僅是這一點還不能說明原始憑證反映的經濟業務是真實、合理、合法。

憑證審核過程中,對於真實正確、合理合法的憑證應及時認可,並辦理必要的憑證手續;如發現問題,應根據不同情況按照有關規定分別進行處理:存在著技術性錯誤的憑證,如內容填寫不全,數字計算有誤,憑證手續不齊備,更正錯誤方法不當等,應講明原因,退回並請原填製單位或人員補辦手續,更正錯誤或重新填制;如有超計劃、超預算的支付或領用,應提請單位領導或有關部門研究處理;如果發現違反財經紀律和制度的情況,會計人員有權拒絕付款、報銷或執行;對於弄虛作假、營私舞弊、偽造塗改憑證等違法亂紀行為,應即扣留憑證,及時向領導匯報,以便進行嚴肅處理。

(二)記帳憑證的審核

為了保證正確登記帳簿和監督款項收付,必須正確填制記帳憑證,同時也要有專人嚴格審核記帳憑證。審核的主要內容是:

(1)記帳憑證是否附有原始憑證,所附原始憑證張數與記帳憑證所填列的附件張數是否一致,記帳憑證所反映的經濟業務內容與所附原始憑證是否相等。

(2)記帳憑證所確定的會計分錄,包括應借、應貸的會計帳戶是否正確,對應關係是否清楚;所記金額有無錯誤,借方金額與貸方金額是否相等;一級帳戶金額與所屬明細帳戶金額是否相符。

(3)記帳憑證格式中所列的各項內容是否填列齊全,有無錯誤;有關人員是否都已簽名或蓋章。

記帳憑證經過審核,如有錯誤,應及時查明原因,予以更正,只有經過審核無誤的記帳憑證,才能作為記帳的依據。

第四節　會計帳簿

一、帳簿的意義

填制和審核會計憑證,雖然可以反映和監督企業的經濟業務,但是會計憑證數量多,而且分散,不能據以對企業的經濟業務進行系統、全面反映和監督。因此,還必須設置和登記帳簿。

會計帳簿是按照會計科目開設的由專門格式的帳頁構成的,用來序時和分類登記有關經濟業務的簿籍。前面所述的根據會計分錄指出的應借、應貸會計科目登記帳戶,在會計實務上,就是根據記帳憑證登記帳簿,即記帳。會計帳簿是帳戶或會計科目的「載體」。設置和登記帳簿,是會計核算又一種重要的方法。會計帳簿可以系統、全面地反映企業每一類經濟業務和全部經濟業務的發生和完成情況,為企業日常經營管理提供會計信息;可以為定期地編制會計報表提供數據;可以為會計信息的進一步加工利用提供依據。

二、帳簿的種類

(一)帳簿按用途分類

帳簿按其用途,可以分為序時帳簿、分類帳簿和備查帳簿三類。

1. 序時帳簿

序時帳簿簡稱序時帳,是按照經濟業務發生的時間順序登記的帳簿。由於序時帳要按照每一項經濟業務逐日逐項登記,因而一般稱為日記帳。日記帳又有專用日記帳和通用日記帳兩類。

(1)專用日記帳,也稱特種日記帳,是專門用來登記某一類經濟業務的日記帳,例如現金日記帳、銀行存款日記帳等。

(2)通用日記帳,是用來登記企業單位全部經濟業務的日記帳。在這種日記帳中,根據全部經濟業務發生的順序,逐日逐項編制會計分錄,因而這種日記帳也稱分錄日記帳和分錄簿。

2. 分類帳簿

分類帳簿簡稱分類帳,是按經濟業務的類別進行登記的帳簿。分類帳按其分類的總括或明細的程度,又分總分類帳和明細分類帳兩類。

(1)總分類帳,簡稱總帳,是按照總分類帳戶或科目開設帳頁,對企業單位全部經濟業務進行總括分類登記、進行總分類核算的分類帳,也稱一級帳。

(2)明細分類帳,簡稱明細帳,是按照明細分類帳戶或科目開設帳頁,對企業單位某一類經濟業務進明細分類登記、明細分類核算的分類帳。

3. 備查帳簿

備查帳簿也稱備查簿、備查登記簿或輔助帳簿,是用來登記不屬於以上各種帳簿登記的業務,但必須進行補充登記的帳簿。例如企業單位租入的固定資產,不屬於自有固定資產,不能在上述各種帳簿中登記,但在租賃期內必須對其使用、保管、支付租金等情況進行登記,因而必須設置租入固定資產登記簿。

(二)帳簿按外表形式分類

帳簿按其外表形式,可以分為訂本帳簿、活頁帳簿和卡片帳簿三類。

1. 訂本帳簿

它是在啟用前就編寫帳頁號碼,並固定裝訂成冊的帳簿。採用訂本帳簿,可以避免帳頁丟失或被抽換,保證帳簿記錄的安全、完整。但是它不利於增減帳頁和分工記帳。因此,這種帳簿一般適用於比較重要的、只應該或只需要一個人登記的帳簿,如總帳、現金日記帳和銀行存款日記帳。

2. 活頁帳簿

它是在啟用前沒有編寫帳頁號碼,而是將各張帳頁存放在活頁夾內而形成的帳簿。這種形式的帳簿的優缺點與訂本帳簿相反。因此,採用這種帳簿時,空白帳頁一經使用就應連續編號,由有關人員在帳頁中蓋章,並應定期裝訂成冊。這種帳簿一般適用於所需帳頁數量很難預先確定的明細帳,如原材料明細帳等。

3. 卡片帳簿

它是用卡片作為帳頁存放在專設的卡片箱中,帳頁可以根據需要隨時增添的帳簿。這種帳簿的優缺點與活頁帳簿相同。為了保證卡片帳頁的安全、完整,帳頁一經登記也應編號,並由有關人員蓋章;卡片箱應該上鎖,並由專人保管。這種帳簿一般適用於帳頁需要隨著財產物資使用或存放地點的轉移而重新排列的明細帳,如固定資產明細帳。

三、日記帳的設置和登記

(一)專用日記帳的設置和登記

為了加強對貨幣資金的反映和監督,企業單位一般均為現金和銀行存款專門設置現金日記帳和銀行存款日記帳,以便逐日逐項登記這些貨幣資金的收入、付出和結餘的情況。這兩本日記帳帳頁的格式,可以採用三欄式,也可以採用多欄式。

1. 三欄式日記帳的設置和登記

三欄式現金日記帳。它是按照現金的「收入」「付出」和「結餘」分設三個專欄而形成的日記帳。為了反映現金收入的來源和現金付出的方向,一般還增設「對方科目」專欄。三欄式現金日記帳格式如表2-7所示。

現金日記帳應由出納人員根據現金的收款憑證和付款憑證逐日逐項循序登記。

表 2-7　　　　　　　　　　　現金日記帳　　　　　　　　　第 × 頁

200×年		憑證號數		摘要	對方科目	收入	付出	餘額
月	日	收款	付款					
2	1			月初餘額				500
	1		銀1	提取現金	銀行存款	700		1,200
	1	1		銷售收入	銷售	900		2,100
	1		1	存入銀行	銀行存款		1,000	1,100
	1		2	預支差旅費	其他應收款		300	800
	1			本日合計及餘額		1,600	1,300	800

　　在上列現金日記帳中，由於現金收入的金額是「庫存現金」科目的借方發生額，因而其對應科目是貸方科目。例如第一項業務的科目對應關係為：借記「庫存現金」科目，貸記「銀行存款」科目。與此相反，現金付出的對應科目是借方科目。登記現金日記帳所依據的記帳憑證，一般是現金收付款憑證，在「憑證號數」欄中，對於這些憑證只需分別登記收款憑證或付款憑證的號數即可。但由於現金與銀行存款之間相互收付的業務只填制付款憑證，不填制收款憑證。因此，對於從銀行中提取現金的業務，其登記的依據不是現金收款憑證，而是銀行存款付款憑證。對於這種業務，在「憑證號數」欄中，不僅要登記憑證的號數，而且要標明「銀」字。上列第一項現金收款業務的憑證號數，即「銀行存款付款憑證第 1 號」。

　　為了加強對貨幣資金的日常管理，現金日記帳應該逐日計算、登記收入合計數、付出合計數和餘額，做到「日清月結」。

　　三欄式銀行存款日記帳的格式和登記方法，與上列現金日記帳基本相同。但前者還應加設「支票種類、號數」。此外，對於將現金存入銀行的銀行存款帳款業務，應該根據現金付款憑證登記。

2. 多欄式日記帳的設置和登記

　　多欄式的現金日記帳和銀行存款日記帳，是按照現金或銀行存款收入和付出的對應科目分設若干專欄的日記帳。多欄式日記帳格式如表 2-8 所示。

表 2－8

銀行存款日記賬（多欄式）

200×年		憑證號數	摘要	借方						貸方					余額
月	日			庫存現金	對應貸方科目				合計	庫存現金	材料採購	對應借方科目		合計	
					產品銷售收入	應收賬款	應收票據	財務費用				應付賬款	營業外支出	財務費用	
5	1		期初余額												10,000.00
	1	①	出售產品	50,000.00					50,000.00						
	2	④	購材料								3,000.00			3,000.00	
	4	⑥	提現							2,000.00					2,000.00
	4	⑨	出售產品	15,000.00					15,000.00		2,500.00			2,500.00	
	8	⑮	現金存入 1,500.00						1,500.00			20,000.00		20,000.00	
	8	⑰	退欠款												
	9	⑲	收到欠款			3,000.00			3,000.00						
	10	⑳	兌現票據				5,000.00		5,000.00						
		㉒	出售產品	20,000.00					20,000.00						
		㉓	購材料								7,400.00			7,400.00	
	31		全日合計	2,100.00	85,000.00	3,000.00	18,000.00	100.00	108,200.00	12,000.00	18,000.00	29,900.00	12,400.00	54,450.00	53,750.00

| | | | | | | | | | | | | | | | 150.00 |

多欄式日記帳的特點是在三欄式的基礎上，按借方、貸方的對應帳戶設置專欄，以便匯總重複發生的同類經濟業務。設置和登記多欄式日記帳可以詳細反映貨幣資金的增減變動情況，在匯總后作為一次過記總帳的依據，從而減少過帳工作量。

多欄式日記帳按照收、付款憑證逐筆、順序登記，登記時在確定應借、應貸方向後，按對應帳戶確定其專欄。

根據多欄式日記帳過記總帳時，應當注意：

（1）多欄式銀行存款、現金日記帳的借、貸方合計數分別過入銀行存款、現金總帳的借、貸方；

（2）多欄式銀行存款、現金日記帳借、貸方各專欄合計數，應分別過入各專欄同名帳戶的貸、借方；

（3）為避免重複記帳，多欄式銀行存款中的現金專欄合計數，無須過帳，同樣多欄式現金日記帳中的銀行存款專欄合計數也無須過帳。

（二）通用日記帳的設置和登記

企業如果不設置專用日記帳，可以通用日記帳。其格式如表 2-9 所示。

表 2-9　　　　　　　　　　　日記帳

| 200×年 || 摘　　要 | 會計科目 | 借方金額 | 貸方金額 | 憑證張數 | 總帳頁數 |
月	日						
2	1	從銀行提取現金	庫存現金	700		1	2
			銀行存款		700		5
	1	採購材料，簽發承兌匯票	材料採購	8,200		2	11
			應付票據		8,200		20
	1	零星銷售，收到現金	庫存現金	900		1	2
			銷售		900		30
	1	將現金存入銀行	銀行存款	1,000		1	5
			現金		1,000		2
	1	用現金預支差旅費	其他應收款	300		1	9
			庫存現金		300		2
	1	銷售產品，收到對方簽發承兌的匯票	應收票據	11,000		2	7
			銷售		11,000		30
	2	開出支票，支付應付帳款	應付帳款	8,800		2	24
			銀行存款		8,800		5

通用日記帳的帳名為「日記帳」，根據它可以瞭解企業全部經濟業務發生和完成的全過程。這種日記帳可以根據記帳憑證登記，也可以根據原始憑證或匯總原始憑證登記。

四、分類帳的設置和登記

分類帳是對全部經濟業務按總分類帳戶和明細分類帳戶進行分類登記,借以提供總括、全面的核算資料和詳細、具體的核算資料。因此每個企業單位都要設置總帳,並在此基礎上設置明細帳。

(一)總分類帳的格式和登記方法

總分類帳是按照一級會計科目開設帳戶,對經濟業務進行分類登記的帳簿。

總帳的格式是:借貸餘三欄式,即每一總帳都有借方金額、貸方金額、餘額三個欄次,其格式見表2–11(第62頁)。在實際工作中根據需要還可以增設「對方科目」欄。由於各會計科目的餘額可能在借方,也可能在貸方,為了反映餘額的借貸方向,在「餘額」欄旁邊都應加設「借或貸」欄或「借/貸」欄。

總帳登記的依據有記帳憑證(包括收、付、轉憑證或科目匯總表等)和多欄式日記帳;由於登記的依據不同,其登記的方式可以逐筆或定期匯總登記。

(二)明細分類帳的格式和登記

明細帳應該根據經濟業務的各類和經營管理的要求分別設置,其帳頁可以分別採用各種格式。基本的格式有三欄式、數量金額式和多欄式三種。

1. 三欄式明細帳的設置

三欄式明細帳的格式與三欄式總帳的格式基本相同。但是,三欄式明細帳不需要設立反映對應科目的專欄。這種明細帳適用於只需要提供金額資料,不需要提供數量資料的明細核算。例如「應收帳款明細帳」「應付帳款明細帳」(其格式如表2–14所示)。

2. 數量金額式明細帳的設置

數量金額式明細帳,一般設有收入、發出和結存的「數量」欄和「金額」欄,用來登記財產物資收入、發出和結存的數量和金額。為了計算、登記金額,一般還應加設「單價」欄。這種明細帳適用於既需要提供金額資料,又需要提供數量資料的明細帳核算。例如「原材料明細帳」(其格式如表2–12所示)、「產成品明細帳」等。

在表2–12所列示的「原材料明細帳」的帳頁中,雖然沒有標明借方、貸方和餘額,但其基本結構仍包括這三個部分。其中收入為借方,發出為貸方,結存為借方餘額。

3. 多欄式明細帳的設置

多欄式明細帳,是在帳頁中各明細科目或明細項目分設若干專欄,用以在一帳頁中集中登記這些明細科目或明細項目全部金額的帳簿。這種帳簿一般適用於成本、費用和損益類會計科目的明細核算。例如「生產成本明細帳」「管理費用明細帳」(其格式見表2–10所示)。多欄式明細帳根據實際情況有借方多欄式、貸方多欄式和借貸雙方多欄式三種格式。

表2-10　　　　　　　　　　　　管理費用明細帳　　　　　　　　　　第×頁

200×年		憑證		摘　要	費　用　項　目							轉出	餘額
月	日	字	號		工資	消耗材料	折舊費	修理費	差旅費	辦公費	其他費	合計		
5	4	(略)		工資費用	3,500							3,500		3,500
	6			材料費用		2,100		800				2,900		6,400
	10			折舊費			1,200					1,200		7,600
	21			報差旅費					2,900			2,900		10,500
	29			其他支出						500	200	700		11,200
	31			轉　出									11,200	0
	31			本月合計及月末餘額	3,500	2,100	1,200	800	2,900	500	200	11,200	11,200	0

明細帳的登記一般根據記帳憑證及其所附的原始憑證為依據,逐日逐筆登記,也可以根據原始憑證定期匯總登記。

(三)總分類核算與明細分類核算的平行登記

1. 總分類核算與明細分類核算的關係

為了滿足企業內部管理和外部有關方面對會計信息的不同需要,會計不僅要提供總括全面的核算指標,而且要提供詳細具體的核算指標。為此,企業在進行總分類核算的同時,應進一步組織明細分類核算。在實際工作中,要求在總帳基礎上設置明細帳進行明細核算,但並非每一個總帳下都設明細帳。一般來說,明細核算的範圍包括:

(1)主要財產物資,如固定資產、材料、產成品等對象。此類一般按其品種、規格等標準設明細帳。

(2)主要的債權、債務業務,如應收(預收)帳款、應付(預付)帳款、短期借款等。此類一般按債權人為標準設明細帳。

(3)主要所有者權益業務,如實收資本等。此類一般按投資人為標準設明細帳。

(4)主要的費用成本業務,如生產成本等。此類一般按產品品種、規格為標準設明細帳。

雖然總分類帳與明細分類帳提供的指標詳略程度不同,但明細帳是在總帳的基礎上設置的,因此,兩者之間既有區別,又有密切的聯繫。其聯繫表現為:①反映的經濟內容是相同的,都反映同一會計要素的變化。②提供的指標相互補充,相互說明,總帳指標是明細帳指標的綜合,而明細帳指標是總帳指標的具體化,因此,總帳對明細帳起著統馭和控製作用,而明細帳則對總帳起補充說明作用。其區別則表現為:①設帳的依據不同。總帳根據一級科目設置;明細帳根據明細科目或管理要求設置。②提供指標的詳略程度不同。總帳提供每一類總括、全面的綜合指標;明細帳則提供的是該類別更加詳細、具體的個別指標。③運用的量度不同。總帳只使用貨幣量度記錄;明細帳則使用實物、時間、貨幣三種量度記錄。④使用的格式不同。總帳有三欄式格式;明

細帳則分別不同對象採用三欄式格式、多欄式格式和數量金額式格式。

2. 總分類帳與明細分類帳的平行登記

根據總帳與明細帳的關係,在會計核算中,為了便於進行帳戶記錄的核對,保證核算資料的完整性和正確性,總帳與明細帳必須採用平行登記的辦法。平行登記的基本要點是:

(1) 分別記帳。對發生的每筆經濟業務,在記入總帳的同時,應分別記入所屬明細帳。

(2) 方向一致。對發生的每筆經濟業務記入總帳和所屬明細帳的方向一致。即總帳記借方,其所屬明細帳也記借方,總帳記貸方,其所屬明細帳也記貸方。

(3) 金額相等。對每筆業務記入總帳的金額與記入所屬明細帳金額之和相等。

根據上述平行登記原理登記總帳的所屬明細帳后,在兩者之間必然出現下列相互核對的數量關係。以公式表示為:

$$總帳期初餘額 = \sum (所屬明細帳期初餘額)$$

$$總帳借方發生額 = \sum (所屬明細帳借方發生額)$$

$$總帳貸方發生額 = \sum (所屬明細帳貸方發生額)$$

$$總帳期末餘額 = \sum (所屬明細帳期末餘額)$$

為了檢查帳戶記錄是否正確,在實際工作中,可依據總帳與其所屬明細帳的本期發生額和餘額相等的原理,編制「明細分類帳戶本期發生額明細表」進行相互核對。

明細分類帳戶本期發生額對照表,簡稱明細表,它是依據總帳與明細帳平行登記的原理編制的,驗算總帳與明細帳記錄是否相符的一種試算表。該表根據每類明細帳設置,一類明細帳編制一張,且格式不同。具體格式如表 2-15、表 2-16 所示。明細表應根據所屬明細帳的期初餘額、借方發生額、貸方發生額、期末餘額匯總編制,其合計數與總帳相關數相等。

【例 2-8】假設某企業 2013 年 5 月初「原材料」和「應付帳款」帳戶(其他帳戶略)餘額為:

「原材料」總帳餘額為 7,000 元。其中,

明細帳為:甲種材料 30 噸,每噸 200 元,計 6,000 元

乙種材料 10 噸,每噸 100 元,計 1,000 元

「應付帳款」總帳餘額為 8,000 元。其中,

明細帳為:光華公司:5,000 元

柳坪公司:3,000 元

5 月份發生下列經濟業務及其編制的會計分錄為:

① 5 月 5 日,向光華公司購進甲種材料 8 噸,每噸 200 元,購進乙種材料 20 噸,每噸 100 元;向柳坪公司購進甲種材料 2 噸,每噸 200 元,購進乙種材料 10 噸,每噸 100 元。材料已驗收入庫,貨款尚未支付。編制的會計分錄為:

借:原材料——甲種材料　　　　　　　　　　　　　　　　　2,000
　　　　——乙種材料　　　　　　　　　　　　　　　　　3 000
　貸:應付帳款——光華公司　　　　　　　　　　　　　　　3 600
　　　　　　　——柳坪公司　　　　　　　　　　　　　　　1 400

② 5 月 8 日,倉庫發生生產用材料 4,000 元,其中,領用甲種材料 15 噸,每噸 200 元,乙種材料 10 噸,每噸 100 元。編制的會計分錄為:

　借:生產成本　　　　　　　　　　　　　　　　　　　　　4 000
　　貸:原材料——甲種材料　　　　　　　　　　　　　　　3 000
　　　　　　——乙種材料　　　　　　　　　　　　　　　1 000

③ 5 月 15 日,以銀行存款償付前欠材料款 10,000 元,其中,光華公司 7,000 元,柳坪公司 3,000 元。編制的會計分錄為:

　借:應付帳款——光華公司　　　　　　　　　　　　　　　7 000
　　　　　　——柳坪公司　　　　　　　　　　　　　　　3 000
　　貸:銀行存款　　　　　　　　　　　　　　　　　　　10,000

④ 5 月 23 日,向光華公司購進甲材料 20 噸,每噸 200 元,購進乙材料 20 噸,每噸 100 元。材料已驗收入庫,貨款尚未支付。編制的會計分錄為:

　借:原材料——甲種材料　　　　　　　　　　　　　　　4 000
　　　　——乙種材料　　　　　　　　　　　　　　　2 000
　　貸:應付帳款——光華公司　　　　　　　　　　　　　　6 000

⑤ 5 月 27 日,以銀行存款償還欠光華公司的購料款 5,000 元。編制的會計分錄為:
　借:應付帳款——光華公司　　　　　　　　　　　　　　　5,000
　　貸:銀行存款　　　　　　　　　　　　　　　　　　　5,000

根據上述資料,利用平行登記原理登記總帳和明細帳的結果為:「原材料」總帳(見表 2 – 11)和明細帳(見表 2 – 12);「應付帳款」總帳(見表 2 – 13)和明細帳(見表 2 – 14);根據「原材料」明細帳編制「材料明細帳本期發生額和餘額明細表」(見表 2 – 15);根據「應付帳款」明細帳編制「應付帳款明細帳本期發生額明細表」(見表 2 – 16)。

表 2 – 11　　　　　　　　　　　總　　帳

總帳科目:原材料

2013 年		憑證號數	摘　要	借方	貸方	借/貸	餘額
年	月						
5	1		期初餘額			借	7,000
	5	①	購入	5,000		借	12,000
	8	②	發出		4,000	借	8,000
	23	④	購入	6,000		借	14,000
	31		發生額及餘額	11,000	4,000	借	14,000

表2-12　　　　　　　　　　　　原材料明細帳

材料名稱:甲種材料　　　　　　　　　　　　　　　　　　　　　　　單位:噸

2013年		憑證號數	摘要	收入			發出			結存		
月	日			數量	單價	金額	數量	單價	金額	數量	單價	金額
5	1		期初餘額								30	200	6 000
	5	①	購入	10	200	2 000				40	200	8 000
	8	②	發出				15	200	3 000	25	200	5 000
	23	④	購入	20	200	4 000				45	200	9 000
	31		發生額及餘額	30	200	6 000	15	200	3 000	45	200	9 000

材料名稱:乙種材料　　　　　　　　　　　　　　　　　　　　　　　單位:噸

2013年		憑證號數	摘要	收入			發出			結存		
月	日			數量	單價	金額	數量	單價	金額	數量	單價	金額
5	1		期初餘額								10	100	1 000
	5	①	購入	30	100	3 000				40	100	4 000
	8	②	發出				10	100	1 000	30	100	3 000
	23	④	購入	20	100	2 000				50	100	5 000
	31		發生額及餘額	50	100	5 000	10	100	1 000	50	100	5 000

表2-13　　　　　　　　　　　　　總　　帳

總帳科目:應付帳款

2013年		憑證號數	摘要	借方	貸方	借/貸	餘額
月	日							
5	1		期初餘額			貸	8,000
	5	①	購料欠款		5,000	貸	13,000
	15	③	歸還欠款	10,000		貸	3,000
	23	④	購料欠款		6,000	貸	9,000
	27	⑤	歸還欠款	5,000		貸	4,000
	31		發生額及餘額	15,000	11,000	貸	4,000

表 2–14　　　　　　　　　應付帳款明細帳

供應單位名稱:光華公司

2013 年		憑證號數	摘　要	借方	貸方	借/貸	餘額
月	日						
5	1		期初餘額			貸	5,000
	5	①	購料欠款		3,600	貸	8,600
	15	③	歸還欠款	7,000		貸	1,600
	23	④	購料欠款		6,000	貸	7,600
	27	⑤	歸還欠款	5,000		貸	2,600
	31		發生額及餘額	12,000	9,600	貸	2,600

供應單位名稱:柳坪公司

2013 年		憑證號數	摘　要	借方	貸方	借/貸	餘額
月	日						
5	1		期初餘額			貸	3,000
	5	①	購料欠款		1,400	貸	4,400
	15	③	歸還欠款	3,000		貸	1,400
	31		發生額及餘額	3,000	1,400	貸	1,400

表 2–15　　　　　材料明細帳本期發生額及餘額明細表

2013 年 5 月

明細科目	計算單位	單價	期初餘額		本期發生額				期末餘額	
			數量	金額	借方(收入)		貸方(發出)		數量	金額
					數量	金額	數量	金額		
甲材料	噸	200	30	6,000	30	6,000	15	3,000	45	9,000
乙材料	噸	100	10	1,000	50	5,000	10	1,000	50	5,000
合計				7,000		11,000		4,000		14,000

表 2-16　　　　　　應付帳款明細帳本期發生額及餘額明細表

明細科目	期初餘額 借方	期初餘額 貸方	本期發生額 借方	本期發生額 貸方	期末餘額 借方	期末餘額 貸方
光華公司		5,000	12,000	9,600		2,600
柳坪公司		3,000	3,000	1,400		1,400
合　　計		8,000	15,000	11,000		4,000

從以上明細表看出，其期初餘額、借方發生額、貸方發生額、期末餘額合計數分別與對應總帳數額相等。

五、對帳和結帳

(一) 對帳

對帳是對帳簿記錄進行的核對工作。為了保證各種帳簿記錄的正確、真實和完整，在登記帳簿以後，還必須做好對帳工作。對帳工作一般應從以下幾個方面進行：

1. 帳證核對

帳證核對是將各種帳簿的記錄與有關的會計憑證進行核對，做到帳證相符。這種核對，應在根據會計憑證登記帳簿的過程中隨時進行。

2. 帳帳核對

帳帳核對是將各種帳簿之間有關的金額進行核對，做到帳帳相符。主要包括：總帳與總帳、總帳與日記帳、總帳與明細帳、會計帳與業務帳的核對。

3. 帳實核對

帳實核對是將各種財產物資和債權債務的帳面餘額，與實存數額或實際餘額進行核對，做到帳實相符。主要包括：現金日記帳與庫存現金數額、銀行存款日記帳與開立存款戶的銀行帳目、各種財產物資明細帳與財產物資的實物數量、各種應收和應付款項明細帳與有關的債務和債權單位帳的核對。

(二) 結帳

結帳是在期末(月末、季末、年末)將當期應記的經濟業務全部登記入帳的基礎上，結算、登記各種帳簿本期發生額和期末餘額的工作。

為了總括反映和監督每一會計期間(月份、季節、年度)經濟業務的發生和完成情況，也為了編制會計報表，必須在每一會計期末進行結帳。

結帳工作的要求和程序，主要包括以下幾個方面：

1. 本期發生的經濟業務應全部登記入帳

結帳以前，應檢查本期內已經發生的經濟業務，是否已經全部記入帳簿。例如已經發生的債權、債務，已經發現的財產物資盤盈、盤虧等，是否都已記帳。如果發現漏記、記錯，應進行補記、更正。不能為了趕編會計報表而提前結帳，將本期發生的經濟

業務延到下期記帳;也不能先編會計報表后結帳。

2. 按照權責發生制的要求結轉有關帳項

在採用權責發生制的企業中,結帳以前,還應將以前時期支付的而應由本期負擔的待攤費用,攤入本期成本、費用;將本期尚未支付而應由本期負擔的預提費用,預提計入本期成本、費用;將以前時期預收而屬於本期的收入,計入本期收益;並應將屬於本期的成本、費用和收益,通過一定的帳務處理,進行結轉,以便正確地計算、確定本期的財務成果。

3. 計算、登記各種帳簿的本期發生額和期末餘額

計算、登記各種帳簿的本期發生額和期末餘額,是最后的結帳工作。這項工作一般按月進行,稱為月結;有的帳目還應按季結算,稱為季結。每到年末,還應進行年終結帳,稱為年結。一般採用劃線的方法進行結帳。

在進行月結時,應在帳戶最后一行記錄下面,劃一條通欄紅線;在紅線下面計算、登記本月合計數和月末餘額,並在「摘要」欄中做出說明。如果沒有餘額,應在「借或貸」欄中登記「平」字,並在「餘額」欄中登記「0」。在這一行的下面再劃一條通欄紅線,表示月結完畢。如果要計算從年初到該月末的累計發生額,還應在下一行計算、登記月末累計發生額,並在「摘要」欄中說明。本月的月末餘額也就是下月的月初餘額,因而可以不另起一行登記下月的月初餘額;但為了醒目,也可以另起一行,將本月月末餘額記為下月月初餘額。

如果需要進行季結,可以比照月結進行。

在進行年結時,應在12月份月結、第四季度季結記錄的下一行,計算、登記全年的發生額和年末餘額,並在「摘要」欄中說明。對於有餘額的帳戶,還應將年初的借(或貸)方餘額,記入下一行的借(或貸)方欄中,並在「摘要」欄中寫明「年初餘額」;再將年末的借(或貸)方餘額,記入再下一行的貸(或借)方欄中,並在「摘要」欄中寫明「年末餘額結轉下年」。最后,再在下一行計算、登記借方合計數和貸方合計數;在將兩者核對相符(借貸平衡)以後,再在下面劃兩條通欄紅線,表示年末餘額結轉完畢。年末餘額轉入新帳,不必填制記帳憑證。年末餘額轉入新帳時,應在新帳第一行「摘要」行中寫明「年初餘額」或「上年轉入」。

對於明細科目較多的明細帳,例如工業企業的材料明細帳,或者年內發生的業務不多的明細帳,例如固定資產明細帳,為了減少年末結轉新帳的工作和節省帳簿,也可以不更換新帳,不進行年末餘額的結轉工作。

六、帳簿登記和使用的規則

(一)帳簿啟用的規則

為了明確記帳責任,各種帳簿的登記,都應由專人負責。因此,在啟用帳簿時,應在帳簿扉頁中登記帳簿啟用和經管人員一覽表,寫明企業單位名稱、帳簿的名稱、編號、冊數、總頁數和啟用日期,由會計主管人員和記帳人員簽名或蓋章,並加蓋公章。

更換記帳人員時，應辦理交接手續，寫明交接日期和交接人員姓名，由交接人員簽名或蓋章；會計主管人員應該監交，並簽名或蓋章。

(二) 帳簿登記的規則

1. 帳簿登記必須有真實依據

為了做到帳簿記錄真實、正確，記帳必須有經過審核無誤的會計憑證為依據。記帳時，應將會計憑證的日期、種類和編號、業務內容摘要和金額等，逐項記入帳頁中；同時要在記帳憑證中填明所記帳簿的名稱、頁數，或者劃一「√」標記；在各種帳簿之間進行的相互轉帳或過帳，如果按照規定不必填制記帳憑證，應在各該帳簿中相互記明對方帳簿的名稱和頁數。這樣記帳可以便於查考，並可以防止漏記或重記。

2. 帳簿記錄必須清晰，防止塗改

為了保持帳簿記錄清晰、耐久，防止塗改，必須用藍、黑墨水記帳，不能使用圓珠筆和鉛筆記帳。規定可以用復寫紙套寫的帳簿，才可以用圓珠筆記帳，但所用復寫紙必須是雙面的。紅墨水只能在結轉劃線、改錯和衝帳時使用。記帳的字跡必須工整，不能潦草；用字必須規範，不能使用自造的「簡體字」。

3. 帳簿必須逐頁循序連續登記

在登記總帳和明細帳時，在每一帳戶或科目的第一頁，必須記明帳戶名稱或會計科目。各種帳簿都必須逐頁逐行循序連續登記，不能隔行、隔頁登記。如果發生隔行、隔頁登記，應將空行、空頁用紅墨水對角劃線，加蓋「作廢」戳記，並由記帳人員簽名或蓋章，不能在空行、空頁中任意涂抹，也不能任意抽換帳頁。

4. 帳簿記錄必須逐頁結轉

帳簿每記滿一張帳頁，均應在最后一行登記本頁發生額合計和餘額，並在「摘要」欄中寫明「轉下頁」；然后將發生額合計和餘額記入下一頁的第一行，並在「摘要」欄中寫明「承上頁」。

5. 必須按照規定的方法更正錯誤

如果發現帳簿記錄有差錯，應該分別不同情況，採用規定的方法進行更正，不能塗改、刮擦、挖補或用褪色藥水消除原有字跡。

(三) 更正錯帳方法

1. 劃線更正法

在結帳以前，如果發現記帳憑證沒有錯誤，而帳簿記錄有錯誤，也就是發現記帳筆誤，應該採用劃線更正法更正。其更正的程序是：先將錯誤的文字或數字劃上一條紅線，表示註銷；然后將正確的文字或數字用藍字寫在錯誤的文字或數字的上方，並由更正人員在更正處蓋章。如果幾位數字只錯其中一個或幾個數碼，應將這幾位數字全部用紅線劃去，而不能只劃去其中一個或幾個錯誤數碼。劃線註銷的文字或數字應該可以辨認，以備查考。

【例 2-9】某記帳人員記帳時，將 88 500 元誤記為 87 500 元，更正時，應用一條紅線將「87 500」數字全部劃去，然后在其上方用藍字填寫「88 500」，並由更正人員在更

正處蓋章。

2. 紅字更正法

紅字更正法,又稱赤字衝帳法。這種方法又有兩種做法,即紅字全部衝銷法和紅字差額衝銷法。

(1)紅字全部衝銷法:如果發現帳簿記錄的錯誤是由於記帳憑證所列應借、應貸會計科目有錯誤而引起的,應採用紅字全部衝銷法更正。其更正的程序是:先用紅字金額填制一張與原錯誤記帳憑證相同內容的記帳憑證,但在「摘要」欄中應寫明「衝銷錯帳」以及錯誤憑證的號數和日期;然后據以登記入帳,用來衝銷帳中原記的錯誤記錄;最后用藍字填制一張正確的記帳憑證,在「摘要」欄中寫明「更正錯誤」以及衝帳憑證的號數和日期,並據以登記入帳。

【例2-10】用現金支票支付製造費用700元。這項經濟業務應借記「製造費用」科目700元,貸記「銀行存款」科目700元。但在填制記帳憑證時,發生差錯,已記入帳簿。其會計分錄為:

①借:製造費用　　　　　　　　　　　　　　　　　　　　　　700
　　貸:庫存現金　　　　　　　　　　　　　　　　　　　　　　700

更正時,應用紅字填制與錯誤記帳憑證相同內容的記帳憑證。其會計分錄為:

②借:製造費用　　　　　　　　　　　　　　　　　　　　　　700
　　貸:庫存現金　　　　　　　　　　　　　　　　　　　　　　700

根據這一記帳憑證,用紅字記帳以后,就衝銷了原來的錯誤記錄。

最后,用藍字填制一張正確的記帳憑證。其會計分錄為:

③借:製造費用　　　　　　　　　　　　　　　　　　　　　　700
　　貸:銀行存款　　　　　　　　　　　　　　　　　　　　　　700

將第3張記帳憑證登記入帳以后,即可更正錯誤記錄。

上述更正方法,可列圖2-8所示。

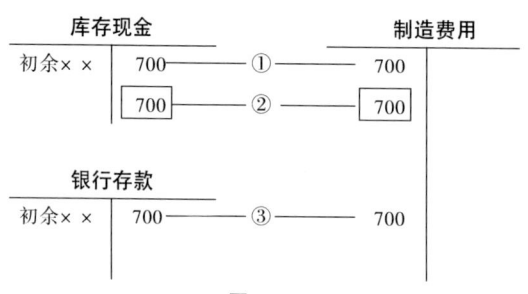

```
        庫存現金                  製造費用
初余××  │ 700 ──① ──  700 │
         │ 700 ──② ──  700 │

        銀行存款
初余××  │ 700 ──③ ──  700 │
```

圖2-8

(2)用紅字差額衝銷法:如果發現帳簿記錄的錯誤是由於記帳憑證所列金額大於應記金額而引起的,而應借、應貸的會計科目沒有錯誤,應該採用紅字差額衝銷法更正。其更正的程序是:用藍字填制一張應借、應貸會計科目與原錯誤記帳憑證相同的

記帳憑證,但其金額則用紅字填列多記的金額;並在「摘要」欄中寫明「衝銷多記金額」以及原錯誤記帳憑證的號數和日期。然後將這一記帳憑證登記入帳,即可將多記的金額衝銷,更正為正確的金額。

【例2-11】將製造費用8,600元轉入生產成本。這項經濟業務應借記「生產成本」科目8,600元,貸記「製造費用」科目8,600元。但在填制記帳憑證時,將金額誤填為86,000元,並據以登記入帳。其會計分錄為:

①借:生產成本   86,000
  貸:製造費用   86,000

更正時,應填制一張應借、應貸會計科目與原錯誤記帳憑證相同,多記的金額77,400(即86,000-8,600)元用紅字填列的記帳憑證。其會計分錄為:

②借:生產成本   77 400
  貸:製造費用   77 400

根據第二張記帳憑證記帳以后,即可將錯誤金額衝減為正確金額。

上述更正方法,可列表如圖2-9所示。

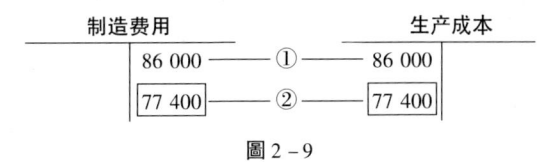

```
    制造費用              生产成本
   86 000  ——①—— 86 000
   77 400  ——②—— 77 400
```

圖2-9

3. 補充登記法

如果發現帳簿記錄的錯誤是由於記帳憑證所列金額小於應記金額而引起的,應借、應貸會計科目沒有錯誤,應該採用補充登記法更正。其更正的程序是:用藍字填制一張應借、應貸會計科目與原錯誤記帳憑證相同,但其金額只列少記金額的記帳憑證,並在「摘要」欄中寫明「補充少記金額」以及原錯誤記帳憑證的號數和日期。然後將這一記帳憑證登記入帳,即可將錯誤金額補充為正確的金額。

【例2-12】用支票支付管理費用1,200元。這項經濟業務應借記「管理費用」科目1,200元,貸記「銀行存款」科目1,200元。但在填制記帳憑證時,將金額誤列為120元,已記入帳簿。其會計分錄為:

①借:管理費用   120
  貸:銀行存款   120

更正時,應用藍字填制一張應借、應貸會計科目與原錯誤記帳憑證相同,但其金額只列少記金額1 080(即1 200-120)元的記帳憑證。其會計分錄為:

②借:管理費用   1 080
  貸:銀行存款   1 080

根據第二張記帳憑證記帳以后,即可將錯誤金額補加為正確金額。

上述更正方法,可列表如圖2-10所示。

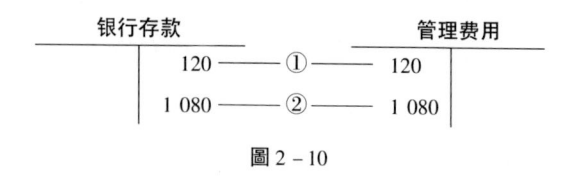

```
     銀行存款              管理費用
      120 ——①——  120
    1 080 ——②—— 1 080
```
圖 2-10

第五節　會計循環

一、會計循環的意義

會計從經濟業務發生到運用記帳方法在帳戶中登記,並匯總編制成會計報表,這一整個會計信息的生成過程要經歷一定的程序,而在每一會計期間的會計工作都是按照這一基本程序有步驟地、連續不斷、周而復始地進行。因此,會計上就把在一定會計期間內依次完成的會計工作的程序稱為會計循環,又稱會計工作程序。

正確確定會計循環程序對於建立正常的會計工作秩序,保證會計工作有步驟地進行和會計數據處理的連貫性,提高會計工作質量和效率都具有重要意義。

二、會計循環的程序

會計循環的程序是會計處理經濟業務的具體步驟,一般包括:

(一)分析經濟業務,編制會計分錄

首先,經濟業務發生後,應填制或取得發票、單據等各種原始憑證,然後,以審核合格的原始憑證為依據編制記帳憑證。在記帳憑證中,應指出每筆業務應記帳戶的名稱、方向和金額,即編制出會計分錄並以此作為記帳的依據。

(二)登記帳簿,試算平衡

登記帳簿是會計人員根據編制的記帳憑證逐筆登記日記帳;根據記帳憑證及其原始憑證登記明細帳;根據記帳憑證、多欄式日記帳登記總帳。記帳後要編制試算表,以檢查帳簿記錄是否平衡。發現錯誤應及時查明更改。

試算平衡是根據借貸復式記帳法的平衡關係及其總帳與明細帳的關係對帳戶記錄正確性的驗算工作。該項工作通過編制總分類帳戶本期發生額對照表和明細分類帳戶本期發生額對照表進行。

(三)調整帳戶記錄

為了正確反映企業在會計期間的財務狀況和經營成果,按權責發生制和配比原則的要求,應正確確定屬於本期的收入和本期的費用,以便正確計算本期損益。但有一些應屬於本期的收入和費用在本期的日常記錄中未能登記入帳,如應確認為本期實現的應收收入和預收收入、應攤銷的待攤費用、應預先提取的預提費用以及固定資產折

舊、無形資產攤銷等。因此,在結帳前都要編制調整分錄,進行調整。

(四)結清帳戶記錄

帳戶經過調整和檢查無誤后,應按時結帳。為保證帳戶記錄的正確性,還可編制結帳后的試算表。在保證帳簿記錄正確后,可根據帳戶的不同性質,進行結帳。屬於資產、負債和所有者權益性質的帳戶,都要結出期末餘額,轉入下期;屬於收入、費用性質帳戶的數額,轉入「本年利潤」帳戶以確定本期損益,最后結平。其結清的會計分錄為:

收入類帳戶
借:主營業務收入等帳戶
　　貸:本年利潤
費用類帳戶
借:本年利潤
　　貸:主營業務成本
　　　　管理費用等帳戶

(五)編制會計報表

結帳后的數據雖然可以反映企業會計期間的財務狀況和經營成果,但這些數據是零星分散的,不便於信息的分析利用。因此應根據總帳和明細帳記錄的結果編制資產負債表、損益表、現金流量表等會計報表,以總括反映企業的財務狀況和經營成果。

三、會計循環實例

某企業2014年9月初有關帳戶的餘額見表2-17:

表2-17

庫存現金	500	應付帳款	120,500
銀行存款	100,000	短期借款	120,000
原 材 料	80 000	實收資本	400,000
固定資產	480 000	庫存商品	20,000
累計折舊	40,000		

該企業9月份發生的日常經濟業務:
①收到投資人投入的貨幣資金200,000元存入銀行。
②從銀行提取現金2,000元。
③購入材料一批,貨款40,000元,其中以銀行存款支付30,000元,其餘尚未支付。
④以銀行存款支付企業的水電費300元。
⑤銷售產品5件,取得收入12,000元,存入銀行。
⑥用銀行存款25,500元償還應付帳款。
⑦以現金支付第四季度的租金900元。

⑧以銀行存款支付廣告費 1,000 元,企業辦公費 900 元。
⑨從銀行取得短期借款 50,000 元直接償還欠供應單位的貨款。
⑩銷售產品 3 件,貨款 8,000 元收存銀行。
應於本期調整的經濟業務:
a 攤銷本月負擔的倉庫租金 300 元。
b 轉銷產品銷售成本 11,500 元。
c 本月銷售產品應交消費稅 1,000 元。
d 本月預提短期借款的利息 1,500 元。
e 本月企業管理部門提取折舊額 500 元。
按照會計循環的基本步驟進行會計處理。
(1)根據對日常經濟業務分析,編制的會計分錄為:
①借:銀行存款　　　　　　　　　　　　　　200,000
　　貸:實收資本　　　　　　　　　　　　　200,000
②借:庫存現金　　　　　　　　　　　　　　2,000
　　貸:銀行存款　　　　　　　　　　　　　2,000
③借:原材料　　　　　　　　　　　　　　　40 000
　　貸:銀行存款　　　　　　　　　　　　　30 000
　　　應付帳款　　　　　　　　　　　　　10 000
④借:管理費用　　　　　　　　　　　　　　300
　　貸:銀行存款　　　　　　　　　　　　　300
⑤借:銀行存款　　　　　　　　　　　　　　12,000
　　貸:主營業務收入　　　　　　　　　　　12,000
⑥借:應付帳款　　　　　　　　　　　　　　25,500
　　貸:銀行存款　　　　　　　　　　　　　25,500
⑦借:預付帳款　　　　　　　　　　　　　　900
　　貸:庫存現金　　　　　　　　　　　　　900
⑧借:銷售費用　　　　　　　　　　　　　　1,000
　　　管理費用　　　　　　　　　　　　　900
　　貸:銀行存款　　　　　　　　　　　　　1,900
⑨借:應付帳款　　　　　　　　　　　　　　50,000
　　貸:短期借款　　　　　　　　　　　　　50,000
⑩借:銀行存款　　　　　　　　　　　　　　8,000
　　貸:主營業務收入　　　　　　　　　　　8,000
根據日常經濟業務編制的會計分錄過入有關帳戶的結果如圖 2-11 ~ 圖 2-29 所示。

庫存現金

期初餘額	500	⑦	900
②	2,000		
發生額	2,000	發生額	900
餘額	1,600		

圖 2-11

銀行存款

期初餘額	100,000	②	2,000
①	200,000	③	30,000
⑤	12 000	④	300
⑩	8 000	⑥	25 500
		⑧	1 900
發生額	220,000	發生額	59 700
餘額	260 300		

圖 2-12

應付帳款

⑥	25 500	期初餘額	120,500
⑨	50 000	③	10 000
發生額	75 500	發生額	10 000
		餘額	55 000

圖 2-13

原材料

期初餘額	80,000		
③	40,000		
發生額	40,000	發生額	0
餘額	120,000		

圖 2-14

固定資產

期初餘額	480,000		
發生額	0	發生額	0
餘額	480 000		

圖 2-15

短期借款

		期初餘額	120,000
		⑨	50,000
發生額	0	發生額	50,000
		餘額	170,000

圖 2-16

累計折舊

		期初餘額	40,000
		e	500
發生額	0	發生額	500
		餘額	40 500

圖 2-17

管理費用

④	300	B.	2,000
⑧	900		
a	300		
e	500		
發生額	2,000	發生額	2,000

圖 2-18

實收資本			
		期初餘額	400,000
		①	200,000
發生額	0	發生額	200,000
		餘額	600 000

圖 2-19

主營業務收入			
A.	20,000	⑤	12 000
		⑩	8 000
發生額	20,000	發生額	20,000

圖 2-20

預付帳款			
⑦	900	a.	300
發生額	900	發生額	300
餘額	600		

圖 2-21

庫存商品			
期初餘額	20,000	b.	11 500
		發生額	11 500
發生額	0		
餘額	8 500		

圖 2-22

銷售費用			
⑧	1 000	B.	1 000
發生額	1 000	發生額	1 000

圖 2-23

主營業務成本			
b.	11 500	B.	11 500
發生額	11 500	發生額	11 500

圖 2-24

稅金及附加			
c.	1 000	B.	1 000
發生額	1 000	發生額	1 000

圖 2-25

應交稅費			
		c.	1 000
發生額	0	發生額	1 000
		餘額	1 000

圖 2-26

財務費用			
d.	1 500	B.	1 500
發生額	1 500	發生額	1 500

圖 2-27

應付利息			
		d.	1 500
發生額	0	發生額	1 500
		餘額	1 500

圖 2-28

本年利潤

B.	17 000	A.	20 000
發生額	17 000	發生額	20 000
		餘額	3 000

圖 2 - 29

(2)根據調整經濟業務編制的會計分錄為：
a 借:管理費用　　　　　　　　　　　　　　　　　　300
　　貸:預付帳款　　　　　　　　　　　　　　　　　　　300
b 借:主營業務成本　　　　　　　　　　　　　　　11,500
　　貸:庫存商品　　　　　　　　　　　　　　　　　11,500
c 借:稅金及附加　　　　　　　　　　　　　　　　1,000
　　貸:應交稅費　　　　　　　　　　　　　　　　　1,000
d 借:財務費用　　　　　　　　　　　　　　　　　1,500
　　貸:應付利息　　　　　　　　　　　　　　　　　1,500
e 借:管理費用　　　　　　　　　　　　　　　　　　500
　　貸:累計折舊　　　　　　　　　　　　　　　　　　500

根據調整會計分錄過記總帳的結果見圖 2 - 11 至圖 2 - 29。

(3)月末結清收入費用帳戶應編制的會計分錄為：
A　借:主營業務收入　　　　　　　　　　　　　20,000
　　貸:本年利潤　　　　　　　　　　　　　　　　20,000
B　借:本年利潤　　　　　　　　　　　　　　　　17,000
　　貸:主營業務成本　　　　　　　　　　　　　　11 500
　　　　銷售費用　　　　　　　　　　　　　　　　1 000
　　　　稅金及附加　　　　　　　　　　　　　　　1 000
　　　　管理費用　　　　　　　　　　　　　　　　2,000
　　　　財務費用　　　　　　　　　　　　　　　　1,500

根據結清會計分錄記入總帳的結果見圖 2 - 11 ~ 圖 2 - 29。

(4)根據圖 2 - 11 ~ 圖 2 - 29 各帳戶記錄結果編制的試算表「總分類帳戶本期發生額對照表」見表 2 - 18。

表 2 - 18　　　　　　　總分類帳戶本期發生額對照表　　　　　　單位:元

會計帳戶	期初餘額		本期發生額		期末餘額	
	借方	貸方	借方	貸方	借方	貸方
庫存現金	500		2,000	900	1,600	
銀行存款	100,000		220 000	59 700	260 300	
原 材 料	80 000		40 000		120 000	
預付帳款			900	300	600	

表 2-18(續)

會計帳戶	期初餘額 借方	期初餘額 貸方	本期發生額 借方	本期發生額 貸方	期末餘額 借方	期末餘額 貸方
庫存商品	20 000			11 500	8 500	
固定資產	480 000				480 000	
累計折舊		40 000		500		40 500
應付帳款		120 500	75 500	10 000		55 000
短期借款		120 000		50 000		170 000
應交稅費				1 000		1 000
應付利息				1 500		1 500
實收資本		400,000		200,000		600,000
主營業務收入			20 000	20 000		
主營業務成本			11 500	11 500		
銷售費用			1 000	1 000		
稅金及附加			1 000	1 000		
管理費用			2 000	2 000		
財務費用			1 500	1 500		
本年利潤			17 000	20 000		3 000
合　　計	680 500	680 500	392 400	392 400	871 000	871 000

(5)月末根據圖2-11～圖2-29數據編制的「資產負債表」見表2-19,「損益表」見表2-20。

表2-19　　　　　　　　　　　資產負債表　　　　　　　　　　單位:元

資產	金額	負債及所有者權益	金額
庫存現金	1,600	應付帳款	55,000
銀行存款	260,300	短期借款	170,000
原 材 料	120,000	應交稅費	1,000
預付帳款	600	應付利息	1,500
庫存商品	8,500	實收資本	600,000
固定資產	480,000	未分配利潤[註]	3 000
減:累計折舊	40,500		
合　　計	830,500	合　　計	830,500

註:本期實現的利潤額3,000元,尚未分配形成。

表 2-20　　　　　　　　損　益　表　　　　　　　　單位:元

項　　目	金　　額
營業收入	20,000
減:營業成本	11,500
稅金及附加	1,000
銷售費用	1,000
管理費用	2,000
財務費用	1,500
營業利潤	3,000

＊＊＊＊本章學習要點＊＊＊＊

　　1. 會計帳戶是對會計要素內容進行分類反映和控制，並提供每一類別增減變動過程和結果的工具，帳戶具體提供的指標有期初餘額、本期增加額、本期減少額和期末餘額。在實際工作中，會計帳戶是根據會計科目設置的，並根據提供指標的詳略程度不同分為總分類帳戶、明細分類帳戶等。帳戶有專門的格式，且不同性質的帳戶其使用方法不同。

　　2. 復式記帳是對發生的經濟業務在兩個或兩個以上的帳戶中進行登記的記帳方法。借貸記帳法是以「資產＝負債＋所有者權益」的會計公式為理論依據，以「借」「貸」為記帳符號，並設置「資產、負債、所有者權益、收入、費用、利潤」六大類帳戶，按照「有借必有貸、借貸必相等」的記帳規則在相關帳戶中記錄經濟業務，對經濟業務記錄的結果可以通過「發生額法」和「餘額法」檢驗帳戶記錄結果的正確性。會計分錄是運用復式記帳原理，集中、簡明、完整地指出每筆經濟業務應記帳戶的名稱、方向和金額的一種記錄，由兩個以上的帳戶構成的會計分錄為複合會計分錄。

　　3. 會計憑證是用來記錄經濟業務，明確經濟責任，具有法律效力，並作為記帳依據的書面證明文件，按填制的程序和用途可分為原始憑證和記帳憑證兩大類。

　　原始憑證是在經濟業務發生時直接填制或取得的，證明經濟業務發生或完成情況，明確經濟責任，具有法律效力的書面證明文件。按其來源有自製和外來原始憑證兩類，按其填制手續和方法分為一次憑證和累計憑證兩類，按反映的經濟業務數量分為單項和匯總原始憑證兩類。原始憑證由其名稱、日期和編號、內容摘要、接受單位名稱和經辦人員簽章等要素構成，其填制的要求是填制及時、內容完整、記錄真實、書寫規範。填制和取得的原始憑證需從形式和內容兩個方面進行審核。

　　記帳憑證是會計人員根據審核合格的原始憑證或原始憑證匯總表填制的，並作為

記帳直接依據的會計憑證。記帳憑證按反映的經濟業務內容不同分為專用憑證(一般設收款憑證、付款憑證和轉帳憑證三種)和通用憑證兩類；按反映的經濟業務數量有單項和匯總記帳憑證兩類。記帳憑證由其名稱、日期和編號、內容摘要、會計分錄、記帳標記、附件張數、有關人員的簽章等要素構成，不同記帳憑證其具體的編制方法不同。填制的記帳憑證審核的主要內容是附件張數是否一致、會計分錄是否正確、各項簽章是否齊全。

4. 會計帳簿是按照會計科目開設帳戶、帳頁，用來序時地和分類地登記有關經濟業務的簿籍。設置和登記帳簿，是會計核算又一種重要的方法。帳簿按其用途分為序時帳、分類帳、聯合帳和備查簿，按其外表形式分為訂本帳、活頁帳和卡片帳。

專用日記帳，是用來記錄某一類或某幾類經濟業務的序時帳，如現金日記帳和銀行存款日記帳，其帳頁格式可採用三欄式和多欄式。通用日記帳是用來登記全部經濟業務的序時帳，如會計分錄簿。總帳的格式一般是借貸餘三欄式，登記的依據有記帳憑證、多欄式特種日記帳、通用日記帳等，登記的方式是逐筆或定期匯總登記。明細帳的基本格式有三欄式、數量金額式和多欄式，不同的格式適應不同的業務對象，登記的依據主要是原始憑證或其匯總表。總帳與明細帳既有區別又有聯繫，在實際工作中一般按分別記帳、方向一致、金額相等的原則進行平行登記，且登記的結果在總帳及所屬明細帳之間必然存在四組對等關係。

為了保證各種帳簿記錄的正確、真實和完整，應該進行對帳工作，對帳的內容包括帳證核對、帳帳核對和帳實核對，做到帳證相符、帳帳相符和帳實相符。企業在月末、季末、年末應定期結帳。帳簿與會計憑證和會計報表一樣，都是重要的經濟檔案和經濟史料，必須按照規定妥善保管，不能任意銷毀。為了做好記帳工作，保證會計核算的質量，帳簿登記必須有真實依據；帳簿記錄必須清晰，防止塗改；帳簿必須逐頁循序連續登記；帳簿記錄必須逐頁結轉；帳簿記錄錯誤必須按照規定方法進行更正。更正錯帳的方法有劃線更正法、紅字更正法和補充登記法。紅字更正法又有紅字全部沖銷法和紅字差額沖銷法。根據錯帳的不同情況，分別採用適當的更正方法。

5. 會計循環是在一定的會計期內依次完成會計工作的步驟。具體步驟是：分析經濟業務，編制會計分錄，登記帳簿，試算平衡，調整帳戶記錄，結清帳戶記錄，編制會計報表。

＊＊＊＊本章復習思考題＊＊＊＊

1. 簡述會計信息生成運用的基本方法。
2. 試述會計科目設置的原因、方法。會計科目與會計帳戶是何種關係？
3. 會計帳戶由哪些要素構成？在借貸記帳法下，不同性質的帳戶如何使用？
4. 借貸記帳法的基本內容是什麼？借貸記帳法的記帳規則是如何總結出來的？

5. 原始憑證如何填制、審核？
6. 記帳憑證有哪些具體格式？如何填制？
7. 會計帳簿如何分類？訂本式、活頁式、卡片式帳簿的適應範圍如何？
8. 日記帳、總帳、明細帳的格式各有哪些？如何登記？
9. 試述對帳的意義和內容。
10. 試述會計循環的基本程序。

第三章
流動資產

學習目標

從本章開始，我們將開始學習會計要素的核算。流動資產是企業在一年或一個營業週期內變現或者耗用的資產。通過本章學習，主要掌握：
(1) 貨幣資金的核算及控製。
(2) 交易性金融資產的確認、計量及帳務處理。
(3) 應收款項的內容及會計處理。
(4) 存貨的計價及帳務處理。

第一節　貨幣資金

一、貨幣資金概述

貨幣資金是企業流動性最強的資產，在資產負債表資產方排在首位。它主要包括庫存現金、銀行存款和其他貨幣資金。由於具有高度的流動性和普遍的可接受性，貨幣資金是企業中最容易出現差錯和發生舞弊的項目，是管理的重點。

現金管理的關鍵在於建立健全現金的內控製度。現金內控製度的機製是必須由兩個或兩個以上的人員共同作弊才會發生舞弊的行為。在這一前提的規範下，現金內控製度的基本內容應包括以下要點：
(1) 將現金的經管和記帳工作分開。
(2) 將現金的收入和支出業務分開，不允許發生坐支。
(3) 每天收入的現金應逐日存入銀行，現金支出盡量簽發支票通過銀行支付，使銀行為企業登記一本現金收支帳。
(4) 建立定額備用金制度以備日常零星開支。

銀行存款管理的關鍵在於合理運用銀行結算辦法和及時與銀行進行對帳。常用的銀行結算辦法有：
(1) 銀行匯票結算方式。銀行匯票是匯款人將款項交存當地銀行，由銀行簽發給

匯款人持往異地辦理轉帳結算或支取現金的票據。採用銀行匯票結算方式應注意以下幾個問題：①銀行匯票的付款期為一個月。②接受銀行匯票的企業應注意審查票據的有效性。主要包括：票據是否逾期；金額、日期是否有錯；是否具有壓數機壓印的金額等。③銀行匯票和解訖通知必須由收款人或被背書人同時提交銀行，缺少任何一聯均無效。

（2）商業匯票結算方式。商業匯票是收款人或付款人簽發，由承兌人承兌，並於到期日向收款人或被背書人支付款項的票據。商業匯票分為商業承兌匯票和銀行承兌匯票。商業承兌匯票是由收款人簽發經付款人承兌或由付款人簽發並承兌的票據；銀行承兌匯票是由收款人或承兌申請人簽發，並由承兌申請人向開戶銀行申請，經銀行審查同意承兌的票據。採用商業匯票結算方式應注意以下幾個問題：①只有合法的商品交易才可簽發商業匯票。②商業匯票承兌後，承兌人負有到期無條件支付票款的責任。③商業匯票承兌期限由交易雙方商定，最長不超過6個月，如屬分期付款，應一次簽發若干張不同期限的票據。

（3）銀行本票結算方式。銀行本票是申請人將款項交存銀行，由銀行簽發給其憑以辦理轉帳結算或支取現金的票據。銀行本票有定額本票和不定額本票兩種。採用銀行本票應注意以下幾個問題：①對於銀行本票，受理銀行見票付款，不予掛失。②銀行本票的付款期為2個月。

（4）支票結算方式。支票是銀行的存款人簽發給收款人辦理結算或委託開戶銀行將款項支付給收款人的票據。支票分為現金支票和轉帳支票兩種。現金支票只能用於從銀行支取現金；轉帳支票只能通過銀行劃撥轉帳，不能支取現金。支票金額的起點為100元，付款的有效期一般為10天。

（5）匯兌結算方式。匯兌結算方式是匯款人委託銀行將款項匯給異地的收款人的結算方式。匯兌有信匯和電匯兩種。

（6）委託收款結算方式。它是收款人委託銀行向付款人收取款項的一種結算方式。

（7）異地托收承付結算方式。它是根據購銷合同由收款人發貨后委託銀行向異地付款人收取款項，由付款人向銀行承認付款的結算方式。

二、庫存現金和銀行存款

（一）庫存現金的核算

為了核算現金，會計上設置資產類「庫存現金」帳戶。當發生現金收入業務，借記「庫存現金」帳戶，貸記「主營業務收入」或其他有關帳戶；當發生現金支出業務，借記「原材料」或其他有關帳戶，貸記「庫存現金」帳戶。

為了保證現金的安全，加強現金的管理，企業必須設置「現金日記帳」，按照業務發生的先後順序逐筆進行登記。每日終了，應根據登記的「現金日記帳」的結餘數與實際庫存額進行核對，做到帳款相符。如果發現帳款不符，應及時查明原因，進行處

理。現金清查中發現現金短缺或盈餘時,應填制「現金盤點報告表」,通過資產類帳戶「其他應收款」和負債類帳戶「其他應付款」加以核算。

(二)銀行存款的核算

為了核算銀行存款,會計上設置資產類「銀行存款」帳戶。企業將款項存入銀行或其他金融機構時,借記「銀行存款」帳戶,貸記「庫存現金」或其他有關帳戶;提取或支付在銀行或其他金融機構中的存款時,借記「庫存現金」或其他有關帳戶,貸記「銀行存款」帳戶。對於從銀行提取現金的業務,一般只編制銀行付款憑證,不再編制銀行存款收款憑證;將現金存入銀行,一般只編制現金付款憑證,不再編制現金收款憑證。

為了加強銀行存款的管理,隨時掌握銀行存款收付的動態和結存餘額,企業應設置「銀行存款日記帳」,按照銀行存款收付業務發生先后順序逐筆序時登記,每日終了應結出餘額。「銀行存款日記帳」應定期與「銀行對帳單」核對。企業帳面餘額與對帳單餘額之間如有差額,必須逐筆查明原因,並編制「銀行存款餘額調節表」調節相符。

三、其他貨幣資金

其他貨幣資金是指除現金和銀行存款之外的貨幣資金,主要包括外埠存款、銀行本票存款、銀行匯票存款、信用證存款和存出投資款等。外埠存款是指企業到外地進行臨時或零星採購時,匯往採購地銀行開立採購專戶的款項。銀行本票存款是指企業為取得銀行本票按照規定存入銀行的款項。銀行匯票存款是指企業為取得銀行匯票按照規定存入銀行的款項。信用證存款是指採用信用證結算方式的企業為開具信用證而存入銀行信用保證金專戶的款項。存出投資款是指企業已存入證券公司但尚未進行短期投資的現金。

為了進行其他貨幣資金的核算,會計上設置資產類「其他貨幣資金」帳戶。其他貨幣資金的核算內容主要包括其他貨幣資金的形成、使用和撤銷三方面。下面以外埠存款為例來說明其他貨幣資金的核算:

【例3-1】某企業委託當地開戶銀行匯款30,000元到採購地銀行開立採購專戶。編制的會計分錄為:

借:其他貨幣資金——外埠存款　　　　　　　　　　　　　　30,000
　　貸:銀行存款　　　　　　　　　　　　　　　　　　　　　30,000

【例3-2】收到採購人員交來的供應單位發票等報銷憑證29,300元。編制的會計分錄為:

借:材料採購　　　　　　　　　　　　　　　　　　　　　　29,300
　　貸:其他貨幣資金　　　　　　　　　　　　　　　　　　　29,300

需要說明的是,在介紹應交稅費之前,涉及的所有購銷業務均不考慮有關稅費的內容,稅費的有關內容在第五章集中介紹。

【例3-3】採購人員完成採購任務,撤銷採購專戶,根據銀行的收帳通知,編制的

會計分錄為：
　　借：銀行存款　　　　　　　　　　　　　　　　　　　　　700
　　　貸：其他貨幣資金——外埠存款　　　　　　　　　　　　　700

第二節　交易性金融資產

一、交易性金融資產概述

　　交易性金融資產是指企業以進行交易為目的、準備近期內出售而持有的金融資產。例如，為了利用閒置資金，以賺取價差為目的購入的股票、債券、基金和權證等。在會計上交易性金融資產的特點是以公允價值計量且其變動計入當期損益。

　　為了核算交易性金融資產，設置「交易性金融資產」帳戶，並按交易性金融資產的種類和品種（如股票、債券、基金、權證等），分別設置「成本」和「公允價值變動」明細帳進行明細核算。

二、交易性金融資產的取得

　　交易性金融資產的取得以購入方式為主，也可以其他方式取得，如非貨幣性資產交換、債務重組、投資者投入等方式。本節僅以交易性股票、債券的購入說明交易性金融資產的會計處理原則和方法。

　　企業取得交易性金融資產所發生的支出包括交易性金融資產的購買價格和支付的交易費用（如印花稅、手續費、佣金等）。對於交易費用，會計上有兩種可供選擇的方法進行處理：一是將發生的交易費用資本化，即直接計入交易性金融資產的入帳成本；二是將發生的交易費用化，即直接作為投資費用處理。在會計實務中，交易費用相對於交易性金融資產的公允價值來說數額極小，可以作為非重要的會計事項，因而將其作為投資費用處理，直接借記「投資收益」，不再將其計入投資成本。

　　交易性金融資產購買價格中包括的已經宣告發放但尚未發放的股利或已到付息期尚未領取的債券利息，應進行專門記錄，通過「應收股利」「應收利息」帳戶反映。

　　【例3-4】公司2014年2月10日從股票市場購入S公司股票20,000股，每股購買價格10元，另支付交易手續費及印花稅等計1400元，以存入證券公司投資款支付。
　　借：交易性金融資產——S公司股票——成本　　　　　200,000
　　　　投資收益　　　　　　　　　　　　　　　　　　　 1,400
　　　貸：其他貨幣資金——存出投資款　　　　　　　　　 201,400

　　【例3-5】公司2014年3月25日從市場購入G公司債券實際支付820,000元，以進行交易為目的，不準備持有到期。購買價中包含已到付息期但尚未領取的債券利息2,000元，該債券交易費用為800元。款項以銀行存款全額支付。
　　借：交易性金融資產——G公司債券——成本　　　　　817,200

應收利息——G公司 2,000
　　　投資收益 800
　　貸:銀行存款 820,000

三、交易性金融資產持有期間收到的股利、利息

　　在會計處理上,交易性金融資產持有期間被投資單位宣告發放的現金股利,或在資產負債表日按分期付息、一次還本債券投資的票面利率計算的利息,應作為交易性金融資產持有期間實際實現的投資收益,借記「應收股利」或「應收利息」帳戶,貸記「投資收益」帳戶。

　　實際收到股利或債券利息時,借記「銀行存款」「其他貨幣資金」等帳戶,貸記「應收股利」「應收利息」帳戶。

　　【例3-6】續【例3-4】,S分司於2014年3月1日宣告發放股利,每股0.3元,公司持有S公司股票20,000股,應收利息6,000元,該股利於3月15實際收到。

　　3月1日:
　　借:應收股利——S公司 6,000
　　　貸:投資收益 6,000
　　3月15日:
　　借:其他貨幣資金——存出投資款 6,000
　　　貸:應收股利——S公司 6,000

　　【例3-7】續例5,公司4月29日收到G公司債券利息2,000元存入銀行。
　　借:銀行存款 2,000
　　　貸:應收利息——G公司 2,000

四、交易性金融資產的期末計價

　　在資產負債表日,應按各項交易性金融資產的公允價值對交易性金融資產帳面價值進行調整。交易性金融資產公允價值高於其帳面價值時,應按其差額借記「交易性金融資產——公允價值變動」帳戶,貸記「公允價值變動損益」帳戶;交易性金融資產公允價值低於其帳面價值時,應按其差額編制相反的會計分錄。

　　【例3-8】續【例3-4】,公司2014年12月31日記錄的持有S公司20,000股股票的帳面價值為160,000元。
　　借:公允價值變動損益——交易性金融資產變動損益 40,000
　　　貸:交易性金融資產——S公司股票——公允價值變動 40,000

　　【例3-9】續【例3-5】,公司2014年12月31日記錄的持有G公司債券的帳面價值為840,000元。
　　借:交易性金融資產——G公司債券——公允價值變動 22,800
　　　貸:公允價值變動損益——交易性金融資產變動損益 22,800

五、交易性金融資產的出售

企業出售交易性金融資產,應按實際收到的金額,借記「銀行存款」等帳戶,按該金融資產的帳面餘額,貸記「交易性金融資產」帳戶,按其差額,貸記或借記「投資收益」帳戶。同時,將原計入該金融資產的公允價值變動轉出,借記或貸記「公允價值變動損益」帳戶,貸記或借記「投資收益」帳戶。

【例3-10】2014年3月25日,將S公司股票20,000股出售,出售淨收入為210,000元,款項存入證券公司,以備購買其他交易性金融資產。會計分錄如下:

借:其他貨幣資金——存出投資款　　　　　　　　　　　210,000
　　交易性金融資產——公允價值變動　　　　　　　　　 40,000
貸:交易性金融資產　　　　　　　　　　　　　　　　　 200,000
　　投資收益——交易性金融資產投資收益　　　　　　　 50,000

同時,將原來作為公允價值變動損益並轉入本年利潤的金額作為已實現損益調整入帳,即原來金額貸記「公允價值變動損益——交易性金融資產公允價值變動損益」40,000元應轉為「投資收益」。

借:投資收益——交易性金融資產投資收益　　　　　　　 40,000
貸:公允價值變動損益——交易性金融資產變動損益　　　 40,000

第三節　應收款項

一、應收款項概述

應收款項是企業從事生產經營活動和非生產經營活動所取得的債權。它主要包括應收帳款、應收票據、預付帳款和其他應收款項。應收帳款是指企業因賒銷產品、商品或提供勞務而形成的債權。應收票據是企業持有的尚未到期的票據。預付帳款是企業按照購貨合同的規定預付給供貨方的貨款。

應收帳款是應收款項的主要內容,其金額占應收款項的絕大部分。市場經濟條件下,商業信用日趨發達,企業所發生的應收帳款越來越多,加強應收帳款的管理則日益重要。應收帳款管理面臨兩難抉擇:從財務會計的角度,為了減少壞帳的發生,只對信用狀況極優的企業提供信用賒銷,這必將影響企業的銷售業務;從業務發展的角度,為了擴大銷售,應盡最大可能提供信用賒銷,這必將增大發生壞帳的可能性。應收帳款的管理一般採用事前、事中和事後的全過程管理。事前應做好客戶信用狀況的調查和判斷。事中應按一定的比例提取壞帳,將可能的損失及時加以確認並做好與客戶的對帳工作。事後應加強帳款的催收工作。

二、應收帳款

(一)應收帳款一般業務的會計處理

企業應在產品已經發出、勞務已經提供、銷售手續已經完備時,作為應收帳款的入帳時間,並按交易雙方成交時的實際金額作為應收帳款的入帳金額。其會計處理為借記「應收帳款」帳戶,貸記「主營業務收入」帳戶。

影響應收帳款入帳金額的因素有商業折扣和現金折扣。

1. 商業折扣

商業折扣是指購貨企業可以從貨品的價目單上規定的價格中扣減的一定數額,銷貨企業提供商業折扣的主要目的是為了增加銷售量,它是企業的一種促銷手段。商業折扣是企業確定商品實際售價的一種手段,不在交易雙方的任何一方的帳上進行反映。其會計處理方法為:根據貨品價目單上的金額扣減商業折扣后的金額作為發票金額,按發票金額作為應收帳款的入帳金額。比如,某企業出售光盤,貨品價目單上的價格為:每張單價100元,購買50~90張,給予10%的商業折扣;購買100~149張,給予20%的商業折扣;購買150張以上給予30%的折扣。一客戶購買了100張,其發票金額計算如下:

貨品價目單的銷售價值(100×100)	10,000
扣減商業折扣20%	2,000
發票金額	8,000

2. 現金折扣

現金折扣是指企業為了鼓勵客戶在一定時期內早日償還貨款而給予的一種折扣優惠。現金折扣對於銷貨企業來講,稱為銷貨折扣,對於購貨企業來講,稱為購貨折扣。現金折扣通常表達為:2/10,1/20,N/30。這些符號的經濟含義是:客戶10天內付款給予2%的折扣,20天內付款給予1%的折扣,30天內全價付款。

【例3-11】一筆金額為10,000元的帳款,客戶在10天內付款,只需支付9,800元,20天內付款需付9,900元,20天后需支付10,000元。

現金折扣的會計處理有兩種方法:總價法和淨價法。

(1)總價法。總價法是將未扣減現金折扣前的發票金額作為應收帳款的入帳金額。這種做法是把客戶在賒銷期內付款視作正常情況,客戶因提前付款而獲得的現金折扣理解為客戶獲得的經濟利益。總價法下對銷售折扣的處理有兩種方式:一種是設置收入類的抵減帳戶「銷售折扣與折讓」進行核算;另一種是將銷售折扣理解為一項融資費用,計入「財務費用」帳戶。採用總價法可以較好地反映銷售的全過程,但在客戶享受折扣的情況下,會高估應收帳款和產品銷售收入,使報表分析產生一定的偏差。中國一般採用的是總價法。

前述例11的帳務處理如下:

賒銷時

借:應收帳款		10,000
貸:主營業務收入		10,000

折扣期內收款	10 天內收款	10~20 天收款
借:銀行存款	9,800	9,900
財務費用	200	100
貸:應收帳款	10,000	10,000

折扣期外收款

借:銀行存款		10,000
貸:應收帳款		10,000

(2)淨價法。淨價法是將扣減現金折扣后的金額作為應收帳款的入帳金額。這種方法是把客戶獲得現金折扣視為正常現象，認為客戶總會盡一切努力提前付款，獲得現金折扣。而將客戶超過折扣期付款多收入的金額，視作提供信貸獲得的收入。淨價法雖然彌補了總價法的不足，但在客戶沒有享受現金折扣的情況下，由於應收帳款是按淨價入帳，為了真實反映應收帳款的金額，需查對原銷售總額進行調整，操作起來比較麻煩。採用淨價法進行會計處理時，如果存在多個折扣期的情況下，應收帳款的入帳金額是按扣減最優現金折扣后的金額入帳。

前述例 7 的帳務處理如下：

賒銷時

借:應收帳款	9,800
貸:主營業務收入	9,800

10 天內收款

借:銀行存款	9,800
貸:應收帳款	9,800

10 天后收款	10~20 天	20~30 天
借:銀行存款	9,900	10,000
貸:應收帳款	9,800	9,800
財務費用	100	200

(二)壞帳的會計處理

1. 壞帳的性質

壞帳是指企業無法收回的應收帳款。由於發生壞帳而產生的損失，稱為壞帳損失。確認應收帳款為壞帳應符合兩個條件：①因債務人破產或者死亡，以其破壞財產或者遺產清償后，仍然不能收回的應收帳款。②債務人逾期未履行其義務，且具有明顯特徵表明無法收回。在會計實務中，逾期超過 3 年仍不能收回的應收帳款，一般可以確認為壞帳。

2. 壞帳的會計處理

壞帳的會計處理有兩種方法：直接衝銷法和備抵法。

(1)直接衝銷法。直接衝銷法是指企業實際發生壞帳時,一方面確認為壞帳損失,計入當期費用,另一方面註銷該筆應收帳款。直接衝銷法下,核算內容主要有壞帳實際發生時的處理和已衝銷壞帳收回的處理。

【例3-12】企業有一客戶B所欠帳款20,000元,長期催收無效,確認為壞帳。會計分錄為:

借:資產減值損失——壞帳損失　　　　　　　　　　　　20,000
　　貸:應收帳款——B　　　　　　　　　　　　　　　　　　20,000

客戶B因經濟情況好轉,將所欠帳款如數歸還。企業收到款項時會計分錄為:

借:應收帳款——B　　　　　　　　　　　　　　　　　　20,000
　　貸:資產減值損失——壞帳損失　　　　　　　　　　　　20,000
借:銀行存款　　　　　　　　　　　　　　　　　　　　　20,000
　　貸:應收帳款——B　　　　　　　　　　　　　　　　　　20,000

直接衝銷法帳務處理簡單,但是這種方法確認的壞帳沒有與企業的賒銷業務聯繫,顯然不符合權責發生制和配比原則,轉銷壞帳前虛增了企業的利潤,誇大了應收帳款的可實現價值。

(2)備抵法。備抵法是按期計提壞帳損失形成壞帳準備,當確認某一應收帳款為壞帳時,註銷壞帳準備,同時轉銷應收帳款的金額。採用備抵法,核算內容主要有:估計壞帳損失的核算,註銷壞帳的核算,已註銷壞帳又收回的核算。

壞帳的估計方法一般有三種:應收帳款餘額百分比法、銷貨百分比法和帳齡分析法。

應收帳款餘額百分比法是根據應收帳款的期末餘額乘以壞帳損失百分比作為當期的估計壞帳。壞帳損失百分比是根據過去的壞帳損失占應收帳款餘額的比例來加以確定。銷貨百分比法是根據某一會計期間的賒銷金額乘以壞帳損失百分比作為當期的估計壞帳。應收帳款帳齡分析法是根據應收帳款的帳齡來估計壞帳損失,一般說來,帳齡愈長,發生壞帳的可能性愈大,計提壞帳的比例愈高。帳齡分析法的計算一般細分為四步:第一步,對應收帳款按賒欠期分組,比如未到期、過期1個月、過期2個月、過期2個月以上。第二步,編制帳齡分析表,根據帳齡確定各帳齡段的金額。第三步,確定壞帳損失率。第四步,編制壞帳損失估計表。

【例3-13】某企業2013年年末應收帳款帳齡及壞帳損失估計表如表3-1所示。

估計壞帳的會計處理在不同的估計方法下,「壞帳準備」帳戶的入帳金額的確定有所不同。應收帳款餘額法和帳齡分析法的計提基礎是應收帳款的餘額,當期應收帳款的餘額包含了以前會計期間應收帳款的金額,當期估計的壞帳準備數即為「壞帳準備」帳戶的期末金額,再根據該帳戶計提前的金額來確定其入帳金額;銷貨百分比法的計提基礎是賒銷金額,賒銷金額只與當期有關,當期估計的壞帳損失的金額即為「壞帳準備」帳戶的入帳金額。

表 3-1　　　　　　　　　　　　　　　　　　　　　　　　　　　　　單位:元

應收帳款帳齡	應收帳款金額	估計壞帳率(%)	估計損失金額
未到期	60 000	0.5	300
過期 1 個月	40 000	1	400
過期 2 個月	30 000	2	600
過期 3 個月	20 000	3	600
過期 3 個月以上	10 000	5	500
合　　計	160 000		2,400

【例 3-14】某企業 2014 年年末應收帳款的餘額為 100 萬元,計提前「壞帳準備」帳戶貸方餘額為 2,000 元,壞帳損失估計率為 5‰,其會計分錄為:

借:資產減值損失——壞帳損失　　　　　　　　　　　　　　　　3,000
　　貸:壞帳準備　　　　　　　　　　　　　　　　　　　　　　　　3,000

備抵法下,當實際確認壞帳損失時,只是證明估計的壞帳已成為真實壞帳,不能再記錄為壞帳損失,只進行壞帳註銷核算。某企業有一客戶 B 所欠帳款 20,000 元,確認為壞帳,其會計分錄為:

借:壞帳準備　　　　　　　　　　　　　　　　　　　　　　　　20,000
　　貸:應收帳款——B　　　　　　　　　　　　　　　　　　　　　20,000

已註銷壞帳的收回,收回款項的金額可能與客戶所欠帳款金額相等,也可能不等。如果相等,按照收回金額進行處理;如果不等,應區分情況加以處理。剩餘款項有希望收回(如客戶經濟情況好轉),按客戶所欠款項的金額作轉回分錄,按實際收到的金額作收款分錄;剩餘款項無希望收回(如收回客戶破產的清算價值),按收回金額進行處理。例如,客戶 B 因經濟情況好轉償還所欠帳款 10,000 元,其會計分錄為:

借:應收帳款——B　　　　　　　　　　　　　　　　　　　　　20,000
　　貸:壞帳準備　　　　　　　　　　　　　　　　　　　　　　　20,000
借:銀行存款　　　　　　　　　　　　　　　　　　　　　　　　10,000
　　貸:應收帳款——B　　　　　　　　　　　　　　　　　　　　10,000

應收帳款採用備抵法核算,其優點為:將壞帳及時入帳,體現了配比原則,避免企業利潤虛增,真實地揭示了應收帳款可實現價值。但是該法核算手續較為繁瑣,且估計金額的正確性受會計人員的專業水平、經驗等諸多因素的影響。

三、應收票據

(一)應收票據概述

1. 應收票據的概念、分類和計價

應收票據是指企業持有的尚未到期兌現的商業票據。商業票據是一種標明付款

日期、付款金額、付款地點和付款人的無條件支付的流通證券,也是一種由持票人自由轉讓給他人的債權憑證。

應收票據按期限來劃分,可以分為短期應收票據和長期應收票據。期限在一年以內的為短期應收票據,在一年以上的為長期應收票據。應收票據按是否計息來劃分,可以分為帶息應收票據和不帶息應收票據。不帶息應收票據又稱不附息應收票據,票據上沒有標明利率,票據到期只能按票據面額收回款項;帶息應收票據又稱附息票據,票據上註明有利率,票據到期除按票據面額收款外,尚要收取利息。

應收票據的計價理論上應以現值為基礎,但在會計實務中,應收票據一般為短期應收票據,而短期應收票據利息金額不大,現值和面值的差異較小,因此應收票據採用按面值計價入帳。

2. 應收票據利息及到期日計算

應收票據利息的計算公式為:

$$票據利息 = 票據面額 \times 利率 \times 期限$$

在計算票據利息時,應特別注意利率和期限保持一致。利率一般為年利率,如果期限是以月、天表示,應將其調整為一致。月除以 12 調整為年,天除以 360 調整為年。

應收票據到期日在票據上有兩種表示方法:一是直接標明到期日,如「票據的到期日為××年×月×日」;另一種是實務中一般採用的方法,票據上只標明出票日期和票據期限,到期日需要計算。票據期限如果是按年表示,應以到期年度與出票日期同月同日為到期日。如 2013 年 5 月 15 日簽發的期限為 2 年票據,到期日為 2015 年 5 月 15 日。票據期限如果是按月表示,應以到期月份與出票日期的同日為到期日。如 5 月 15 日簽發的 2 月期票據,到期日為 7 月 15 日。月末簽發的票據,到期月份的天數少於出票月份,應以到期月份的月末為到期日。如 5 月 31 日簽發的 1 月期票據,到期日為 6 月 30 日。票據期限如果是按天表示,應按實際天數計算,出票日和到期日只算一天,「算尾不算頭」。如 5 月 15 日簽發的 90 天期票據,到期日為 8 月 13 日。

(二)應收票據一般業務的會計處理

1. 收到票據

【例 3-15】企業因賒銷產品而收到客戶 A 簽發的面額為 20,000 元、期限為 3 個月期的票據,其會計分錄為:

借:應收票據　　　　　　　　　　　　　　　　　　　20,000
　　貸:主營業務收入　　　　　　　　　　　　　　　　　　20,000

【例 3-16】企業收到客戶 B 簽發的面額為 40,000 元,利率為 10%,期限為半年期的票據抵償所欠帳款,其會計分錄為:

借:應收票據　　　　　　　　　　　　　　　　　　　40,000
　　貸:應收帳款　　　　　　　　　　　　　　　　　　　40,000

2. 票據到期,收回票款

【例 3-17】企業收到客戶 A 簽發票據的款項 20,000 元,會計分錄為:

借:銀行存款　　　　　　　　　　　　　　　　　　　　20,000
　　　貸:應收票據　　　　　　　　　　　　　　　　　　　　20,000
【例3-18】企業收到客戶B簽發票據的款項42,000元,其中面值為40,000元,利息為2,000元,會計分錄為:
　　借:銀行存款　　　　　　　　　　　　　　　　　　　　42,000
　　　貸:應收票據　　　　　　　　　　　　　　　　　　　　40,000
　　　　財務費用——利息收入　　　　　　　　　　　　　　　2,000
3. 票據到期,客戶拒付
「應收票據」帳戶反映的是企業持有的未到期的商業票據,逾期票據應反映在「應收帳款」帳戶中。假定上述【例3-14】中客戶B到期未能償還票款,其會計分錄為:
　　借:應收帳款　　　　　　　　　　　　　　　　　　　　42,000
　　　貸:應收票據　　　　　　　　　　　　　　　　　　　　40,000
　　　　財務費用——利息收入　　　　　　　　　　　　　　　2,000

(三)應收票據貼現的會計處理

1. 應收票據貼現的性質

　　企業持有的應收票據在到期前,如果出現資金短缺,可以向其開戶銀行申請貼現,以獲得所需資金。貼現實質上是融通資金的一種形式,即票據持有人將未到期的票據背書後送交銀行,銀行受理後,扣減貼現利息,將餘款付給持票人,作為銀行對企業的短期貸款。

2. 應收票據貼現淨額的計算

　　計算貼現淨額的步驟為:第一步,計算到期值。不帶息票據的到期值等於其面值;帶息票據的到期值＝面值＋票據利息。第二步,計算貼現期。票據的貼現期是指銀行的持票時間。貼現期＝票據期限－企業持票時間。第三步,計算貼現利息。貼現利息＝到期值×貼現率×貼現期。第四步,計算貼現淨額。貼現淨額＝到期值－貼現利息。

　　下面舉例說明應收票據貼現的計算:

【例3-19】A公司2013年4月1日將一張出票日為2013年1月1日,面額為10,000元,利率為10%,期限為半年的票據向銀行貼現,當時銀行的貼現率為12%,其貼現淨額計算如下:

　　票據到期值＝10,000＋10,000×10%×6/12＝10,500(元)
　　票據貼現期＝6－3＝3(個月)
　　票據貼現息＝10,500×12%×3/12＝315(元)
　　票據貼現淨額＝10,500－315＝10,185(元)

3. 應收票據貼現的帳務處理

(1)貼現。
　　借:銀行存款　　　　　　　　　　　　　　　　　　　　10,185

貸:應收票據   10,000
　　　　財務費用   185
（2）票據到期,付款人付款,不作處理。
（3）票據到期,付款人拒付。
　　借:應收帳款   10,500
　　　貸:銀行存款   10,500

四、預付帳款和其他應收款

（一）預付帳款

預付帳款是企業按照合同的約定,預付給供貨單位的貨款。它與應收帳款一樣,都是企業的短期債權,但兩者有著明顯的區別:應收帳款是企業應收的銷貨款,預付帳款是企業的購貨款。為了核算預付貨款業務,應設置資產類「預付帳款」帳戶。如果企業預付貨款業務不多,可以不設該帳戶,而通過「應付帳款」帳戶核算。下面舉例說明預付帳款的核算:

1. 預付貨款

【例3-20】A公司訂購某種原材料,預付貨款為50,000元,其會計分錄為:
　　借:預付帳款   50,000
　　　貸:銀行存款   50,000

2. 收到貨物

【例3-21】A公司收到訂購的原材料,發票所列貨物的價值為50,500元,並補付貨款,其會計分錄為:
　　借:原材料   50,500
　　　貸:預付帳款   50,500
　　借:預付帳款   500
　　　貸:銀行存款   500

（二）其他應收款

其他應收款是指除應收帳款、應收票據和預付帳款以外,應收、暫付其他單位和個人的各種款項。它一般是企業因發生非購銷活動而獲得的債權,在核算上應與購銷活動引起的債權區分開來。其他應收款主要包括備用金、各種賠款、存出保證金及向職工收取的各種墊付款項等。下面以備用金為例來說明其他應收款的核算。

備用金是企業預借給職工和內部單位備作差旅費和零星開支,用後需報銷的款項。備用金的管理方式有定額備用金制度和非定額備用金制度兩種方式,兩種制度下,其核算辦法不同。

1. 非定額備用金制度

非定額備用金制度是企業內部單位和職工根據實際需要向財會部門預借資金,使

用后憑據報銷的管理方式,其特點為「按需預付,憑據報銷,餘款退回,一次結清」。下面舉例說明其核算辦法:

【例3-22】預付款項。企業員工張三外出開會預借差旅費3,000元。

借:其他應收款——備用金　　　　　　　　　　　　　　　3,000
　　貸:銀行存款　　　　　　　　　　　　　　　　　　　　3,000

【例3-23】憑據報銷。張三出差歸來,報銷差旅費2,950元,餘款交回。

借:管理費用　　　　　　　　　　　　　　　　　　　　　2,950
　　庫存現金　　　　　　　　　　　　　　　　　　　　　　50
　　貸:其他應收款　　　　　　　　　　　　　　　　　　　3,000

2. 定額備用金制度

定額備用金制度是企業財會部門對經常使用備用金的單位或個人,根據實際需要核定定額,建立定額備用金,用後報銷並補足定額的管理方式,其特點是「按定額預付,憑據報銷,報銷后補足定額」。下面舉例說明其核算辦法:

【例3-24】建立定額備用金。簽發支票為企業辦公室建立定額備用金10,000元。

借:其他應收款——備用金　　　　　　　　　　　　　　　10,000
　　貸:銀行存款　　　　　　　　　　　　　　　　　　　10,000

【例3-25】報銷及補足定額。辦公室使用備用金,累計報銷憑證9,800元,向財會部門報銷,審核后,同意報銷並補足定額。

借:管理費用　　　　　　　　　　　　　　　　　　　　　9,800
　　貸:銀行存款　　　　　　　　　　　　　　　　　　　9,800

第四節　存貨

一、存貨概述

存貨,是指企業在日常活動中持有以備出售的產成品或商品、處在生產過程中的在產品、在生產過程或提供勞務過程中耗用的材料和物料等。

存貨同時滿足下列條件的,才能予以確認:

(1)該存貨包含的經濟利益很可能流入企業。

(2)該存貨的成本能夠可靠計量。

存貨範圍的確認應以法定所有權為依據。在資產負債表編表日,凡是企業擁有法定所有權的一切材料物資,不論其存放何處,都應作為企業的存貨;反之,凡法定所有權不屬於企業的物品,即使存放在本企業,也不應包括在本企業的存貨範圍之內。具體說來,有四種情況容易混淆:

(1)已經售出,但貨物尚未運離企業,不屬於企業的存貨。如交款提貨方式下,尚未提取的貨物。

(2)貨物已經運離企業但尚未售出,屬於企業的存貨。如委託代銷商品、外出參展物品等。

(3)已購入但貨物尚未運達本企業,屬於本企業存貨。如在途物資、在途商品等。

(4)未購入但貨物已在企業,不屬於企業的存貨。如受託代銷物品和代客加工材料等。

存貨依據企業的性質、經營範圍和存貨的用途進行分類,一般分為三類:①製造業存貨。製造業存貨的特點是在出售前需要經過生產加工過程,改變其原有的實物形態或使用功能。這主要包括:原材料、委託加工材料、包裝物、低值易耗品、在產品、在製品和產成品。②商品流通企業存貨。其特點是在銷售以前保持其原有的實物形態。這主要包括:庫存商品、材料物資和包裝物等。③其他行業存貨。這指除製造業和商品流通業之外的其他行業存貨。

二、存貨入帳價值的確定

存貨應當按照成本計量。存貨成本包括採購成本、加工成本和其他成本。企業取得存貨的方式不同,其入帳價值確定也不同。下面以外購、自製和委託加工加以說明:

(一)外購存貨入帳價值的確定

外購存貨的初始成本由採購成本構成。存貨的採購成本,主要包括購買價款、相關稅費和其他可歸屬於存貨採購成本的費用。商品流通企業在採購商品過程中發生的運輸費、裝卸費、保險費以及其他可歸屬於存貨採購成本的費用等,應當計入存貨的採購成本。企業採購商品的進貨費用金額較小的,可以在發生時直接計入當期損益。

(1)購貨價格。一般而言,企業購入的存貨,應根據發票金額確認為購貨價格,不包括按規定可以抵扣的增值稅稅額。在考慮折扣因素的情況下,購貨價格是扣除商業折扣但包括現金折扣的金額。

(2)相關稅費。相關稅費是指企業購買存貨所發生的消費稅、資源稅和不能從增值稅銷項稅額中抵扣的進項稅額等。

(3)其他可歸屬於存貨採購成本的費用。其他可歸屬於存貨採購成本的費用指採購成本中除上述各項以外的可歸屬於存貨採購成本的費用,如存貨採購過程中發生的運雜費、入庫前的整理挑選費、倉儲費、運輸途中的合理損耗等。

(二)自製存貨入帳價值的確定

自製存貨的實際成本包括在製造過程中所發生的直接材料費用、直接人工費用和按照一定方法應分攤的製造費用。在生產車間生產多種產品的情況下,企業應採用與該製造費用相關性較強的方法對其進行合理分配。通常採用的方法有:生產工人工時比例法、生產工人工資比例法、機器工時比例法和按年度計劃分配率分配法等,還可以按照耗用原材料的數量或成本、直接成本及產量分配製造費用。

(三)委託加工存貨入帳價值的確定

委託加工存貨的實際成本主要包括:加工過程中耗用的原材料或半成品的實際成

本、加工費用、往返運輸費和應負擔的稅金。

三、存貨發出的計價的方法

企業進行生產經營過程,需要不斷的購進存貨,耗用或出售存貨,形成了存貨的流轉。存貨流轉包括實物流轉和成本流轉兩方面,從理論上講,存貨的成本流轉應當與其實物流轉一致,即購入存貨時確定的成本應當隨著該項存貨的耗用或出售而結轉。但在實際工作中,由於存貨數量繁多、價格各異,滿足理論上的要求,工作量大。因此,產生了存貨流轉的假設,即存貨的成本流轉和實物流轉可以分離,按照不同的成本流轉順序確定發出存貨成本和期末存貨成本即可。存貨成本流轉假設不同,產生不同的存貨計價方法。常見的存貨計價方法有:個別確認法、加權平均法、移動平均法、先進先出法和毛利率法等。存貨的計價方法不僅對損益表有影響,而且對資產負債表有影響;不僅對當期有影響,而且對以后期間也有影響。

(一)個別計價法

個別計價法是對每批發出存貨和期末存貨都逐一加以辨認,分別按各自的購入成本或製造成本計價。採用這種方法的前提條件是建立、健全能提供確認各批存貨的詳細記錄。

個別計價法下存貨的成本流轉和實物流轉一致,理論上講是一種最科學、最合理的方法,但是核算工作量大,且容易被用來人為的調節利潤。因此,該法一般適用於存貨數量不多、單位價值較大、容易識別的存貨計價,如重型設備、珠寶等。

(二)加權平均法

加權平均法是以本期收入存貨數量和期初存貨數量之和為權數,去除本期全部收入存貨成本和期初存貨成本之和,計算出存貨的加權平均單位成本,以此確定存貨的發出成本和期末成本。其計算公式為:

$$加權平均單位成本 = \frac{期初存貨成本 + 本期收入的存貨成本}{期初存貨數量 + 本期收入的存貨數量}$$
$$本期發出存貨成本 = 本期發出存貨數量 \times 加權平均單位成本$$
$$期末存貨結存成本 = 期末存貨結存數量 \times 加權平均單位成本$$

加權平均法計算較為簡單,按此方法分攤的成本比較折中,但是該法不能隨時提供存貨的帳面記錄,不利於存貨管理。它是平均法在實地盤存制下的具體運用。

(三)移動平均法

移動平均法是以本次收入的存貨數量加上原有結存數量為權數,去除本次收入的成本與原結存成本之和,計算出加權平均單位成本,並對發出存貨進行計價的方法。

採用移動平均法進行存貨的核算較為客觀,並能隨時提供存貨的收、發、存情況,滿足管理的需要。但是在採用該法時,每收入一次存貨均要計算單位成本,核算工作量較大。它是平均法在永續盤存制下的具體運用。

(四)先進先出法

先進先出法是以先購入的存貨先發出這樣一種實物流轉假設為前提,對發出存貨

進行計價的一種方法。

採用先進先出法,對會計信息的影響是:期末存貨成本是按最近購入的存貨價值確定的,比較接近現行市場價值,較為真實地揭示企業財務狀況。在物價上漲的情況下,會使銷售成本偏低,高估企業當期收益。

(五)毛利率法

毛利率法是根據以前實際毛利率和本期的銷售淨額匡算出本期毛利額,據以對存貨進行計價的一種方法。其計算公式為:

$$期末存貨成本 = 期初存貨成本 + 本期購貨成本 - [銷售淨額 \times (1 - 毛利率)]$$

【例3-26】公司某種存貨期初為219,000元,本期購貨1,275,000元,銷售收入1,800,000元,銷售退回與折讓本期合計15,000元。根據過去情況確定的毛利率為25%。按毛利率法確定的期末存貨成本:

$$期末存貨成本 = 219,000 + 1,275,000 - [(1,800,000 - 15,000) \times (1 - 25\%)]$$
$$= 155,250(元)$$

毛利率法一般適用於在缺乏存貨記錄的情況下,用於估計期末存貨的價值。如實地盤存制下,因意外原因導致存貨毀損,估計存貨損失金額。

四、原材料的核算

原材料是指工業企業庫存的各種材料,包括原料及主要材料、輔助材料、外購半成品、修理備用件、包裝材料和燃料等。原材料的核算有按實際成本核算和按計劃成本核算兩種方式。

(一)原材料按實際成本核算

1. 原材料按實際成本進行的總分類核算

原材料按實際成本進行的總分類核算需涉及「原材料」和「在途物資」兩個帳戶。「原材料」帳戶在該種方式下,其特點是帳戶的入帳金額和期末金額均按實際成本加以確定和揭示。「在途物資」帳戶用於核算企業購貨交易已經確立,但尚未到達或尚未驗收入庫的原材料。

(1)材料收入的總分類核算。材料取得的方式有多種,如購入、自製、投資轉入等,這裡介紹購入和自製。購入原材料一般有三種情況:第一,原材料與結算單證同時到達,借記「原材料」帳戶,貸記「銀行存款」或「應付帳款」等帳戶;第二,結算單證已經到達,但原材料尚未到達,首先應揭示企業擁有所有權的在途物資情況,借記「在途物資」帳戶,貸記「銀行存款」或「應付帳款」等帳戶,然後反映材料驗收入庫的情況,借記「原材料」帳戶,貸記「在途物資」帳戶;第三,原材料已驗收入庫,結算單證尚未到達,這類業務發生時一般不作任何處理,但在期末,為了揭示實存原材料的情況,應按暫估價入帳,下一會計期初作衝銷分錄,以便結算單證到達時,按正常的方式進行核算。

企業自製原材料驗收入庫,應按其在製造過程中發生的實際支出,借記「原材料」

帳戶,貸記「生產成本」帳戶。

【例3-27】企業2014年3月20日向A公司購入原材料,材料已驗收入庫,結算單證未到。4月15日,結算單證到達,貨款金額65,000元,運雜費3,000元。貨款尚未支付,運雜費用銀行存款支付。其會計處理為:

① 3月末按暫估價65,000元入帳。

借:原材料　　　　　　　　　　　　　　　　　　　　　65,000
　貸:應付帳款　　　　　　　　　　　　　　　　　　　　65,000

② 次月初用紅字進行衝銷或作相反分錄。

借:原材料　　　　　　　　　　　　　　　　　　　　　65,000
　貸:應付帳款　　　　　　　　　　　　　　　　　　　　65,000

③ 4月15日結算單證到達。

借:原材料　　　　　　　　　　　　　　　　　　　　　68,000
　貸:應付帳款　　　　　　　　　　　　　　　　　　　　65,000
　　　銀行存款　　　　　　　　　　　　　　　　　　　　3,000

(2)材料發出的總分類核算。由於企業材料的領發業務較為頻繁,為了簡化核算手續,平時只進行材料的明細核算,按期編制發出材料匯總表,據以進行材料的總分類核算。

借:生產成本
　　製造費用
　　管理費用
　　銷售費用
　　在建工程等
　貸:原材料

2. 材料按實際成本計價的明細分類核算

材料明細分類核算包括數量核算和價值核算兩方面。一般材料的收、發、存的數量核算由倉庫人員負責;價值核算由財會人員負責。根據這一管理要求,材料的明細核算有兩種方式:一套帳方式和兩套帳方式。

兩套帳方式,又稱帳卡分設方式,是倉庫設置材料卡片,核算材料收發存的數量;財會部門設置材料明細分類帳,核算材料收發存的數量和金額。其優點是可以相互核對,缺點是重複記帳,工作量大。

一套帳方式,又稱帳卡合一方式,是將材料卡片和材料明細帳合併為一套帳,由倉庫人員負責登記數量,財會人員定期到倉庫稽核收單,並在材料收發憑證上標價,登記金額,帳冊平時放在倉庫。

(二)原材料按計劃成本核算

1. 原材料按計劃成本計價的總分類核算

原材料按計劃成本計價涉及的帳戶有「原材料」「材料採購」和「材料成本差異」

帳戶。「原材料」帳戶的特點是該帳戶的借方和貸方均按計劃成本入帳,餘額揭示的是計劃成本的金額;「材料採購」帳戶是一個計價對比帳戶,借方登記的是材料的實際採購成本,貸方登記的是按該批材料計劃成本結轉到「原材料」帳戶中去的金額,兩者的差異為材料成本差異結轉到「材料成本差異」帳戶;「材料成本差異」帳戶核算的內容主要是差異的形成和差異的分配。形成差異時,當實際成本小於計劃成本的節約額計入該帳戶的貸方,實際成本大於計劃成本的超支額記入該帳戶的借方;分配發出材料應該分擔的材料成本差異時,節約差異從借方結轉,超支差異從貸方結轉。「材料成本差異帳戶」的餘額與「原材料」帳戶的餘額結合,才能揭示原材料的實際成本。

(1) 材料收入的總分類核算。為了確定原材料的計劃成本和實際成本與計劃成本的差異,進行材料收入的核算,不論材料是否驗收入庫,均要通過「材料採購」帳戶。

【例 3 - 28】企業 2014 年 5 月 10 日購入原材料 A,貨款金額為 52,000 元,鐵路運雜費 2,000 元,貨款及運費均未支付。5 月 28 日材料驗收入庫,計劃成本為 60,000 元。

① 5 月 10 日購貨。

借:材料採購	54,000
貸:應付帳款	52,000
其他應付款	2,000

② 5 月 28 日驗收入庫。

借:原材料	60,000
貸:材料採購	60,000
借:材料採購	6,000
貸:材料成本差異	6,000

(2) 材料發出的總分類核算。計劃成本下,「原材料」帳戶按計劃成本入帳是為了加強材料的管理,以降低採購成本,但企業生產經營過程中耗用原材料,計算產品成本,需確定其實際成本,因此,應將原材料的計劃成本調整為實際成本。會計實務中,是根據材料成本差異率來調整,其具體的調整方法為:

$$本期成本差異 = \frac{期初材料成本差異 \pm 本期形成材料成本差異}{期初材料計劃成本 + 本期取得材料計劃成本}$$

$$本期發出材料應分攤的差異 = 本期發出材料的計劃成本 \times 材料成本差異率$$

$$發出材料的實際成本 = 發出材料的計劃成本 + (-) 材料成本差異額$$

【例 3 - 29】企業本期發出材料情況為:生產產品 100,000 元,行政管理部門 5,000 元,在建工程 20,000 元,本期材料成本差異率為 -2%,其會計分錄為:

① 結轉原材料的計劃成本。

借:生產成本	100,000
管理費用	5,000
在建工程	20,000

貸：原材料　　　　　　　　　　　　　　　　　　　　125,000
　②結轉材料成本差異。
　　借：材料成本差異　　　　　　　　　　　　　　　　　　2,500
　　　貸：生產成本　　　　　　　　　　　　　　　　　　　2,000
　　　　　管理費用　　　　　　　　　　　　　　　　　　　　100
　　　　　在建工程　　　　　　　　　　　　　　　　　　　　400
　2. 原材料按計劃成本計價的明細分類核算
　　材料明細帳的登記特點：由於原材料收、發都按計劃成本入帳，因而材料收入和發出欄只登記數量，不登記金額，結存欄分別登記數量和金額，一般在月末時，根據材料的結存數量和計劃單價計算登記。
　　材料採購明細帳登記特點：材料採購明細帳採用橫線登記法。借方登記實際成本，貸方登記計劃成本，從橫線看，只有借方金額而無貸方金額的，表明是在途物資，應結轉到下月明細帳中；既有借方金額又有貸方金額的，表明是已驗收入庫的材料，應將其借方金額和貸方金額的差額結轉到材料成本差異明細分類帳中去。

五、庫存商品的核算

　　庫存商品是商品流通企業為出售而儲備的存貨，其會計核算有進價法和售價法兩種。
　　(一)庫存商品按進價法核算
　　庫存商品按進價法核算涉及的帳戶「庫存商品」和「銷售費用」。「庫存商品」帳戶核算的企業購入商品的進價；「銷售費用」是核算企業在購、存、銷環節所發生的各種費用。
　　【例3-30】企業2014年5月3日購入商品一批，價值為50,000元，另支付運費2,000元，商品已驗收入庫，款項已支付。5月20日銷售該批商品售價為60,000元，款項已收到，商品已發出。
　①5月3日購入商品。
　　借：庫存商品　　　　　　　　　　　　　　　　　　　52,000
　　　貸：銀行存款　　　　　　　　　　　　　　　　　　52,000
　②5月20日銷售商品。
　　借：銀行存款　　　　　　　　　　　　　　　　　　　60,000
　　　貸：主營業務收入　　　　　　　　　　　　　　　　60,000
　　借：主營業務成本　　　　　　　　　　　　　　　　　52,000
　　　貸：庫存商品　　　　　　　　　　　　　　　　　　52,000
　　(二)庫存商品按售價法核算
　　庫存商品按售價法核算涉及的帳戶有「庫存商品」「商品進銷差價」和「商品採購」。「庫存商品」帳戶的借方和貸方都按售價登記；「商品進銷差價」帳戶實際上是

「庫存商品」帳戶的調整帳戶,它與「庫存商品」帳戶結合,揭示出庫存商品的進價。其核算包括形成差價的核算和結轉差價的核算。企業購進商品形成差價,售價高於進價的差額記該帳戶的貸方;企業銷售商品結轉差價,一般從該帳戶的借方結轉。這種做法是基於售價高於進價,如出現進價高於售價的特例,處理方法相反。「商品採購」帳戶是核算企業購入商品的實際採購成本。仍以進價法的實例來說明售價法的核算。

① 5月3日購入商品。

借:商品採購　　　　　　　　　　　　　　　　　　　　　52,000
　貸:銀行存款　　　　　　　　　　　　　　　　　　　　　52,000
借:庫存商品　　　　　　　　　　　　　　　　　　　　　60,000
　貸:商品採購　　　　　　　　　　　　　　　　　　　　　52,000
　　　商品進銷差價　　　　　　　　　　　　　　　　　　　8,000

② 5月20日銷售商品。

借:銀行存款　　　　　　　　　　　　　　　　　　　　　60,000
　貸:主營業務收入　　　　　　　　　　　　　　　　　　　60,000
借:主營業務成本　　　　　　　　　　　　　　　　　　　60,000
　貸:庫存商品　　　　　　　　　　　　　　　　　　　　　60,000
借:商品進銷差價　　　　　　　　　　　　　　　　　　　8,000
　貸:主營業務成本　　　　　　　　　　　　　　　　　　　8,000

六、週轉材料的核算

(一)週轉材料的特點

企業會計準則規範的週轉材料包括包裝物和低值易耗品等。包裝物是指為了包裝本企業商品而儲備的各種包裝容器,如桶、箱、瓶、壇、袋等。其主要作用是盛裝、裝潢產品或商品。低值易耗品是指不作為固定資產核算的各種用具和物品,比如各種工具、玻璃器皿和經營中週轉使用的包裝容器等,它可以多次服務於生產經營過程而不改變原有的實物形態,屬於勞動資料,但由於其品種多、價值低、易於損壞,一般視同存貨進行管理和核算。

(二)週轉材料攤銷的核算

週轉材料的核算方法因其攤銷方法不同而異,其攤銷方法可用:一次攤銷法和五五攤銷法。

(1)一次攤銷法:在領用週轉材料時,將其成本一次全部計入產品成本和期間費用;週轉材料報廢時,收回殘料價值衝減有關的成本費用。該法適用於價值低、易損壞的週轉材料。

(2)五五攤銷法:指將週轉材料的價值在領用和報廢時各攤銷50%計入有關成本和費用的一種方法。此種方法下,為了核算週轉材料在庫和在用兩方面的內容,應在「週轉材料」帳戶下設置「在庫週轉材料」「在用週轉材料」和「週轉材料攤銷」三個二

級帳戶。「週轉材料攤銷」實際上是「在用週轉材料」的備抵調整帳戶,這兩個二級帳戶相結合以揭示在用週轉材料的攤餘價值。該法適用於領用和報廢較為均衡的週轉材料。

【例3-31】企業2014年5月領用玻璃器皿一批,計劃成本10,000元;報廢管理用具一批,價值2,000元,變現殘料收回現金200元,材料成本差異率5%。

①領用玻璃器皿的核算。

借:週轉材料——低值易耗品——在用　　　　　　　　10,000
　　貸:週轉材料——低值易耗品——在庫　　　　　　　10,000
借:製造費用　　　　　　　　　　　　　　　　　　　　5,000
　　貸:週轉材料——低值易耗品——攤銷　　　　　　　5,000

②報廢管理用具的核算。

借:製造費用　　　　　　　　　　　　　　　　　　　　800
　　貸:週轉材料——低值易耗品——攤銷　　　　　　　800
借:庫存現金　　　　　　　　　　　　　　　　　　　　200
　　週轉材料——低值易耗品——攤銷　　　　　　　　1,800
　　貸:週轉材料——低值易耗品——在用　　　　　　　2,000
借:製造費用　　　　　　　　　　　　　　　　　　　　100
　　貸:材料成本差異　　　　　　　　　　　　　　　　100

七、存貨清查的核算

存貨清查是通過對存貨的實物盤點,確定存貨的實存數量並與帳面記錄核對,視其是否相符的一種專門方法。進行存貨清查時,一般應編制「存貨盤存報告表」,作為存貨清查的原始憑證,據以進行存貨的核算。

(一)存貨盤盈的核算

存貨清查中如果發生盤盈,應作為待處理財產損溢處理,按管理權限報經批准后,按照規定進行處理。

(二)存貨盤虧的核算

企業發生存貨盤虧時,應借記「待處理財產損溢」帳戶,貸記「原材料」「週轉材料」等帳戶。核銷存貨盤虧,應根據發生的原因不同分別加以核銷:屬於定額內損耗或日常收發計量上的差錯造成的,轉作管理費用;應由過失人員賠償的,計入「其他應收款」;對於自然灾害等不可抗拒原因造成的非常損失,應計入「營業外支出——非常損失」。

＊＊＊＊本章學習要點＊＊＊＊

1. 貨幣資金主要包括庫存現金、銀行存款和其他貨幣資金。現金內控製度的基

本思想是：內控製度出現差錯必須是兩個或兩個以上的人員通同作弊才會發生。常用的銀行結算辦法有：銀行本票、銀行匯票、商業匯票、支票、委託收款、匯兌及異地托收承付等7種方式。其他貨幣資金主要包括外埠存款、銀行本票存款、銀行匯票存款、信用證存款和存出投資款等。

  2. 交易性金融資產是指企業以進行交易為目的、準備近期內出售而持有的金融資產。交易性金融資產發生交易費用，會計上按重要性原則將發生的交易費用資本化或者將發生的交易費用費用化。交易性金融資產購買價格中包括的已經宣告發放但尚未發放的股利或已到付息期尚未領取的債券利息，應進行專門記錄，通過「應收股利」「應收利息」帳戶反映。在資產負債表日，應按各項交易性金融資產的公允價值對交易性金融資產帳面價值進行調整。交易性金融資產出售價格與交易性金融資產的帳面價值的差額計入「投資收益」，並將未實現損益轉為實現損益，公允價值變動損益轉入投資收益。

  3. 應收款項主要包括應收帳款、應收票據和其他應收款。①應收帳款總價法是按未扣減現金折扣的金額入帳；淨價法是按扣減現金折扣后的金額入帳，企業因客戶及時付款所放棄的代價作為理財費用，因客戶未能及時付款所獲得的利益作為理財收益。應收帳款壞帳的確認條件有二：因債務人破產、死亡確實無法收回的款項；帳款逾期3年，經判定確實無法收回的款項。應收帳款壞帳核算的直接衝銷法是當實際發生壞帳時，一方面直接確認壞帳損失計入當期損益，另一方面直接衝銷應收帳款。應收帳款壞帳核算的備抵法是按期計提壞帳，計入當期損益和作為壞帳準備，當實際發生壞帳時衝壞帳準備和應收帳款。②應收票據一般業務核算要點是企業收到票據時，無論票據是否帶息，「應收票據」帳戶均按面值入帳。應收票據貼現計算的公式為：貼現淨額＝票據到期值－貼現利息。

  4. 存貨是企業在生產經營過程中為生產或耗用所儲備的各種財產物資。確認存貨應以法定所有權為標準，不能以存貨存放的地點為標準。存貨的入帳價值以實際成本入帳。在存貨的不同取得方式下，存貨的實際成本表現為不同的內容。確定存貨數量的方法有實地盤存法和永續盤存法。常用的存貨發出的計價方法有：個別辨認法、加權平均法、移動平均法、先進先出法和毛利率法等。原材料按實際成本計價需設置「原材料」「在途物資」帳戶進行核算，按計劃成本核算需設置「原材料」「材料採購」「材料成本差異」帳戶進行核算。

＊＊＊＊本章復習思考題＊＊＊＊

1. 貨幣資金的主要內容包括哪些項目？應如何加強貨幣資金的管理？
2. 其他貨幣資金包括哪些內容？應如何進行核算？
3. 什麼是交易性金融資產，交易性金融資產在取得、會計期末和出售時應如何進

行會計處理？

　　4. 公允價值變動損益和投資收益有何異同？

　　5. 商業折扣和現金折扣有何區別？

　　6. 什麼是壞帳及壞帳損失？確認壞帳有哪些條件？壞帳的會計處理方法有哪兩種？

　　7. 應收票據一般業務和貼現業務應如何進行會計處理？

　　8. 定額備用金和非定額備用金在核算上有何不同？

　　9. 如何確定存貨的範圍和入帳價值？常見的存貨計價方法有哪些？各種計價方法有何特點？

　　10. 試比較原材料按計劃成本和按實際成本計價在核算上的區別。

　　11. 庫存商品和週轉材料核算上有何特點？

　　12. 存貨盤盈、盤虧應如何進行核算？

第四章
長期資產

學習目標

長期資產是與流動資產相對應的概念,通過本章學習,主要掌握:
(1)持有至到期投資和可出售金融資產的性質及會計處理。
(2)長期股權投資的性質及會計處理。
(3)固定資產的確認及會計處理,折舊的計算。
(4)無形資產的性質、攤銷及會計處理。
(5)投資性房地產后續計量計量模式。

第一節 持有至到期投資和可供出售的金融資產

一、持有至到期投資

(一)持有至到期投資概述

持有至到期投資是指企業購入的到期日固定、回收金額固定或可確定,且企業有明確意圖和能力持有至到期的各種債券,如國債和企業債券等。在確認持有至到期投資時,應考慮以下三方面內容:

1. 到期日固定、回收金額固定或可確定

到期日固定、回收金額固定或可確定,是指相關合同明確了投資者在確定的期間內獲得或應收取現金的金額和時間。

2. 有明確意圖持有至到期

有明確意圖持有至到期,是指投資者在取得投資時意圖就是明確的,除非遇到一些企業所不能控製、預期不會重複發生且難以合理預計的獨立事件,否則將持有至到期。

3. 有能力持有至到期

有能力持有至到期,是指企業有足夠的財力資源,並不受外部因素影響將投資持有至到期。

為了反映各項持有至到期投資的取得、收益、處置等情況,可以設置「持有至到期投資」帳戶,並設置「債券面值」「利息調整」「應計利息」等明細帳戶。

(二)持有至到期投資的取得

1. 持有至到期投資的取得的方式

企業取得債券的方式有三種:面值取得、溢價取得和折價取得。按債券面值購入的,即面值取得;高於債券面值的價格購入的,即溢價取得;低於債券面值的價格購入的,即折價取得。

債券的溢價、折價,主要是由於債券的市場利率與債券票面利率不一致造成的。當債券票面利率高於市場利率時,債券發行者按債券票面利率會多付利息,在這種情況下,可能會導致債券溢價。這部分溢價差額,屬於債券購買者由於日後多獲利息而給予債券發行者的利息返還。反之,當債券票面利率低於金融市場利率時,債券發行者按債券票面利率會少付利息,在這種情況下,可能會導致債券折價。這部分折價差額,屬於債券發行者由於日後少付利息而給予債券購買者的利息補償。

2. 持有至到期投資的初始投資成本

企業取得的持有至到期投資,應按該投資的面值,借記「持有至到期投資——成本」帳戶,按支付的價款中包含的已到付息期但尚未領取的利息,借記「應收利息」帳戶,按實際支付的金額,貸記「銀行存款」等帳戶,按其差額,借記或貸記「持有至到期投資——利息調整」帳戶。

(三)持有至到期投資持有期間

企業持有至到期投資持有期間會計處理主要是資產負債表日的會計處理。資產負債表日,持有至到期投資為分期付息、一次還本債券投資的,應按票面利率計算確定的應收未收利息,借記「應收利息」帳戶,按持有至到期投資攤餘成本和實際利率計算確定的利息收入,貸記「投資收益」帳戶,按其差額,借記或貸記「持有至到期投資——利息調整」帳戶。

持有至到期投資為一次還本付息債券投資的,應於資產負債表日按票面利率計算確定的應收未收利息,借記「持有至到期投資——應計利息」帳戶,按持有至到期投資攤餘成本和實際利率計算確定的利息收入,貸記「投資收益」帳戶,按其差額,借記或貸記「持有至到期投資——利息調整」帳戶。

(四)持有至到期投資的到期兌現

一般來說,在債券投資到期時,溢價、折價金額已經攤銷完畢,不論是按面值購入,還是溢價或折價購入,「持有至到期投資」帳戶的餘額均為債券面值和應計利息。收回債券面值及利息時,應借記「銀行存款」帳戶,貸記「持有至到期投資」帳戶。

【例4-1】公司2013年1月1日購入D公司當天發行的2年期債券作為長期投資,債券面值為200,000元,票面利率為10%,每半年付息一次,付息日為7月1日和1月1日,到期還本。用銀行存款實際支付價款207,259元,未發生交易費用。該公司採用實際利率法進行溢價攤銷,實際利率為8%。根據以上資料,編制會計分錄如下:

(1) 購入債券。

借:持有至到期投資——債券面值　　　　　　　　　　　200,000
　　　　　　　　——利息調整　　　　　　　　　　　　　7,259
　貸:銀行存款　　　　　　　　　　　　　　　　　　　207,259

(2) 持有期間各期投資收益、溢價攤銷以及會計分錄如表4-1所示。

表4-1　　　　　　　　　一次還本債券溢價攤銷表
（實際利率法）　　　　　　　　　　單位:元

計息日期	票面利息 借:應收利息 ① = 200,000 × 10% ÷ 2	投資收益 貸:投資收益 ② = 期初價值 ×8% ÷ 2	溢價攤銷 貸:持有至到期投資——利息調整 ③ = ① - ②	持有至到期投資帳面餘額 ④ = 期初價值 - ③
06/01/01				207,259
06/06/30	10,000	8,290	1,710	205,549
06/12/31	10,000	8,222	1,778	203,771
07/06/30	10,000	8,151	1,849	201,922
07/12/31	10,000	8,078	1,922	200,000
合計	40,000	32,741	7,259	—

(3) 債券到期兌付。

借:銀行存款　　　　　　　　　　　　　　　　　　　200,000
　貸:持有至到期投資——債券面值　　　　　　　　　　200,000

二、可供出售金融資產

1. 可供出售金融資產概述

可供出售金融資產，是指初始確認時即被指定為可供出售的非衍生金融資產。例如,企業購入的在活躍市場上有報價的股票、債券和基金等,但不屬於以公允價值計量且其變動計入當期損益的金融資產或持有至到期投資等金融資產。包括企業會計準則修改前在長期股權投資成本法中核算的,投資企業對被投資單位不具有共同控制或重大影響,並且在活躍市場中沒有報價、公允價值不能可靠計量的投資,也屬於可供出售金融資產。

2. 可供出售金融資產的會計處理

可供出售金融資產的會計處理,與交易性金融資產的會計處理有些類似,例如均要求按公允價值進行后續計量。但是也有一些不同。例如,可供出售金融資產取得時發生的交易費用應當計入初始入帳金額、可供出售金融資產后續計量時公允價值變動計入所有者權益等。

(1)企業取得可供出售的金融資產的處理。企業取得可供出售的金融資產應按其公允價值與交易費用之和,借記「可供出售金融資產——成本」帳戶,按支付的價款中包含的已宣告但尚未發放的現金股利,借記「應收股利」帳戶,按實際支付的金額,貸記「銀行存款」等帳戶。

企業取得的可供出售金融資產為債券投資的,應按債券的面值,借記「可供出售金融資產——成本」帳戶,按支付的價款中包含的已到付息期但尚未領取的利息,借記「應收利息」帳戶,按實際支付的金額,貸記「銀行存款」帳戶,按差額,借記或貸記「可供出售金額資產——利息調整」帳戶。

(2)資產負債表日可供出售金融資產利息的處理。資產負債表日可供出售債券分期付息、一次還本分期付息債券投資的,應按票面利率計算確定的應收未收利息,借記「應收利息」帳戶,按可供出售券的攤餘成本和實際利率確定的利息收入,貸記「投資收益」帳戶,按其差額,借記或貸記「可供出售金融資產——利息調整」帳戶。

可供出售債券為一次還本付息債券投資的,應於資產負債表日按票面利率計算確定的應收未收利息,借記「可供出售金融資產——應計利息」帳戶,按可供出售債券的攤餘成本和實際利率計算確定的利息收入,貸記「投資收益」帳戶,按其差額,借記或貸記「可供出售金融資產——利息調整」帳戶。

(3)資產負債表日可供出售金融資產的計價。資產負債表日可供出售金融資產的公允價值高於其帳面餘額的差額,借記「可供出售金融資產——公允價值變動」帳戶,貸記「其他綜合收益」帳戶;公允價值低於其帳面餘額差額的,做相反的會計分錄。

(4)將持有至到期投資重分類為可供出售金融資產的,應在重分類日按其公允價值,借記「可供出售金融資產」帳戶,按其帳面餘額,貸記「持有至到期投資」帳戶,按其差額,貸記或借記「其他綜合收益」帳戶。

(5)出售可供出售的金融資產,應按實際收到的金額,借記「銀行存款」等帳戶,按其帳面餘額,貸記「可供出售金融資產——成本、公允價值變動、利息調整、應計利息」帳戶,按應從所有者權益中轉出的公允價值累計變動額,借記或貸記「其他綜合收益」帳戶,按其差額,貸記或借記「投資收益」帳戶。

【例4-2】2014年1月1日,甲公司購買乙公司發行的3年期公司債券,支付價款2,056.488萬元,該債券的面值為2,000萬元,票面年利率4%,實際利率3%,利息每年年末支付。甲公司將其劃分為可供出售金融資產核算和管理。2014年12月31日,該債券的市場價值為2,000.178萬元。假定沒有交易費用及其他因素的影響,編制甲公司購買乙公司債券的相關會計分錄(金額單位為萬元)。公司的帳務處理如下:

(1)2014年1月1日購入乙公司債券。

借:可供出售金融資產——乙公司債券——成本　　　　2,000
　　　　　　　　　　——乙公司債券——利息調整　　　　56.488
　　貸:銀行存款(或其他貨幣資金)　　　　　　　　　　2,056.488

(2)2014年12月31日,確認乙公司債券利息。

應收利息 = 2,000 × 4% = 80(萬元)
實際利息 = 2,056.488 × 3% = 61.694,64 ≈ 61.69(萬元)
年末攤餘成本 = 2,056.488 − (80 − 61.69) = 2,038.178(萬元)

借:應收利息——乙公司	80
貸:投資收益	61.69
可供出售金融資產——利息調整	18.31

甲公司收到債券利息。

借:銀行存款(或其他貨幣資金)	80
貸:應收利息——乙公司	80

(3)2014 年 12 月 31 日,確認乙公司債券公允價值變動。
2,038.178 − 2,000.178 = 38(萬元)

借:其他綜合收益	38
貸:可供出售金融資產——公允價值變動	38

【例 4-3】甲公司於 2014 年 2 月 1 日從證券市場上購入 C 公司股票 400,000 股,每股市價 10 元,相關稅費 40,000 元;公司將其股票劃分為可供出售金融資產,假定不考慮其他因素。2014 年 6 月 30 日 C 公司股票公允價值(市價)為 4,500,000 元;2014 年 12 月 31 日 C 公司股票為每股 13 元。2015 年 3 月 22 日,公司將該股票全部售出,售價為每股 12 元,另支付交易費用 45,000 元。編制唐華實業有限公司購買 C 公司股票的會計分錄如下:

(1)2014 年 2 月 1 日購入 C 公司股票。
400,000 × 10 + 40,000 = 4,040,000(元)

借:可供出售金融資產——C 公司——成本	4,040,000
貸:銀行存款(或其他貨幣資金)	4,040,000

(2)2014 年 6 月 30 日確認公允價值變動。
4,500,000 − 4,040,000 = 460,000(元)

借:可供出售金融資產——公允價值變動	460,000
貸:其他綜合收益——可供出售金融資產公允價值變動	460,000

(3)2014 年 12 月 31 日確認公允價值變動。
(400,000 × 13) − 4,500,000 = 700,000(元)

借:可供出售金融資產——公允價值變動	700,000
貸:其他綜合收益——可供出售金融資產公允價值變動	700,000

(4)2015 年 3 月 22 日售出 C 公司全部股票。
(400,000 × 12) − 45,000 = 4,755,000(元)

借:銀行存款(或其他貨幣資金)	4,755,000
投資收益	445,000
貸:可供出售金融資產——C 公司——成本	4,040,000

　　　　可供出售金融資產——公允價值變動　　　　　　　1,160,000
　　　借:其他綜合收益——可供出售金融資產公允價值變動　1,160,000
　　　　貸:投資收益　　　　　　　　　　　　　　　　　　1,160,000

第二節　長期股權投資

一、長期股權投資概述

　　長期股權投資,是指投資企業對被投資單位實施控制、重大影響的權益性投資,以及對合營企業的投資。除此之外,其他權益性投資不作為長期股權投資核算,而應當按照《企業會計準則第22號——金融工具確認和計量》的規定進行會計核算。

　　(一)長期股權投資的性質

　　長期股權投資是指通過投出各種資產取得被投資企業股權且不準備隨時出售的投資,其主要目的是為了長遠利益而影響、控制其他在經濟業務上相關聯的企業。

　　(二)投資企業與被投資企業的關係

　　按照投資企業對被投資企業的影響程度,投資企業與被投資企業的關係可以分為以下幾種類型:

　　(1)控製。控製是指投資企業有權決定被投資企業的財務和經營決策,並能據以從該企業的經營活動中獲取利益。一般來說,企業的重大財務和經營決策需要股東大會半數以上表決權資本通過,因此投資企業持有被投資企業半數以上表決權資本,通常認為對被投資企業具有控製權;此外,如果投資企業未持有被投資企業半數以上表決權資本,但能夠通過章程、協議、法律等其他方式擁有半數以上表決權,或能夠任免董事會多數成員,或在董事會中擁有半數以上投票權等,也視為對被投資企業擁有控製權。擁有控製權的投資企業一般稱為母公司;被母公司控製的企業,一般稱為子公司。

　　(2)共同控製。共同控製是指按照合同約定與其他投資者對被投資企業所共有的控製,一般來說,具有共同控製權的各投資方所持有的表決權資本相同。在這種情況下,被投資企業的重要財務和經營決策只有在分享控製權的投資方一致同意時才能通過。被各投資方共同控製的企業,一般稱為投資企業的合營企業。

　　(3)重大影響。重大影響是指對一個企業的財務和經營決策有參與的權力,但並不能夠控製或者與其他方一起共同控製這些決策的制定。一般來說,投資企業在被投資企業的董事會中派有董事,或能夠參與被投資企業的財務和經營決策的制定,則對被投資企業形成重大影響。被投資企業如果受到投資企業的重大影響,一般稱為投資企業的聯營企業。

　　(三)企業合併的方式和分類

　　企業合併,是指將兩個或者兩個以上單獨的企業合併形成一個報告主體的交易或

事項。

1. 企業合併的方式

企業合併方式分為控股合併、吸收合併及新設合併。

(1)控股合併,是指合併方通過企業合併交易或事項取得對被合併方的控製權,能夠主導被合併方的生產經營決策,被合併方在企業合併后仍保持其獨立的法人資格繼續經營。

(2)吸收合併,是指合併方在企業合併中取得被合併方的全部淨資產,並將有關資產、負債並入合併方自身的帳簿和報表進行核算。企業合併后,註銷被合併方的法人資格,由合併方持有合併中取得的被合併方的資產、負債,在新的基礎上繼續經營。

(3)新設合併,是指企業合併中註冊成立一家新的企業,由其持有原參與合併各方的資產、負債在新的基礎上經營。原參與合併各方在合併后均註銷其法人資格。

2. 企業合併的分類

企業合併可分為同一控製下的企業合併和非同一控製下的企業合併。

(1)同一控製下的企業合併。同一控製下的企業合併是參與合併的企業在合併前后均受同一方或相同的多方最終控製,且該控製並非暫時性的。例如,A 公司為 B 公司和 C 公司的母公司,A 公司將其持有 C 公司 80% 的股權轉讓給 B 公司。轉讓股權后,B 公司持有 C 公司 80% 的股權,但 B 公司和 C 公司仍由 A 公司所控製。常見的同一控製下的企業合併包括:①母公司將其持有的對子公司的股權用於交換非全資子公司增加發行的股份;②母公司將其持有的對某一子公司的控股權出售給另一子公司;③集團內某子公司自另一子公司處取得對某一子公司的控製權。

(2)非同一控製下的企業合併。非同一控製下的企業合併是參與合併的各方在合併前后不受同一方或相同的多方最終控製的。在購買日取得對其他參與合併企業控製權的一方為購買方,參與合併的其他企業為被購買方。購買日,是指購買方實際取得對被購買方控製權的日期。

二、長期股權投資的取得

(一)同一控製下企業合併取得的長期股權投資

同一控製下的企業合併,最終控製方在企業合併前及合併后能夠控製的資產並沒有發生變化。因此,在同一控製下的企業合併,合併方在企業合併中取得的資產和負債,應當按照合併日被合併方所有者權益帳面價值的份額計量。合併方取得的淨資產帳面價值與支付的合併對價的帳面價值(或發行股份面值總額)的差額,應當調整資本公積(僅指資本溢價或股本溢價);資本公積不足衝減的,調整留存收益。

同一控製下企業合併形成的長期股權投資,應在合併日按取得被合併方所有者權益帳面價值的份額,借記「長期股權投資——投資成本」帳戶,按享有被投資單位已宣告但尚未發放的現金股利或利潤,借記「應收股利」帳戶,按支付的合併對價的帳面價值,貸記有關資產或借記有關負債帳戶,按其差額,貸記「資本公積——資本溢價或股

本溢價」帳戶;如為借方差額的,借記「資本公積——資本溢價或股權溢權」帳戶,資本公積(資本溢價或股本溢價)不足衝減的,借記「盈餘公積」「利潤分配——未分配利潤」帳戶。

【例4-4】A 公司為 B 公司和 C 公司的母公司。2014 年 1 月 1 日,A 公司將其持有 C 公司 80% 的股權轉讓給 B 公司,雙方協商確定的價格為 10,000,000 元,以貨幣資金支付。合併日,C 公司所有者權益的帳面價值為 12,000,000 元;B 公司資本公積餘額為 2,000,000 元。根據以上資料,編制 B 公司取得長期股權投資的會計分錄如下:

借:長期股權投資——投資成本　　　　　　　　　　9,600,000
　　資本公積　　　　　　　　　　　　　　　　　　　400,000
　　貸:銀行存款　　　　　　　　　　　　　　　　　10,000,000

(二)非同一控製下企業合併取得的長期股權投資

非同一控製下的企業合併是合併各方自願進行的交易行為,作為一種公平的交易,應當以公允價值為基礎進行計量。

非同一控製下的企業合併,購買方在購買日以支付現金的方式取得被購買方的股權,應以支付的現金(包括與取得長期股權投資直接相關的費用、稅金及其他必要支出)作為初始投資成本,借記「長期股權投資——投資成本」帳戶,貸記「銀行存款」帳戶。投資企業支付的價款中如果含有已宣告發放但尚未支取的現金股利,應作為債權處理,不計入長期股權投資成本。購買方在購買日以付出資產、發生或承擔負債的方式取得被購買方的股權,應按照資產、負債的公允價值作為初始投資成本,借記「長期股權投資——投資成本」帳戶;按照資產、負債的帳面價值,貸記有關資產、負債帳戶;將其公允價值與帳面價值的差額計入當期損益,借記「營業外支出」帳戶或貸記「營業外收入」帳戶。

購買方為進行長期股權投資發生的各項直接相關費用應計入長期股權投資成本。

【例4-5】A 公司於 2014 年 1 月 1 日以貨幣資金 5,000,000 元以及一批固定資產取得 B 公司 70% 股權,固定資產的原始價值為 4,000,000 元,累計折舊為 2,000,000 元,公允價值為 3,000,000 元。購買日,B 公司所有者權益的帳面價值為 10,000,000 元,A 公司與 B 公司不屬於關聯方。根據以上資料,編制 A 公司取得長期股權投資的會計分錄如下:

借:長期股權投資——投資成本　　　　　　　　　　8,000,000
　　累計折舊　　　　　　　　　　　　　　　　　　2,000,000
　　貸:固定資產　　　　　　　　　　　　　　　　　4,000,000
　　　銀行存款　　　　　　　　　　　　　　　　　　5,000,000
　　　營業外收入　　　　　　　　　　　　　　　　　1,000,000

長期股權投資持有期間,根據投資企業對被投資單位的影響程度進行劃分,分別採用成本法及權益法進行核算。

三、長期股權投資核算的成本法

(一)成本法的適用範圍

投資企業能夠對被投資單位實施控制的長期股權投資,即企業對子公司的長期股權投資,應當採用成本法核算。投資企業投資主體且子公司不納入合併財務報表的除外。對子公司的長期股權投資採用成本法核算,主要是為了避免在子公司實際發生現金股利或利潤之前,母公司墊付資金、發放現金股利或利潤等情況,解決了原來權益法下投資收益不能足額收回導致超額分配的問題。

投資企業對子公司的長期股權投資採用成本法核算,在編製合併財務報表時按照權益法進行調整。

除企業合併形成的長期股權投資以外,以支付現金取得的長期股權投資,應當按照實際支付購買價款作為初始投資成本。投資企業所發生的與取得長期股權投資直接相關的費用、稅金及其他必要的支出應計入長期股權投資的初始投資成本。如果實際支付的價款中包含已宣告但尚未分派的現金股利,作為應收項目處理,不構成長期股權投資成本。

(二)成本法下投資成本的后續計量

採用成本法核算的長期股權投資,應按照初始投資成本計價,一般不予變更,只有在追加或收回投資時才調整長期股權投資的成本。

根據財政部財會〔2009〕8號企業會計準則解釋第3號的規定(2009年6月11日頒布),被投資單位宣告分派現金股利或利潤,投資企業應當按照享有被投資單位宣告發放的現金股利或利潤確認投資收益。如果被投資企業不分派現金股利或利潤,不管其是盈利還是虧損,投資企業均不記帳反映。

【例4-6】東海公司2015年1月6日購入B公司股份600萬股,準備長期持有,每股價格12.10元,另支付相關稅費92,000元,公司購入的股份占B公司有表決權資本的60%,並準備長期持有。B公司2015年3月2日宣告分派2014年度的現金股利,每股0.20元,5月6日收到現金股利。2016年2月19日宣告分派2015年度的現金股利,每股0.40元。帳務處理如下:

(1)2015年1月6日購買股票。

6,000,000×12.10+92,000=72,692,000(元)

借:長期股權投資——B公司　　　　　　　72,692,000
　　貸:銀行存款　　　　　　　　　　　　　　　　72,692,000

(2)2015年3月2日宣告分派2014年度的現金股利。

6,000,000×0.20=1,200,000(元)

借:應收股利　　　　　　　　　　　　　　1,200,000
　　貸:投資收益　　　　　　　　　　　　　　　　1,200,000

(3)2015年5月6日收到現金股利。
借:銀行存款　　　　　　　　　　　　　　　　　1,200,000
　貸:應收股利　　　　　　　　　　　　　　　　　　1,200,000

(4)2016年2月19日宣告分派2015年度的現金股利。
6,000,000×0.40=2,400,000(元)
借:應收股利　　　　　　　　　　　　　　　　　2,400,000
　貸:投資收益　　　　　　　　　　　　　　　　　　2,400,000

仍然沿用【例4-6】,如果東海公司2015年1月6日購入B公司股份600萬股,每股價格13.20元,另支付相關稅費92,000元。所支付的價款中包含被投資單位已宣告尚未發放的現金股利,每股0.30元。5月6日收到現金股利。帳務處理如下:

(1)2015年1月6日購買股票。
6,000,000×13.20-(6,000,000×0.30)+92,000=77,492,000(元)
借:長期股權投資——B公司　　　　　　　　　　77,492,000
　　應收股利　　　　　　　　　　　　　　　　　1,800,000
　貸:銀行存款　　　　　　　　　　　　　　　　　79,292,000

(2)2015年5月6日收到現金股利。
借:銀行存款　　　　　　　　　　　　　　　　　1,800,000
　貸:應收股利　　　　　　　　　　　　　　　　　　1,800,000

四、長期股權投資核算的權益法

長期股權投資核算的權益法,是指長期股權投資的帳面價值要隨著被投資企業的所有者權益變動而相應變動,大體上反映在被投資企業所有者權益中佔有的份額。

(一)權益法的適用範圍

針對投資企業對被投資企業具有共同控製或重大影響的長期股權投資,即合營企業投資及聯營企業投資,應採用權益法進行核算。

(二)權益法核算的帳戶設置

採用權益法進行長期股權投資的核算,應在「長期股權投資」帳戶下,設置「投資成本」「損益調整」「其他綜合收益」「其他權益變動」等明細帳戶。權益法下,「長期股權投資」帳戶的餘額反映全部投資成本。其中,「投資成本」明細帳戶反映購入股權時在被投資企業按公允價值確定的所有者權益中佔有的份額;「損益調整」明細帳戶反映購入股權以後隨著被投資企業留存收益的增減變動而享有份額的調整數;「其他綜合收益」明細帳戶反映購入股權以後隨著被投資企業其他綜合收益的增減變動而享有份額的調整數。

(三)權益法下初始投資成本的調整

採用權益法進行長期股權投資的核算,為了更為客觀地反映在被投資企業所有者權益中享有的份額,應將初始投資成本按照被投資企業可辨認淨資產公允價值和持股

比例進行調整。可辨認淨資產的公允價值,是指被投資企業可辨認資產的公允價值減去負債及或有負債公允價值后的餘額。

長期股權投資的初始投資成本大於投資時應享有被投資企業可辨認淨資產公允價值份額的差額,不調整長期股權投資的初始投資成本,在投資期間也不攤銷;長期股權投資的初始投資成本小於投資時應享有被投資企業可辨認淨資產公允價值份額的差額,應計入當期損益,同時調整長期股權投資的成本,借記「長期股權投資——投資成本」帳戶,貸記「營業外收入」帳戶。

(四)權益法下投資損益的確認

(1)投資收益的確認。企業持有的對聯營企業或合營企業的投資,一方面應按照享有被投資企業淨利潤的份額確認為投資收益,另一方面作為追加投資,借記「長期股權投資——損益調整」帳戶,貸記「投資收益」帳戶。

(2)投資損失的確認。如果被投資企業發生虧損,投資企業也應按持股比例確認應分擔的損失,借記「投資收益」帳戶,貸記「長期股權投資——損益調整」帳戶。由於投資企業承擔有限責任,因此投資企業在確認投資損失時,應以長期股權投資的帳面價值以及其他實質上構成對被投資企業淨投資的長期權益減記至零為限,投資企業負有承擔額外損失義務的除外。

(五)權益法下被投資企業分派股利的調整

採用權益法進行長期股權投資的核算,被投資企業分派的現金股利應視為投資的收回。投資企業應按照被投資企業宣告分派的現金股利持股比例計算的應分得現金股利,相應減少長期股權投資的帳面價值,借記「應收股利」帳戶,貸記「長期股權投資——損益調整」帳戶。

(六)權益法下被投資企業其他綜合收益、其他權益變動的調整

1. 其他綜合收益的處理

當採用權益法進行長期股權投資的核算時,被投資單位確認的其他綜合收益及其變動,也會影響被投資單位所有者權益總額,進而影響投資企業應享有被投資單位所有者權益的份額。投資企業應按照歸屬於本企業的部分,相應調整長期股權投資的帳面價值。借記「長期股權投資——其他綜合收益」帳戶,貸記「其他綜合收益」帳戶。如果被投資企業其他綜合收益減少,投資企業應做相反的會計分錄。

2. 其他權益變動的處理

當採用權益法進行長期股權投資的核算時,對於被投資單位除淨損益、其他綜合收益以及利潤分配以外所有者權益的其他變動,投資企業應按照歸屬於本企業的部分,相應調整長期股權投資的帳面價值,同時增加或減少「資本公積——其他資本公積」(資本公積——其他資本公積的解釋見教材的第六章)。

【例4-7】企業2012年初支付1,000萬元對W公司投資,占W公司25%的股份。W公司所有者權益公允價值5,000萬元,W公司歷年發生所有者權益變動情況為:2012年實現利潤600萬元;2013年4月派發股利400萬元;2013年發生虧損200萬

元;2014年因可供出售金融資產公允價值上漲,其他綜合收益增加100萬元。
(1)2012年取得投資。

借:長期股權投資——投資成本　　　　　　　　　　10,000,000
　　貸:銀行存款　　　　　　　　　　　　　　　　10,000,000
借:長期股權投資——投資成本　　　　　　　　　　 2,500,000
　　貸:營業外收入　　　　　　　　　　　　　　　　2,500,000

(2)2012年年末。

借:長期股權投資——損益調整　　　　　　　　　　 1,500,000
　　貸:投資收益　　　　　　　　　　　　　　　　　1,500,000

(3)2013年4月。

借:應收股利　　　　　　　　　　　　　　　　　　 1,000,000
　　貸:長期股權投資——損益調整　　　　　　　　　1,000,000

(4)2013年年末。

借:投資收益　　　　　　　　　　　　　　　　　　　 500,000
　　貸:長期股權投資——損益調整　　　　　　　　　　500,000

(5)2014年年末。

借:長期股權投資——其他權益變動　　　　　　　　　 250,000
　　貸:其他綜合收益　　　　　　　　　　　　　　　　250,000

五、長期股權投資核算方法的轉換

長期股權投資在持有期間,因為發生不同情況的變化,可能導致其核算方法進行轉換。

(一)成本法轉換為權益法

投資企業因減少投資等原因對被投資企業不再具有控製權,但仍存在共同控製或重大影響的,應當改按權益法進行核算,並以成本法下長期股權投資的帳面價值作為按照權益法核算的初始投資成本,再按照權益法對投資成本進行后續計量。

(二)公允價值計量或權益法轉換為成本法

因為追加投資導致原持有的分類為公允價值計量且其變動計入當期損益的金融資產,或分類為可供出售金融資產,以及對聯營企業或合營取得投資轉變為子公司投資的,其核算方法應該進行轉換。

(三)公允價值計量轉為權益法核算

投資企業對原持有的被投資單位的股權不具有控製、共同控製或重大影響,按照金融工具確認和計量準則進行會計處理的,因追加投資等原因導致持股比例增加,使其能夠對被投資單位共同控製或重大影響的,應轉換為權益法核算。

(四)權益法轉為公允價值計量

投資企業原持有的被投資單位的股權對其具有共同控製或重大影響,因部分處置等

原因導致持股比例下降，不能再對被投資單位具有共同控製或重大影響的，應與失去共同控製或重大影響時，改按金融工具確認和計量準則的規定對剩餘股權進行會計處理。

其他綜合收益的含義及帳戶用途等見教材第六章。

第三節　固定資產

一、固定資產概述

(一)固定資產的性質

固定資產是指使用期限較長、單位價值較高，並且在使用過程中保持原有實物形態的資產，包括房屋及建築物、機器設備和運輸設備等。固定資產的特點為：①使用壽命超過一個會計年度；②為生產商品、提供勞務、出租或經營管理而非出售而持有，如某汽車銷售公司存放的供出售的汽車不是該公司的固定資產，而是存貨；③該項資產的成本能夠可靠地計量，與其有關的經濟利益很可能流入企業。

中國會計實務中，判定固定資產的標準有二：其一，企業生產經營中用的房屋及建築物、機器等主要勞動資料，使用期限在一年以上的應作為固定資產；其二，生產經營用的非主要勞動資料，使用年限在兩年以上，單位價值在2,000元以上的，才能作為固定資產。

(二)固定資產的分類

(1)固定資產按經濟用途分類，可以分為生產經營用固定資產和非生產經營用固定資產。生產經營用固定資產是指直接服務於企業的生產經營過程的固定資產，如生產經營用的房屋及建築物、機器設備等；非生產經營用固定資產是指不直接服務於生產經營過程的固定資產，如職工宿舍、食堂等。按照經濟用途對固定資產進行分類，有助於企業合理配備固定資產，充分發揮其效用。

(2)固定資產按使用情況分類，可以分為使用中的固定資產、未使用的固定資產和不需用的固定資產。使用中的固定資產是指正在使用的經營用和非經營用固定資產，企業季節性停用、大修理停用以及租出固定資產，屬於使用中的固定資產。未使用的固定資產是指已完工或已購建的尚未交付使用的新增固定資產以及因進行改建、擴建等原因暫停使用的固定資產。不需用的固定資產是指企業多餘或不適用、需要處置的各種固定資產。按照使用情況對固定資產進行分類，有助於瞭解固定資產的使用情況，分析固定資產利用效率，挖掘固定資產的使用潛力，便於計提固定資產折舊。

(三)固定資產的計價

1. 固定資產的計價基礎

固定資產的計價基礎有三種：

(1)原始價值計價。原始價值又稱原始成本或歷史成本，是指企業為取得某項固定資產和使固定資產達到可供使用狀態下的一切合理、必要的支出。這種計價基礎既

是取得固定資產時採用的計價標準,又是計提折舊的依據。

(2)重置完全價值計價。重置完全價值又稱現行重置成本,是指在當前的生產技術條件下,重新取得同樣的固定資產所需要的全部支出。這種方法在財產清查盤盈固定資產時使用,或在報表的補充、附註說明中採用。

(3)淨值計價。固定資產淨值又稱折餘價值,是指固定資產原始價值減去已提折舊后的餘額。這種計價反映固定資產的新舊程度,主要在計算固定資產盤盈、盤虧以及毀損時的盈餘和損失時採用。

2. 固定資產的價值構成

固定資產的取得方式不同,其價值構成內容也有所差異。一般常見的固定資產的取得方式有以下幾種:

(1)購入取得的固定資產,按實際支付的價款加上支付的運雜費、安裝費和調試費等附帶費用作為原價。

(2)建造取得的固定資產,按建造過程中發生的實際支出作為原價。

(3)接受投資取得的固定資產,應以合同、協議約定的價值或評估確定的價值記帳。

(4)改建、擴建的固定資產,按原固定資產的帳面原價加上改擴建過程中的實際支出減去改建、擴建所取得的變價收入記帳。

(5)接受捐贈取得固定資產,接受捐贈時有計價憑證的,按計價憑證的金額記帳;沒有計價憑證的,參照同類資產的市場價格記帳。接受捐贈發生的各種附帶費用應計入資產的價值。

二、固定資產的取得

固定資產取得方式不同,其會計處理方法也有差別,下面主要介紹兩種取得方式下的處理,其他取得方式的會計處理在有關章節中介紹。

(一)購買方式取得固定資產

企業購買固定資產因其資產的性質不同,會計處理上有所差異。如果是不需安裝的固定資產,按取得價值直接計入「固定資產」帳戶;如果是需要安裝的固定資產,為了計算資產的價值,真實揭示安裝過程,應通過「在建工程」帳戶。

【例4-8】企業購入一輛新汽車,實際支付價款130,000元。

借:固定資產	130,000
貸:銀行存款	130,000

【例4-9】企業購入一臺已使用過的設備,售出單位帳面原價60,000元,原安裝成本5,000元,企業支付買價40,000元,運費2,000元,安裝費8,000元。

企業為取得該項設備發生的實際支出的核算:

借:在建工程	50,000
貸:銀行存款等	50,000

資產交付使用,確定固定資產原價:
借:固定資產 50,000
　貸:在建工程 50,000

(二)建造方式取得固定資產

企業建造取得固定資產,可以採取自營建造和出包建造兩種具體的形式,兩者在核算上存在一定的差異。

1. 自營工程

為了進行自營工程的核算,一般應設置「工程物資」「在建工程——××工程」帳戶。「工程物資」帳戶的核算方法同存貨類帳戶,但在會計報表上應列為非流動資產。「在建工程——××工程」帳戶實際上是工程項目的成本計算帳戶,借方歸集工程項目所發生的料、工、費,貸方結轉工程項目完工交付使用的實際成本到「固定資產」帳戶。

【例4-10】企業採用自營方式建造廠房一幢,為工程購置材料物資500,000元,全部用於工程建設,為工程支付的建設人員工資80,000元,為工程借款而發生的利息40,000元,工程完工驗收交付使用。該工程項目的核算程序為:

(1)購買工程物資。
借:工程物資 500,000
　貸:銀行存款 500,000
(2)工程領用物資。
借:在建工程——廠房工程 500,000
　貸:工程物資 500,000
(3)計算建設人員工資。
借:在建工程——廠房工程 80,000
　貸:應付職工薪酬 80,000
(4)計算借款利息。
借:在建工程——廠房工程 40,000
　貸:應付利息 40,000
(5)工程完工,結轉工程成本。
借:固定資產 620,000
　貸:在建工程——廠房工程 620,000

2. 出包工程

在這種方式下,應設置「在建工程——出包工程」帳戶,該帳戶實際上是企業與承包企業結算工程價款的帳戶。

【例4-11】企業採用出包方式建造職工食堂,預付工程款200,000元,工程完工進行決算,應補付工程款45,000元。其核算程序為:

(1) 預付工程款。
借：在建工程——出包工程　　　　　　　　　　　　　　200,000
　貸：銀行存款　　　　　　　　　　　　　　　　　　　200,000
(2) 工程決算，補付工程款。
借：在建工程——出包工程　　　　　　　　　　　　　　 45,000
　貸：銀行存款　　　　　　　　　　　　　　　　　　　 45,000
(3) 工程完工，交付使用。
借：固定資產　　　　　　　　　　　　　　　　　　　　245,000
　貸：在建工程——出包工程　　　　　　　　　　　　　245,000

三、固定資產的后續計量

(一) 固定資產折舊

1. 固定資產折舊的性質

固定資產折舊是指固定資產在使用過程中逐漸損耗而消失的那部分價值，企業通過產品或商品的銷售使這部分價值損耗得到補償。固定資產的損耗分為有形損耗和無形損耗兩種；有形損耗是指固定資產由於使用和自然力的影響而引起的使用價值或價值的損失；無形損耗是由於科學技術的進步等原因而引起的固定資產價值的損失。隨著科學技術的日新月異，固定資產的無形損耗有時比有形損耗更加嚴重，計算折舊要更注重這方面的考慮。

2. 影響折舊的因素

企業計算固定資產折舊，主要考慮的因素有以下三方面：

(1) 折舊基數。計算固定資產折舊的基數一般為取得固定資產的原始成本，即固定資產的帳面原價。中國的會計期間可以是月，企業按月計提折舊時，應以月初固定資產帳面原價為依據。

(2) 固定資產淨殘值。它是指固定資產報廢時預計收回的殘料價值扣除預計清理費用后的數額。由於該因素只能人為地估計，就難免存在主觀性，對此，中國規定，淨殘值比例在原價的 3%～5% 以內，由企業自行確定。

(3) 固定資產使用年限。它是指企業預計的固定資產服務生產經營的時間。在確定固定資產使用年限時，不僅要考慮固定資產的有形損耗，而且要考慮固定資產的無形損耗。這個因素也只能人為地預計，同樣具有主觀隨意性。在中國現行的財務制度中，對固定資產的使用期限有明確的規定。

3. 固定資產折舊方法

(1) 平均年限法。平均年限法是指按固定資產使用年限平均計算折舊的一種方法。按這種方法計算折舊，各期計提的折舊額都是相等的，累計折舊額呈一直線上升的趨勢，因此該法又稱直線法。這種方法是將固定資產的折舊與固定資產的使用時間聯繫起來，使用時間越長，固定資產的損耗程度越大，以折舊方式收回的固定資產價值

越多。其計算公式為：

$$固定資產每期折舊額 = \frac{固定資產原值 - 預計淨殘值}{預計使用期間}$$

【例4-12】企業某項設備帳面原價80,000元，預計淨殘值4,000元，預計使用年限10年。

該設備年折舊額 = (80,000 - 4,000)/10 = 7,600(元)

(2)工作量法。工作量法是根據固定資產實際工作量計算折舊的一種方法。這種方法是將固定資產折舊與固定資產的實際工作量聯繫起來，固定資產的工作量越大，固定資產的損耗程度越大，以折舊方式收回的固定資產價值越多。其計算公式為：

$$單位工作量折舊額 = \frac{固定資產原值 - 預計淨殘值}{預計總工作量}$$

固定資產某期折舊額 = 該期固定資產的實際工作量 × 單位工作量折舊額

【例4-13】企業某輛汽車原值200,000元，預計淨殘值10,000元，預計總行駛里程100萬千米，某期實際行駛10,000千米。

單位里程折舊額 = (200,000 - 10,000)/1,000,000 = 0.19(元/千米)

該期實際折舊額 = 10,000 × 0.19 = 1900(元)

(3)雙倍餘額遞減法。雙倍餘額遞減法是在不考慮固定資產淨殘值的情況下，按各期期初固定資產的帳面淨值乘以雙倍直線法折舊率來確定各期折舊額的一種方法。其計算公式為：

$$固定資產某期折舊額 = 期初固定資產帳面淨值 × 雙倍直線折舊率$$

其中：

$$期初固定資產帳面淨值 = 固定資產原值 - 上期累計折舊額$$
$$雙倍直線法折舊率 = 2/使用年限$$

雙倍餘額遞減法沒有考慮淨殘值，在固定資產使用后期就會出現固定資產帳面淨值小於預計淨殘值，這表明實際提取的折舊額大於應提取的折舊額，顯然不合理。因此，採用雙倍餘額遞減法時，當直線法折舊額大於雙倍餘額遞減法折舊額，應改按直線法折舊，也即是：

$$\frac{固定資產帳面淨值 - 預計淨殘值}{剩餘使用年限} > 該年按雙倍餘額遞減法計算的折舊額$$

【例4-14】某項設備的原值16,000元，預計淨殘值400元，使用年限5年，採用雙倍餘額遞減法計算的各年折舊額如表4-2所示。

表 4-2 單位:元

	期初帳面淨值	折舊率(%)	折舊額	累計折舊額
第1年	16,000	40	6,400	6,400
第2年	9,600	40	3,840	10,240
第3年	5,760	40	2,304	12,544
第4年	3,456		1,528	14,072
第5年	1,928		1,528	15,600

在會計實務中,為了簡化核算手續,實行雙倍餘額遞減法的固定資產應當在其折舊年限到期前兩年內,將固定資產帳面淨值扣除預計淨殘值後的餘額平均攤銷。

(4)年限總和法。年限總和法又稱折舊年限積數法或級數遞減法。它是將固定資產原值減去淨殘值後的餘額乘以一個逐年遞減的折舊率來確定固定資產折舊額的一種方法。其計算公式為:

固定資產年折舊額 = (固定資產原值 - 淨殘值) × 年折舊率

年折舊率 = 尚可使用年數/預計使用年限的年數總和

(或) 第 t 年折舊率 $= \dfrac{2(n-t+1)}{n(n+1)}$

式中:n——預計使用年限;

t——某年。

【例 4-15】某項固定資產的原值 10,000 元,預計淨殘值 500 元,使用年限 5 年。採用年限總和法計算的各年折舊額如表 4-3 所示。

表 4-3 單位:元

年限	折舊基數	折舊率	折舊額	累計折舊額
第1年	(10,000~500)	5/15	3,167	3,167
第2年	(10,000~500)	4/15	2,533	5,700
第3年	(10,000-500)	3/15	1,900	7,600
第4年	(10,000~500)	2/15	1,267	8,867
第5年	(10,000~500)	1/15	633	9,500

4. 固定資產折舊的帳務處理

企業計提固定資產折舊進行的帳務處理,一般為借記「製造費用」「管理費用」等帳戶,貸記「累計折舊」帳戶。

(二)固定資產的后續支出

固定資產的后續支出是指固定資產在使用過程中發生的更新改造支出、修理費用等。企業的固定資產投入使用后,為了適應新技術發展的需要,或者為了維護提高固

定資產的使用效能,往往需要對固定資產進行維護、修理、改建、擴建或改良。

1. 資本化的后續支出

固定資產發生的更新改造支出、房屋裝修費用等,如果符合資本化的條件,應將固定資產的原價、已計提的累計折舊和減值準備轉銷,將其價值轉入在建工程,並停止計提折舊。固定資產發生的可資本化的后續支出,通過「在建工程」科目核算,待更新改造項目達到預定可使用狀態后,再按重新確定的折舊方法和該項固定資產尚可使用年限計提折舊。

固定資產的大修理費用和日常修理費用,通常不符合可資本化的后續支出的確認條件,應當在發生時計入當期管理費用,不得採用預提或待攤方式處理。

2. 費用化的后續支出

為了維護固定資產的正常運轉和使用,充分發揮其使用效能,企業需要對固定資產進行必要的維護,發生固定資產的維護支出只是確保固定資產的正常工作狀態,通常不符合可資本化的后續支出的確認條件,應當在發生時計入當期管理費用,不能採用預提或待攤方式處理。

【例4-16】2014年3月7日,甲公司對一臺管理設備進行修理,修理過程中領用工程材料10,000元,發生維修人員的薪酬43,320元。

由於對該設備的維修僅僅是為了維護固定資產的正常使用,沒有滿足固定資產的確認條件,因此,應將該項固定資產的后續支出在發生時確認為費用。

借:管理費用　　　　　　　　　　　　　　　　　　53,320
　貸:原材料　　　　　　　　　　　　　　　　　　　10,000
　　　應付職工薪酬　　　　　　　　　　　　　　　　43,320

四、固定資產處置

(一)固定資產清理

1.「固定資產清理」帳戶

「固定資產清理」帳戶核算因出售、報廢和毀損等原因而轉入清理的固定資產,它是反映固定資產清理過程的一個帳戶。借方登記轉入清理固定資產的淨值和清理過程中發生的各種費用;貸方登記清理過程中取得的收入,主要包括固定資產出售收入、殘值收入、變價收入以及獲得的保險賠款等。固定資產清理結束后,應將清理的淨損益結轉到當期損益。

2. 固定資產清理的核算程序

固定資產清理的核算主要包括三個階段:第一,固定資產發生清理時,固定資產退出生產經營過程,註銷固定資產的帳戶記錄,借記「累計折舊」「固定資產清理」帳戶,貸記「固定資產」帳戶。第二,固定資產清理過程中,記錄清理收入和費用。取得收入時,借記「銀行存款」「其他應收款」等帳戶,貸記「固定資產清理」帳戶;發生費用時,借記「固定資產清理」帳戶,貸記「銀行存款」「應付職工薪酬」等帳戶。第三,清理完

畢,結轉清理淨損益。如果是淨收益,應結轉到「營業外收入——處置固定資產收益」帳戶;如果是淨損失,是正常處置所造成的,應結轉到「營業外支出——處置固定資產損失」。如果是非常原因造成的,應結轉到「營業外支出——非常損失」。

3. 固定資產清理的帳務處理

(1)出售固定資產。

【例 4-17】企業將一輛不需用的汽車出售,取得價款 20,000 元,該輛汽車的原值 100,000 元,已提折舊 85,000 元。

①註銷固定資產的帳面記錄。

借:累計折舊	85,000
固定資產清理	15,000
貸:固定資產	100,000

②登記清理收入。

借:銀行存款	20,000
貸:固定資產清理	20,000

③結轉清理淨損益。

借:固定資產清理	5,000
貸:營業外收入——處置固定資產收益	5,000

(2)報廢固定資產。

【例 4-18】企業某項機器設備使用期滿報廢。設備的原值 50,000 元,已提折舊 48,000 元。該設備取得變價收入 500 元。

①註銷固定資產帳面記錄。

借:累計折舊	48,000
固定資產清理	2,000
貸:固定資產	50,000

②登記清理收入。

借:銀行存款	500
貸:固定資產清理	500

③結轉清理淨損益。

借:營業外支出——處置固定資產損失	1,500
貸:固定資產清理	1,500

(3)毀損固定資產。

【例 4-19】企業因火災導致房屋報廢。房屋原值 100 萬元,已提折舊 50 萬元。房屋的殘值變價收入 5 萬元,用銀行存款支付清理費用 2 萬元。應向保險公司索賠款項 35 萬元。

①註銷固定資產帳面記錄。

借:累計折舊	500,000

固定資產清理　　　　　　　　　　　　　　　　　　　500,000
　　　　貸:固定資產　　　　　　　　　　　　　　　　　　　　1,000,000
②登記清理收入和費用。
　　借:銀行存款　　　　　　　　　　　　　　　　　　　　　50,000
　　　　其他應收款——應收保險賠款　　　　　　　　　　　350,000
　　　　貸:固定資產清理　　　　　　　　　　　　　　　　　400,000
　　借:固定資產清理　　　　　　　　　　　　　　　　　　　20,000
　　　　貸:銀行存款　　　　　　　　　　　　　　　　　　　20,000
③結轉清理淨損益。
　　借:營業外支出——非常損失　　　　　　　　　　　　　120,000
　　　　貸:固定資產清理　　　　　　　　　　　　　　　　　120,000

(二)固定資產清查

　　固定資產清查的核算程序與存貨、現金清查相同,分為清查發現差異的核算和清查結果核銷的處理。

　　1. 固定資產盤盈的核算

　　固定資產發生盤盈,應作為會計差錯進行處理,為了真實揭示帳實一致,一方面應將盤盈資產記錄入帳,另一方面應將其價值計入「以前年度損益調整」帳戶,以便查明原因加以核銷。如果固定資產盤盈是取得固定資產時沒有入帳造成的,核銷盤盈資產的價值需按規定交納所得稅后計入「以前年度損益調整」。

　　【例4-20】企業在財產清查中發現未入帳的設備一臺,按同類設備的市場價格,減去按該設備新舊程度估計的價值損耗費后的餘額為40,000元(假定與其計稅基礎不存在差異)。根據《企業會計準則第28號——會計政策、會計估計變更和差錯更正》的規定,假定該企業適用稅率為25%,按淨利潤的10%計提盈餘公積。該企業會計處理如下:

　　(1)固定資產盤盈。
　　借:固定資產　　　　　　　　　　　　　　　　　　　　　40,000
　　　　貸:以前年度損益調整　　　　　　　　　　　　　　　40,000
　　(2)確定應交納的所得稅。
所得稅費用 = 40,000 × 25% = 10,000(元)
　　借:以前年度損益調整　　　　　　　　　　　　　　　　　10,000
　　　　貸:應交稅費——應交所得稅　　　　　　　　　　　　10,000
　　(3)結轉為留存收益。
盈餘公積 = (40,000 - 10,000) × 10% = 3,000(元)
　　借:以前年度損益調整　　　　　　　　　　　　　　　　　30,000
　　　　貸:盈餘公積——法定盈餘公積　　　　　　　　　　　3,000
　　　　　　利潤分配——未分配利潤　　　　　　　　　　　　27,000

2. 固定資產盤虧的核算

固定資產發生盤虧時,為了使固定資產帳實保持一致,一方面應註銷固定資產帳面記錄,另一方面應將其盤虧價值計入「待處理財產損溢」,以便查明原因加以核銷。固定資產盤虧是由過失人員造成的,應由過失人員賠償。生產經營過程中發生盤虧,一般作為「營業外支出」計入當期損益。

【例4-21】企業某項設備發生盤虧,帳面原值60,000元,已提折舊45,000元。經查原因,應由過失人員賠償5,000元。

(1)發生盤虧。

借:待處理財產損溢　　　　　　　　　　　　　　　15,000
　　累計折舊　　　　　　　　　　　　　　　　　　45,000
　貸:固定資產　　　　　　　　　　　　　　　　　60,000

(2)核銷盤虧。

借:其他應收款　　　　　　　　　　　　　　　　　5,000
　　營業外支出——固定資產盤虧　　　　　　　　　10,000
　貸:待處理財產損溢　　　　　　　　　　　　　　15,000

第四節　無形資產和投資性房地產

一、無形資產

(一)無形資產概述

1. 無形資產的性質

無形資產,是指企業擁有或者控制的沒有實物形態的可辨認非貨幣性資產,包括專利權、商標權、土地使用權、非專利技術等。無形資產一般具有以下特徵:

(1)無形性。無形資產不具有物質實體,看不見,摸不著,是隱性存在的資產。

(2)非流動性。無形資產可以在一個以上的會計期間為企業帶來經濟效益,在多個會計期間服務於生產經營過程,因此,它被界定為長期資產,而不是流動資產。

(3)不確定性。無形資產所提供的未來經濟效益具有很大的不確定性。它的使用效果難以單獨計量,它們必須和其他資產一起使用才能發揮作用。有些無形資產的受益期不易確定,隨著市場競爭、新技術的發明而變得一文不值。

2. 無形資產的分類

無形資產可按不同的標準進行分類,一般有以下幾種分類:

(1)按經濟內容分類。

無形資產按其反映的經濟內容,可以分為專利權、商標權、著作權、土地使用權和特許權等。

①專利權。專利權是指經國家專利管理機關審定並授予發明者在一定年限內對

其成果的製造、使用和出售的專門權利。專利權一般包括發明專利權、實用新型專利權和外觀設計專利權等。

②非專利技術。非專利技術是指發明者未申請專利或不夠申請專利的條件而未經公開的先進技術,包括先進的生產經驗、先進的技術設計資料以及先進的原料配方等。非專利技術不需到有關管理機關註冊登記,只靠少數技術持有者採用保密方式維持其獨占性。

③商標權。商標權是指企業擁有的在某類指定的商品上使用特定名稱或圖案的權利。商標經商標管理機關核准後,成為註冊商標,受法律保護。

④著作權。著作權也稱為版權,是指著作者或文藝作品創作者以及出版商依法享有的在一定年限內發表、製作、出版和發行其作品的專有權利。

⑤土地使用權和特許權。土地使用權是指企業經國家土地管理機關批准享有的在一定期間內對國有土地開發、利用和經營的權利。在中國,土地歸國家所有,任何單位或個人只能擁有土地使用權,沒有土地所有權。特許權是指企業經批准在一定區域內以一定的形式生產經營某種特定商品的權利。特許權可以是政府授予的,也可以是某單位或個人授予的。

(2)按來源途徑分類。

無形資產按其來源途徑,可以分為外來無形資產和自創無形資產。外來無形資產是指企業用貨幣資金或可以變現的資產從國內外科研單位及其他企業購進的無形資產以及接受投資等方式形成的無形資產。自創無形資產是指企業自行開發、研製的無形資產。

(3)按經濟壽命期限分類。

無形資產按是否具備確定的經濟壽命期限,可以分為期限確定的無形資產和期限不確定的無形資產。期限確定的無形資產是指在有關法律中規定有最長有效期限的無形資產,如專利權、商標權、著作權、土地使用權和特許權等。期限不確定的無形資產是指沒有相應法律規定其有效期限,其經濟壽命難以預先準確估計的無形資產,如非專利技術。這些無形資產的經濟壽命取決於技術進步的快慢以及技術保密工作的好壞等因素。

(二)無形資產的會計處理

1. 無形資產取得

無形資產取得方式不同,其會計處理各異。

(1)企業自行研究開發的無形資產。

企業自行研究開發的無形資產,應當區分研究階段支出與開發階段支出,分別進行處理。研究階段,是指為獲取新的科學或技術知識並理解它們而進行的獨創性的有計劃調查。研究階段的特點在於其屬於探索性的過程,是為了進一步的開發活動而進行的資料及相關方面的準備。開發階段,是指在進行商業性生產或使用前,將研究成果或其他知識應用於某項計劃或設計,以生產出新的或具有實質性改進的材料、裝置、

產品等。

　　企業研究階段的支出應當於發生時費用化,計入當期損益;企業內部研究開發項目開發階段的支出,能夠證明下列各項時,應當資本化確認為無形資產:①從技術上來講,完成該無形資產以使其能夠使用或出售具有可行性;②具有完成該無形資產並使用或出售的意圖;③無形資產產生未來經濟利益的方式,包括能夠證明運用該無形資產生產的產品存在市場或無形資產自身存在市場;無形資產將在內部使用時,應當證明其有用性;④有足夠的技術、財務資源和其他資源支持,以完成該無形資產的開發,並有能力使用或出售該無形資產;⑤歸屬於該無形資產開發階段的支出能夠可靠計量。

　　企業自行開發無形資產發生的研發支出,無論是否滿足資本化條件,均應先在「研發支出」帳戶中歸集。期末,不符合資本化條件的研發支出轉入當期管理費用;符合資本化條件但尚未完成的開發費用,繼續保留在「研發支出」帳戶中,待開發項目完成達到預定用途形成無形資產時,再將其發生的實際成本轉入無形資產。

　　【例4-22】2014年1月1日,企業自行研究開發一項新的專利技術,在研究開發過程中發生材料費20,000元,人工薪酬30,000元,其他費用10,000元,總計60,000元,其中,符合資本化條件的支出為40,000元,期末,該專利技術已經達到預定用途。

①發生研發支出。

借:研發支出——費用化支出　　　　　　　　　　　　　　　20,000
　　　　　　——資本化支出　　　　　　　　　　　　　　　40,000
　貸:原材料　　　　　　　　　　　　　　　　　　　　　　20,000
　　　應付職工薪酬　　　　　　　　　　　　　　　　　　　30,000
　　　銀行存款　　　　　　　　　　　　　　　　　　　　　10,000

②期末。

借:管理費用　　　　　　　　　　　　　　　　　　　　　　20,000
　　無形資產　　　　　　　　　　　　　　　　　　　　　　40,000
　貸:研發支出——費用化支出　　　　　　　　　　　　　　20,000
　　　　　　　——資本化支出　　　　　　　　　　　　　　40,000

(2)企業外購取得無形資產。

　　企業外購取得的無形資產,應按實際發生的支出入帳,外購無形資產的成本,包括購買價款、進口關稅和其他稅費以及直接歸屬於使該項資產達到預定用途所發生的其他支出。企業應根據購入無形資產的實際成本,借記「無形資產」帳戶,貸記「銀行存款」等帳戶。

　　【例4-23】企業購入一項專利技術,雙方協商確認的價值為1,200,000元,以銀行存款支付。

借:無形資產——專利權　　　　　　　　　　　　　　　　1,200,000

貸：銀行存款　　　　　　　　　　　　　　　　　　　　　　1,200,000
　（3）投資者投入的無形資產。
　　投資者投入的無形資產，應當按照投資合同或協議約定的價值作為成本，但合同或協議約定價值不公允的除外。投資者投入的無形資產應借記「無形資產」帳戶，貸記「實收資本」帳戶。
　【例4-24】企業接受投資者土地使用權投資，經資產評估機構評估，投資雙方確定的土地使用權價值為6,000,000元。
　　借：無形資產——土地使用權　　　　　　　　　　　　　6,000,000
　　　貸：實收資本　　　　　　　　　　　　　　　　　　　　6,000,000
　2. 無形資產的攤銷
　　無形資產攤銷應根據無形資產的使用壽命是否確定，進行不同的處理。
　（1）使用壽命有限的無形資產。
　　使用壽命有限的無形資產，應在其預計的使用壽命內採用系統合理的方法對應攤銷金額進行攤銷。在無形資產的使用壽命內系統地分攤其應攤銷金額，可以有多種方法。這些方法包括直線法、生產總量法、年數總和法等。企業選擇的無形資產攤銷方法，應當能夠反映與該項無形資產有關的經濟利益的預期實現方式，並一致地運用於不同會計期間；無法可靠確定其預期實現方式的，應當採用直線法進行攤銷。
　　無形資產的攤銷金額一般應當計入當期損益，但如果某項無形資產是專門用於生產某種產品或者其他資產，其所包含的經濟利益是通過轉入到所生產的產品或其他資產中實現的，則無形資產的攤銷金額應當計入相關資產的成本。例如，某項專門用於生產過程中的無形資產，其攤銷金額應構成所生產產品成本的一部分，計入該產品的製造費用。
　　無形資產在企業生產經營過程中的服務功能與固定資產十分相似，為了分別反映無形資產的原始價值和累計攤銷額，應設置「累計攤銷」帳戶。攤銷無形資產價值時，應借記「管理費用」等帳戶，貸記「累計攤銷」帳戶。
　【例4-25】企業接受投資的一項專利權，評估確定的價值為6,000,000元，法定有效期限尚有10年。每年的攤銷分錄為：
　　借：管理費用——無形資產攤銷費用　　　　　　　　　　600,000
　　　貸：累計攤銷　　　　　　　　　　　　　　　　　　　　600,000
　（2）使用壽命不確定的無形資產。
　　使用壽命不確定的無形資產根據可獲得的相關信息判斷，如果無法合理估計某項無形資產的使用壽命的，應將其作為使用壽命不確定的無形資產進行核算。對於使用壽命不確定的無形資產，在持有期間內不需要進行攤銷，但應當在每個會計期間進行減值測試。其減值測試的方法按照判斷資產減值的原則進行處理，如經減值測試表明已發生減值，則需要計提相應的減值準備，其相關的帳務處理為：借記「資產減值損失」帳戶，貸記「無形資產減值準備」帳戶。

3. 無形資產的轉讓

無形資產的轉讓方式有兩種:一是轉讓其所有權;二是轉讓其使用權。轉讓所有權,表明無形資產退出企業,應註銷無形資產的帳面價值,並將所得價款與該無形資產的帳面價值之間的差額,確認為處置非流動資產的利得或損失。轉讓使用權,企業仍然擁有該項無形資產的所有權,帳面上仍應保持其價值,應將取得的轉讓收入計入其他業務收入,攤銷的轉讓無形資產成本和發生的與轉讓有關的各種費用支出,計入其他業務支出。

【例4-26】企業轉讓其商標權的所有權給C公司,轉讓收入10萬元,該商標權已攤銷金額為6萬元,該商標權的成本為15萬元,假設無相關稅費;轉讓其專利權的使用權給F公司,轉讓收入為5萬元,無形資產攤銷額為2萬元,轉讓過程中支付公證費用等轉讓費2,000元。

(1)轉讓商標權的會計處理。

借:銀行存款	100,000
累計攤銷	60,000
貸:無形資產	150,000
營業外收入——處置無形資產利得	10,000

(2)轉讓專利權的會計處理。

借:銀行存款	50,000
貸:其他業務收入——無形資產的轉讓收入	50,000
借:其他業務成本——無形資產轉讓成本	22,000
貸:累計攤銷	20,000
銀行存款	2,000

二、投資性房地產

(一)投資性房地產的概念

投資性房地產,是指為賺取租金或資本增值,或兩者兼有而持有的房地產。投資性房地產應當能夠單獨計量和出售。投資性房地產主要包括:

1. 已出租的土地使用權

已出租的土地使用權,是指企業通過出讓或轉讓方式取得,並以經營租賃方式出租的土地使用權。企業計劃用於出租但尚未出租的土地使用權,不屬於此類。

2. 持有並準備增值后轉讓的土地使用權

持有並準備增值后轉讓的土地使用權,是指企業通過出讓或轉讓方式取得並準備增值后轉讓的土地使用權。但是,按照國家有關規定認定的閒置土地,不屬於持有並準備增值的土地使用權。

3. 已出租的建築物

已出租的建築物,是指企業擁有產權並以經營租賃方式出租的房屋等建築物。企

業計劃用於出租但尚未出租的建築物,不屬於此類。

(二)投資性房地產的初始計量

投資性房地產應當按照成本進行初始計量。以下對外購、自行建造的投資性房地產的初始計量予以說明。

1. 外購的投資性房地產

外購投資性房地產的成本,包括購買價款、相關稅費和可直接歸屬於該資產的其他支出。企業購入房地產,自用一段時間之后再改為出租或用於資本增值的,應當先將外購的房地產確認為固定資產或無形資產,自租賃期開始日或用於資本增值之日起,再從固定資產或無形資產轉換為投資性房地產。

2. 自行建造的投資性房地產

企業自行建造的房地產,只有在自行建造或開發活動完成(即達到預定可使用狀態)的同時開始對外出租或用於資本增值,才能將自行建造的房地產確認為投資性房地產;自行建造投資性房地產的成本,由建造該項房地產達到預定可使用狀態前發生的必要支出構成。

企業自行建造房地產達到預定可使用狀態后一段時間才對外出租或用於資本增值的,應當先將自行建造的房地產確認為固定資產、無形資產或存貨,自租賃期開始日或用於資本增值之日起,從固定資產、無形資產或存貨轉換為投資性房地產。

(三) 投資性房地產的后續計量

投資性房地產的后續計量有成本和公允價值兩種模式。同時滿足投資性房地產所在地有活躍的房地產交易市場和企業能夠從房地產交易市場上取得同類或類似房地產的市場價格及其他相關信息,從而對投資性房地產的公允價值做出合理的估計這兩個條件的,採用公允價值模式;不滿足的,採用成本模式。

1. 採用成本模式進行后續計量的投資性房地產

企業通常應當採用成本模式對投資性房地產進行后續計量。採用成本模式計量的投資性房地產,對建築物的後續計量適用於固定資產相關規定,對土地使用權的后續計量適用於無形資產相關規定。具體會計處理為:

(1)外購投資性房地產或自行建造的投資性房地產達到預定可使用狀態時,按照其實際成本,借記「投資性房地產」帳戶,貸記「銀行存款」「在建工程」等帳戶。

(2)按照固定資產或無形資產的有關規定,按期(月)計提折舊或進行攤銷,借記「其他業務成本」等帳戶,貸記「投資性房地產累計折舊(攤銷)」帳戶。

(3)取得的租金收入,借記「銀行存款」等帳戶,貸記「其他業務收入」等帳戶。

(4)投資性房地產存在減值跡象的,應當適用資產減值的有關規定。經減值測試后確定發生減值的,應當計提減值準備,借記「資產減值損失」帳戶,貸記「投資性房地產減值準備」帳戶。

2. 採用公允價值模式進行后續計量的投資性房地產

採用公允價值模式時,對投資性房地產不計提折舊或進行攤銷,不計減值準備。

以資產負債表日投資性房地產的公允價值為基礎調整其帳面價值,公允價值與原帳面價值之間的差額計入當期損益。具體會計處理為:

(1)外購投資性房地產或自行建造的投資性房地產達到預定可使用狀態時,按照其實際成本,借記「投資性房地產(成本)」帳戶,貸記「銀行存款」「在建工程」等帳戶。

(2)資產負債表日企業應當以資產負債表日投資性房地產的公允價值為基礎調整其帳面價值,公允價值與原帳面價值之間的差額計入當期損益。投資性房地產的公允價值高於原帳面價值的差額,借記「投資性房地產(公允價值變動)」帳戶,貸記「公允價值變動損益」帳戶;公允價值低於原帳面價值的差額,編制相反的會計分錄。

(3)取得的租金收入,借記「銀行存款」等帳戶,貸記「其他業務收入」等帳戶。

【例4-27】2013年8月,公司與B公司簽訂租賃協議,約定將A公司開發的寫字樓於開發完成的同時開始租賃給B公司使用,租賃期為10年。2013年12月1日,該寫字樓開發完成並開始起租,寫字樓的造價為60,000,000元。公司採用公允價值模式對該項出租的房地產進行后續計量。2013年12月31日,該寫字樓的公允價值為68,000,000元。2014年12月31日,該寫字樓的公允價值為65,000,000元。企業的帳務處理如下:

(1)2013年12月1日。
借:投資性房地產——成本　　　　　　　　　　　60,000,000
　　貸:在建工程　　　　　　　　　　　　　　　　60,000,000
(2)2013年12月31日。
借:投資性房地產——公允價值變動　　　　　　　8,000,000
　　貸:公允價值變動損益　　　　　　　　　　　　8,000,000
(3)2014年12月31日。
借:公允價值變動損益　　　　　　　　　　　　　3,000,000
　　貸:投資性房地產——公允價值變動　　　　　　3,000,000

第五節　長期待攤費用和其他資產

一、長期待攤費用的性質及內容

長期待攤費用是指不能全部計入當年損益,應在當年及以后年度攤銷的各項費用,包括開辦費和租入固定資產改良支出等。長期待攤費用實質上是一種費用,但這些費用的效益涉及多個會計期間,因此,只能作為資本性支出,而不能作為收益性支出。並且這些費用金額較大,將其與支出年度的收入進行配比,不能正確計算當期的經營成果,所以應當將那些支出金額較大、受益期在一年以上的費用作為長期待攤費用加以處理。長期待攤費用本身沒有價值,雖然在資產負債表中列入資產方,但它只是一項虛資產,不能變現和轉讓。

二、長期待攤費用的會計處理

(一)開辦費

開辦費是指企業籌建期間所發生的不應計入固定資產和無形資產等財產物資的各項費用,主要包括籌建期間發生的人員工資、辦公費、差旅費、銀行借款利息和註冊登記費等。企業為取得各項資產所發生的支出以及籌建期間應計入工程成本的利息支出和其他支出,則不能計入開辦費。按企業會計準則規定,企業在籌建期間發生的開辦費在實際發生時計入管理費用。

【例4-28】企業在2014年年初設立,共發生註冊、驗資、辦公、人員工資等開辦費80萬元。

借:管理費用　　　　　　　　　　　　　　　　　　　800,000
　貸:銀行存款等　　　　　　　　　　　　　　　　　　800,000

(二)租入固定資產的改良支出

租入固定資產的改良支出是指能增加固定資產的效用或延長使用壽命的改裝、翻修和改建等支出。由於租入固定資產的所有權不屬於承租人,承租企業只有在租賃的有效期內使用改良工程的權利,因此,對租入固定資產實施改良所發生的支出,不能增加租入固定資產的價值,而只能作為遞延資產處理。租入固定資產發生的改良支出應在按租賃期和改良工程的有效期孰短的期限內加以攤銷。

【例4-29】企業2014年年初向A公司租入營業用房,租期10年。租入后,為滿足生產經營的需要,對營業用房進行裝飾,實際支付裝飾費用80萬元。預計該裝飾工程的有效使用年限為8年。

(1)支付裝飾費用。

借:長期待攤費用——租入固定資產改良支出　　　　800,000
　貸:銀行存款　　　　　　　　　　　　　　　　　　800,000

(2)每年攤銷長期待攤費用。

借:管理費用　　　　　　　　　　　　　　　　　　　100,000
　貸:長期待攤費用——租入固定資產改良支出　　　　100,000

三、其他資產

企業的其他資產是指除流動資產、長期投資、固定資產、無形資產和遞延資產以外的長期資產,主要包括銀行凍結存款、訴訟中的財產和臨時設施等。這類資產一般不參加企業的生產經營活動,也不需要進行攤銷。

****本章學習要點****

1. 企業取得債券有面值取得、溢價取得和折價取得三種方式,溢價或折價主要是

由於債券的市場利率與債券票面利率不一致造成的。資產負債表日，對於持有至到期投資，既要對利息進行處理，也要對債券折價、溢價進行攤銷，採用實際利率法進行攤銷。

可供出售金融資產的會計處理，與交易性金融資產的會計處理有些類似。主要的不同是可供出售金融資產取得時發生的交易費用應當計入初始入帳金額，可供出售金融資產后續計量時公允價值變動計入所有者權益。投資企業對被投資單位不具有共同控製或重大影響，並且在活躍市場中沒有報價、公允價值不能可靠計量的權益投資，也作為可供出售金融資產核算。

2. 投資企業與被投資企業的關係有控製、共同控製、重大影響三種類型；企業合併的方式有控股合併、吸收合併和新設合併三種，企業合併可以分為同一控製下企業合併和非同一控製下的企業合併。

同一控製下的企業合併，合併方在企業合併中取得的資產和負債，應當按照合併日被合併方的帳面價值計量；非同一控製下的企業合併是合併各方自願進行的交易行為，作為一種公平的交易，應當以公允價值為基礎進行計量。

長期股權投資的后續計量有成本法和權益法，企業能夠對被投資單位實施控製的長期股權投資，即企業對子公司的長期股權投資採用成本法的核算，編制合併財務報表時按照權益法進行調整。投資企業對被投資單位具有共同控製或重大影響的長期股權投資採用權益法核算。採用權益法核算，投資企業在取得長期股權投資後，應當按照應享有或應分擔的被投資單位實現的淨損益的份額，確認投資損益並調整長期股權投資的帳面價值。

3. 固定資產的實際判斷標準是：如果是企業生產經營中的主要設備，使用年限應在一年以上；如果是企業生產經營非主要設備，使用年限應在 2 年以上，單位價值應在 2 000 元以上。

購買固定資產應以實際支付的價款入帳；自行建造的固定資產應按建造過程中發生的實際支出入帳，設置「在建工程」帳戶進行核算。

影響固定資產折舊的因素有固定資產原值、使用年限和預計淨殘值。固定資產折舊方法主要有平均年限法、工作量法、雙倍餘額遞減法和年數總和法。

固定資產處置應設置「固定資產清理」帳戶進行核算。清理的淨損益轉入「營業外收入」和「營業外支出」帳戶。

4. 無形資產是指企業擁有或者控製的沒有實物形態的可辨認非貨幣性資產，包括專利權、商標權、土地使用權、非專利技術等。

無形資產的會計處理主要包括取得的核算、攤銷的核算和轉讓的核算。無形資產轉讓業務有轉讓所有權和使用權。

投資性房地產，是指賺取租金或資本增值，或兩者兼有而持有的房地產。投資性房地產的后續計量有成本和公允價值兩種模式。同時滿足投資性房地產所在地有活躍的房地產交易市場和企業能夠對投資性房地產的公允價值做出合理的估計這兩個條件的，採用公允價值模式；不滿足的，採用成本模式。

5. 長期待攤費用是指不能全部計入當年損益,應由以后年度攤銷的各種費用,主要包括租入固定資產的改良支出、其他長期待攤費用。長期待攤費用的核算主要包括費用發生的核算和攤銷的核算兩方面內容。其他資產主要包括銀行凍結存款、銀行凍結物資、特準儲備物資、臨時設施等內容。

＊＊＊＊本章復習思考題＊＊＊＊

1. 什麼是持有至到期投資?持有至到期投資在取得、資產負債表日和到期兌付如何進行會計處理?
2. 什麼是可供出售金融資產?可供出售金融資產與交易性金融資產會計處理有何不同?
3. 長期股權投資在取得時應如何進行會計處理?長期股權投資成本法和權益法有何不同?
4. 固定資產的計價基礎有哪三種?如何確定固定資產的價值?
5. 購買固定資產、建造固定資產應如何進行核算?
6. 什麼是固定資產折舊?影響固定資產折舊的因素有哪些?
7. 常見的固定資產折舊方法有哪些?各種計算方法有何特點?
8. 如何進行固定資產的修理、改良和處置的核算?
9. 什麼是無形資產?它有何特點,如何核算?
10. 什麼是投資性房地產?投資性房地產后續計量有哪些方法?
11. 什麼是長期待攤費用和其他資產?其主要內容有哪些?

第五章
負　債

學習目標

通過本章的學習,主要掌握:
(1)流動負債的性質及會計處理。
(2)長期負債的內容及會計處理。

第一節　流動負債

一、流動負債概述

(一) 流動負債的性質

流動負債是指在一年內或超過一年的一個營業週期內需用流動資產或其他流動負債進行清償的債務。凡是具有這種性質的負債,作為流動負債;否則,應作為非流動負債。確認流動負債的標準有二:

(1)以負債償還期的長短為標準。負債的償還期在一年或者一個營業週期內,應為流動負債。如短期借款、應付帳款、應付票據等,其償還期通常在一年以內,故應列為流動負債。這裡需特別說明的是將於一年內到期的長期負債,在會計上也應列為流動負債。比如,企業借入一筆期限為三年的款項,借款初期,該筆借款應列為長期負債。但隨著時間的推移和到期日的逼近,第三年后,到期日已縮短到一年以內,這筆原為長期負債的款項,此時在會計上應列為流動負債。

(2)以負債的清償對象為標準。流動負債的清償對象是流動資產和其他流動負債。雖然在一年或長於一年的一個營業週期內到期的債務,如果不需用流動資產或其他流動負債進行清償,仍不能列為企業的流動負債。例如:企業發行一批 5 年期的債券,第 4 年后,這批債券依據償還期應列為流動負債。但如果該批債券到期時,不準備動用流動資產或產生其他流動負債來清償,而發行新的 3 年期債券調換到期的 5 年期債券,那麼,該批 5 年期債券在第 4 年后仍列為長期負債。

(二)流動負債的分類

流動負債按不同的標準可以有不同的分類,主要有以下兩種分類方法:

(1)流動負債依其金額是否可確定來劃分,可以分為金額可以直接確定的流動負債、金額依據經營情況確定的流動負債和金額需估計的流動負債。①金額可以直接確定的流動負債是指負債產生時,其金額可以精確地計量,業已確定。這類流動負債主要包括短期借款、應付帳款、應付票據等。②金額依據經營情況確定的流動負債是指企業必須根據生產經營成果來確定負債的金額,這類負債主要包括應交稅費、應付工資和應付利潤等。③金額需估計的流動負債是指企業過去發生的經營活動,造成將來應清償的債務,其金額應客觀、合理預計。這類負債主要是指預計負債。

(2)流動負債依其產生的原因來劃分,可以分為借貸形成的流動負債、經營形成的流動負債和利潤分配形成的流動負債。①借貸形成的流動負債是指企業向銀行和其他金融機構借入款項而形成的負債,如短期借款等。②經營形成的流動負債是指企業在生產經營過程中因款項的結算、延期支付等而形成的債務,如應付帳款、應付票據、交稅費、應付職工薪酬等。③利潤分配形成的流動負債是指企業在利潤分配過程中已經公告分配方案但尚未支付而形成的債務,如應付利潤等。

(三)流動負債的計價

流動負債的計價,理想的應以負債發生時需用未來支付的貨幣現值來計量。但因流動負債期限較短,其到期值與現值的差異甚微,故在會計實務中,各種流動負債均以實際發生數額入帳。中國《企業會計準則》明確規定:「各種流動負債應按實際發生數額記帳。負債已經發生而數額需要預計確定的,應當合理預計,待實際數額確定后,進行調整。」

二、短期借款

短期借款是指企業借入的期限在一年以內的各種借款,會計上以收到的時間和金額入帳。企業借入的短期借款,構成了企業的負債,除了償還借款的本金外,還要支付利息。短期借款所發生的利息,作為一項財務費用,計入當期損益。短期借款利息的核算分別情況有兩種核算方式:

(1)如果短期借款的利息是按季或按半年支付或者隨本金到期一併歸還,中國的會計期間可以是月,為了體現配比原則,正確計算各期的損益,每月核算利息,常採用預提的方式進行核算。

(2)如果短期借款的利息是按月支付或者利息金額不大,為了簡化核算手續,可採用直接方式於支付利息時計入財務費用。

【例5-1】企業於2014年1月1日向銀行借入一筆金額為12,000元、利率為10%、期限為3個月期的借款。該筆業務的有關會計分錄為:

(1)借款利息採用預提方式核算。

①借入款項。

借:銀行存款　　　　　　　　　　　　　　　　　　　　　　12,000

　　　　貸：短期借款　　　　　　　　　　　　　　　　　　　　　12,000
　　②月末計提利息。
　　借：財務費用　　　　　　　　　　　　　　　　　　　　　　　100
　　　　貸：應付利息　　　　　　　　　　　　　　　　　　　　　　100
　　③借款到期。
　　借：短期借款　　　　　　　　　　　　　　　　　　　　　　12,000
　　　　應付利息　　　　　　　　　　　　　　　　　　　　　　　300
　　　　貸：銀行存款　　　　　　　　　　　　　　　　　　　　12,300
　(2) 借款利息採用直接方式。
　　①借入款項。
　　借：銀行存款　　　　　　　　　　　　　　　　　　　　　　12,000
　　　　貸：短期借款　　　　　　　　　　　　　　　　　　　　12,000
　　②借款到期。
　　借：短期借款　　　　　　　　　　　　　　　　　　　　　　12,000
　　　　財務費用　　　　　　　　　　　　　　　　　　　　　　　300
　　　　貸：銀行存款　　　　　　　　　　　　　　　　　　　　12,300

三、應付票據

　　應付票據有廣義應付票據和狹義應付票據之分。廣義應付票據是指由出票人出票，由承兌人承諾在一定日期支付一定款項給收款人的書面證明，包括期票和匯票。在中國，應付票據是在商品購銷活動中由於採用商業匯票結算方式而發生的需清償的票據，我們稱這種應付票據為狹義上的應付票據。

　　應付票據依其是否帶息來劃分，有帶息票據和不帶息票據。不帶息票據是指票據上沒有註明利率，票據到期時只需按面額支付款項；帶息票據是指在票據上註明利率，票據到期時除按票據面額支付款項外，還要支付利息。

　(一) 商業匯票——銀行承兌匯票

　　企業開出銀行承兌匯票時，應持銀行承兌匯票和購銷合同向其開戶銀行辦理承兌手續。經銀行審查並收取一定手續費後，企業可持銀行匯票和解訖通知向供應單位購貨。票據到期前，企業應將票款足額交存銀行，以便銀行俟到期日將票款交給收款人。如果企業在銀行承兌匯票到期日未能足額交存票款，銀行除無條件向收款人支付票款外，對企業執行扣款並對未扣回的金額處以罰款。

　　【例5-2】企業2014年3月1日根據合同簽發面值為50,000元、期限為半年的商業匯票向銀行辦理承兌手續，用以購貨。
　(1) 按票據面額的1‰支付銀行手續費。
　　借：財務費用　　　　　　　　　　　　　　　　　　　　　　　50
　　　　貸：銀行存款　　　　　　　　　　　　　　　　　　　　　　50

(2)持票購貨。

借:原材料 50,000
　貸:應付票據 50,000

(3)票據到期,支付票款。

借:應付票據 50,000
　貸:銀行存款 50,000

(4)票據到期,企業沒有交存足額票款,銀行執行扣款,尚有10,000元沒有扣回,對未扣回的款項作為短期貸款。

借:應付票據 50,000
　貸:銀行存款 40,000
　　短期借款 10,000

(5)銀行對未扣回的款項按日加收5‰的罰息,50天後企業償還短期借款並支付罰息。

借:短期借款 10,000
　營業外支出 250
　貸:銀行存款 10,250

(二)商業匯票——商業承兌匯票

商業承兌匯票根據購銷雙方合同簽發。由收款人簽發的,應交付款人承兌;由付款人簽發的,應經其本人承兌。付款人應於票據到期前將票款足額交存其開戶銀行,以便銀行在票據到期日憑票將票款付給收款人。如果到期日付款人存款不足以支付款項時,銀行將商業承兌匯票退給收款人,由其自行處理,同時對付款人處以罰款。

【例5-3】企業2014年3月8日簽發並承兌一張面額為80,000元、年利率12%、期限半年的票據,用以購貨。

(1)持票購貨。

借:原材料 80,000
　貸:應付票據 80,000

(2)票據到期,支付票款。

借:應付票據 80,000
　財務費用 4,800
　貸:銀行存款 84,800

(3)票據到期,企業無力支付票款。

借:應付票據 80,000
　財務費用 4,800
　貸:應付帳款 84,800

四、應付帳款

應付帳款是指因購買貨物、接受勞務等而形成的負債。應付帳款應在收到發票帳

單時,按發票帳單上記載的金額記帳;如果貨物已到、勞務已經接受,但發票帳單未到,企業應在月末時,按估計應付金額入帳,待收到發票帳單時,再按實際金額調整。

(一)應付帳款的一般核算

應付帳款因其償還期較短,一般按照應付金額入帳,而不按到期應付金額的現值入帳。

1. 因賒購、接受勞務等而形成負債

【例5-4】企業向F公司賒購原材料,貨物金額為58,000元,貨款尚未支付,貨物已經到達,驗收入庫。

借:原材料　　　　　　　　　　　　　　　　　　　　　58,000
　　貸:應付帳款　　　　　　　　　　　　　　　　　　　　58,000

2. 償付所欠帳款

【例5-5】企業用銀行存款償付所欠F公司帳款58,000元。

借:應付帳款　　　　　　　　　　　　　　　　　　　　58,000
　　貸:銀行存款　　　　　　　　　　　　　　　　　　　　58,000

應付帳款由於債權人破產或其他原因,使企業無法償付時,一般將該筆應付帳款作為額外收入,計入營業外收入。

(二)購貨折扣的核算

購貨折扣是指企業因及時付款而獲得的優惠,它是企業財務運作得當而獲得的優惠,將購貨折扣作為一項理財收益。

【例5-6】企業賒購原材料一批,貨款金額為20,000元,折扣條件:1/20,N/60。其會計處理為:

(1)賒購原材料。

借:原材料　　　　　　　　　　　　　　　　　　　　　20,000
　　貸:應付帳款　　　　　　　　　　　　　　　　　　　　20,000

(2)折扣期內付款。

借:應付帳款　　　　　　　　　　　　　　　　　　　　20,000
　　貸:銀行存款　　　　　　　　　　　　　　　　　　　　19,800
　　　　財務費用　　　　　　　　　　　　　　　　　　　　　 200

(3)折扣期外付款。

借:應付帳款　　　　　　　　　　　　　　　　　　　　20,000
　　貸:銀行存款　　　　　　　　　　　　　　　　　　　　20,000

五、應交稅費

企業為了進行稅金的核算,需設置「應交稅費」帳戶。該帳戶按稅種設置明細帳。如果不需預計數額計入當期損益,也不與稅務機關發生清算或結算關係的稅金,可以不通過「應交稅費」帳戶核算。比如企業交納的印花稅,於購買印花稅票時,直接計入

「管理費用」帳戶。

(一)銷售稅金的核算

銷售稅金是企業銷售產品、提供勞務等應負擔的稅金,主要包括消費稅、增值稅、營業稅和城市維護建設稅。

1. 應交消費稅

為了調節產業結構,正確引導消費方向,國家在普遍徵收增值稅的基礎上,選擇部分消費品再徵收一道消費稅。消費稅是指從事生產和進口應稅消費品的企業按應稅消費品的銷售額或應稅消費品的數量計算的一種稅。消費稅的納稅時間為:生產應稅消費品,由生產者於銷售時納稅;委託加工應稅消費品,由受託方於委託方提供時代收代繳稅款;進口應稅消費品,由進口報關者報關進口時納稅。

消費稅的計算方法有按銷售額計稅和按銷售量計稅兩種。

按銷售額計稅的計算公式為:

$$應納消費稅額 = 應稅消費品的銷售額 \times 消費稅稅率$$

公式中的銷售額包括向購貨方收取的全部價款和價外費用,但不包括增值稅稅款。按銷售量計稅的計算公式為:

$$應納消費稅額 = 應稅消費品的數量 \times 單位稅額$$

【例5-7】企業2014年10月出售摩托車100輛,每輛售價8,000元(無稅價),消費稅稅率為10%,貨款已經收到,該企業為一般納稅人。

借:銀行存款	936,000
貸:主營業務收入	800,000
應交稅費——應交增值稅(銷項稅額)	136,000
借:稅金及附加	80,000
貸:應交稅費——應交消費稅	80,000

2. 應交增值稅

根據財政部、國家稅務總局2016年3月23日《關於全面推開營業稅改徵增值稅試點的通知》規定,從2016年5月1日中國正式全面實行營業稅改增值稅。5月1日起,營改增試點全面推開,建築業、房地產業、金融業、生活服務業納入試點範圍,執行了20多年的營業稅正式退出歷史舞臺。

增值稅是就其貨物或勞務的增值部分徵收的一種稅。中國增值稅條例將納稅人分為一般納稅人和小規模納稅人,兩者徵稅辦法不同,其會計核算方法也不同。

(1)一般納稅企業

一般納稅企業有兩個特點:一是企業銷售貨物或是提供勞務可以開具增值稅專用發票;二是企業購貨取得的增值稅專用發票註明的增值稅額可以抵扣銷項稅額。

增值稅一般納稅人應在「應交稅費」科目下設置「應交增值稅」「未交增值稅」「預交增值稅」「待抵扣進項稅額」「待認證進項稅額」「待轉銷項稅額」「增值稅留抵稅額」

「簡易計稅」「轉讓金融商品應交增值稅」「代扣代交增值稅」等明細科目。

下面著重講述「應交增值稅」「待抵扣進項稅額」明細帳的核算內容。

①「應交增值稅」明細帳。

增值稅一般納稅人應在「應交增值稅」明細帳內設置「進項稅額」「銷項稅額抵減」「已交稅金」「轉出未交增值稅」「減免稅款」「出口抵減內銷產品應納稅額」「銷項稅額」「出口退稅」「進項稅額轉出」「轉出多交增值稅」等專欄。其格式如表 5－1 所示。

表 5－1　　　　　　　　應交稅費——應交增值稅

摘要	借方				貸方							借或貸	餘額
	進項稅額	銷項稅額抵減	已交稅金	合計	轉出未交增值稅	減免稅款	出口抵減內銷產品應納稅額	銷項稅額	出口退稅	進項稅額轉出等	合計		

現對「應交增值稅」明細帳的相關專欄內容分述如下：

「進項稅額」專欄，記錄一般納稅人購進貨物、加工修理修配勞務、服務、無形資產或不動產而支付或負擔的、準予從當期銷項稅額中抵扣的增值稅額；

「銷項稅額抵減」專欄，記錄一般納稅人按照現行增值稅制度規定因扣減銷售額而減少的銷項稅額；

「已交稅金」專欄，記錄一般納稅人當月已交納的應交增值稅額；

「轉出未交增值稅」和「轉出多交增值稅」專欄，分別記錄一般納稅人月度終了轉出當月應交未交或多交的增值稅額；

「減免稅款」專欄，記錄一般納稅人按現行增值稅制度規定準予減免的增值稅額；

「出口抵減內銷產品應納稅額」專欄，記錄實行「免、抵、退」辦法的一般納稅人按規定計算的出口貨物的進項稅抵減內銷產品的應納稅額；

「銷項稅額」專欄，記錄一般納稅人銷售貨物、加工修理修配勞務、服務、無形資產或不動產應收取的增值稅額；

「出口退稅」專欄，記錄一般納稅人出口貨物、加工修理修配勞務、服務、無形資產按規定退回的增值稅額；

「進項稅額轉出」專欄，記錄一般納稅人購進貨物、加工修理修配勞務、服務、無形資產或不動產等發生非正常損失以及其他原因而不應從銷項稅額中抵扣、按規定轉出的進項稅額。

②「待抵扣進項稅額」明細科目。

核算一般納稅人已取得增值稅扣稅憑證並經稅務機關認證，按照現行增值稅制度

規定準予以后期間從銷項稅額中抵扣的進項稅額。包括:一般納稅人自 2016 年 5 月 1 日后取得並按固定資產核算的不動產或者 2016 年 5 月 1 日后取得的不動產在建工程,按現行增值稅制度規定準予以后期間從銷項稅額中抵扣的進項稅額。

小規模納稅人只需在「應交稅費」科目下設置「應交增值稅」明細科目,不需要設置上述專欄及除「轉讓金融商品應交增值稅」「代扣代交增值稅」外的明細科目。

第一,銷項稅額的核算。

【例 5-8】企業 2014 年 10 月銷售產品一批,增值稅專用發票所列價為 20,000 元,增值稅額為 3,400 元,貨款尚未收到。

借:應收帳款　　　　　　　　　　　　　　　　　　　　　23,400
　貸:主營業務收入　　　　　　　　　　　　　　　　　　　20,000
　　　應交稅費——應交增值稅(銷項稅額)　　　　　　　　3,400

【例 5-9】企業出售一臺使用過的設備,含稅價為 351 萬元,已提折舊 50 萬元,該設備購入時其增值稅進項稅額 51 萬元計入了「應交稅費——應交增值稅(進項稅額)」,出售時收到不含稅價 230 萬元,增值稅率 17%。設備出售的會計處理如下:

該設備原來的價格 = 351 ÷ (1 + 17%) = 300(萬元)

借:固定資產清理　　　　　　　　　　　　　　　　　　　2,500,000
　累計折舊　　　　　　　　　　　　　　　　　　　　　　500,000
　貸:固定資產　　　　　　　　　　　　　　　　　　　　3,000,000

出售時應收增值稅銷項稅額:

230 × 17% = 39.10(萬元)

借:銀行存款　　　　　　　　　　　　　　　　　　　　　2,691,000
　貸:應交稅費——應交增值稅(銷項稅額)　　　　　　　　391,000
　　　固定資產清理　　　　　　　　　　　　　　　　　　2,300,000
借:營業外支出　　　　　　　　　　　　　　　　　　　　200,000
　貸:固定資產清理　　　　　　　　　　　　　　　　　　200,000

【例 5-10】企業銷售一臺使用過的設備,原價 140 萬元,已提折舊 20 萬元,該固定資產取得時未抵扣增值稅進項稅,出售時收到不含稅價款 103 萬元,按規定一般納稅人銷售自己使用過的未抵扣過進項稅的固定資產依照 3% 徵收率,減按 2% 徵收率徵收增值稅。出售款項已收到。該設備出售的會計處理如下:

出售該設備增值稅的銷項稅額 = 1,030,000 ÷ (1 + 3%) × 2% = 20,000(元)

借:固定資產清理　　　　　　　　　　　　　　　　　　　1,200,000
　累計折舊　　　　　　　　　　　　　　　　　　　　　　200,000
　貸:固定資產　　　　　　　　　　　　　　　　　　　　1,400,000
借:銀行存款　　　　　　　　　　　　　　　　　　　　　1,050,000
　貸:應交稅費——應交增值稅(銷項稅額)　　　　　　　　20,000
　　　固定資產清理　　　　　　　　　　　　　　　　　　1,030,000

借:營業外支出　　　　　　　　　　　　　　　　　170,000
　貸:固定資產清理　　　　　　　　　　　　　　　　　170,000

【例5-11】企業出售一項專利權給乙公司,該專利權的帳面餘額為240萬元,已攤銷120萬元,取得轉讓價款100萬元,按規定增值稅稅率為6%,轉讓款項已收存銀行。

借:銀行存款　　　　　　　　　　　　　　　　　　　106萬
　累計攤銷　　　　　　　　　　　　　　　　　　　　120萬
　營業外支出　　　　　　　　　　　　　　　　　　　20萬
　貸:無形資產　　　　　　　　　　　　　　　　　　240萬
　　應交稅費——應交增值稅(銷項稅額)　　　　　　　6萬

第二,進項稅額的核算。

【例5-12】企業2014年10月購進原材料一批,取得增值稅專用發票,所列價為30,000元,稅為5,100元,款已支付,材料已驗收入庫。

借:原材料　　　　　　　　　　　　　　　　　　　　30,000
　應交稅費——應交增值稅(進項稅額)　　　　　　　5,100
　貸:銀行存款　　　　　　　　　　　　　　　　　　35,100

【例5-13】M公司為增值稅一般納稅人,2015年6月購入不需要安裝的一臺機器設備,買價420萬元,增值稅稅額71.4萬元,發生裝卸費8萬元,運雜費13萬元,所有款項均以銀行存款支付。設備已運達企業。

固定資產的入帳價值=420+8+13=441(萬元)

借:固定資產　　　　　　　　　　　　　　　　　　　4,410,000
　應交稅費——應交增值稅(進項稅額)　　　　　　　714,000
　貸:銀行存款　　　　　　　　　　　　　　　　　　5,124,000

【例5-14】M公司為增值稅一般納稅人,2016年5月從H公司購入一項商標權,買價200萬元,增值稅率6%。款項已用銀行存款支付。

借:無形資產　　　　　　　　　　　　　　　　　　　2,000,000
　應交稅費——應交增值稅(進項稅額)　　　　　　　120,000
　貸:銀行存款　　　　　　　　　　　　　　　　　　2,120,000

第三,出口退稅的核算。

【例5-15】企業5月出口一批產品,接海關通知應退增值稅54,000元。20天後收到退稅款存入銀行。

借:應收出口退稅款　　　　　　　　　　　　　　　　54,000
　貸:應交稅費——應交增值稅(出口退稅)　　　　　　54,000
借:銀行存款　　　　　　　　　　　　　　　　　　　54,000
　貸:應收出口退稅款　　　　　　　　　　　　　　　54,000

第四,進項稅額轉出的核算。

中國增值稅實行進項稅額抵扣制度,但企業購進的貨物發生非常損失(非經營性損失),以及將購進貨物改變用途(如用於非應稅項目、集體福利或個人消費等),其抵扣的進項稅額應通過「應交稅費——應交增值稅(進項稅額轉出)」科目轉入有關科目,不予抵扣。

【例5-16】某企業為一般納稅人,2016年6月3日購進一批材料用於產品生產,材料價款200,000元,取得增值稅專用發票列明的增值稅額3.4萬元,當月已經抵扣。2016年7月,該納稅人將所購進的該批材料全部用於職工食堂。該批材料帳務處理如下:

納稅人將已抵扣進項稅額的購進材料用於集體福利,應於發生的當月將已抵扣的3.4萬元進項稅額轉出。

會計處理如下:

借:應付職工薪酬——職工福利費 234,000
  貸:原材料 200,000
    應交稅費——應交增值稅(進項稅額轉出) 34,000

【例5-17】某企業為一般納稅人,2016年9月底存貨清查時,發現由於管理不善造成部分原材料丟失,金額120,000元。納稅人購進貨物因管理不善造成的丟失,應於發生的當月將已抵扣貨物的進項稅額轉出。會計處理如下:

借:待處理財產損溢——待處理流動資產損失 140,400
  貸:原材料 120,000
    應交稅費——應交增值稅(進項稅額轉出) 20,400
借:管理費用 140,400
  貸:待處理財產損溢——待處理流動資產損溢 140,400

第五、已交稅金。

【例5-18】柳林公司用銀行存款交納本月增值稅760,000元。

借:應交稅費——應交增值稅(已交稅金) 760,000
  貸:銀行存款 760,000

「待抵扣進項稅額」明細帳核算如下:

【例5-19】光華公司為一般納稅人企業,2016年6月用銀行存款3,330萬元購進一座廠房用於生產經營,購進時取得增值稅專用發票,標明價款3000萬元,增值稅330萬元,並於當期抵扣進項稅額60%為198萬元,轉入待抵扣進項稅額40%為132萬元。2017年7月,企業繼續抵扣剩餘的40%增值稅。

會計處理如下:

2016年7月購進廠房時的會計處理

借:固定資產 33,300,000
  應交稅費——應交增值稅(進項稅額) 1,980,000
  應交稅費——待抵扣進項稅額 1,320,000

貸:銀行存款   33,300,000
　2017年7月繼續抵扣40%的增值稅
　　借:應交稅費——應交增值稅(進項稅額)   1,320,000
　　　貸:應交稅費——待抵扣進項稅額-廠房工程   1,320,000
　　根據《增值稅會計處理規定》(財會〔2016〕22號文件),增值稅一般納稅人從2016年5月1日起,銷售不動產開始實施「營改增」試點,增值稅稅率為5%和11%。非房地產企業增值稅稅率為5%,房地產企業增值稅稅率為11%。根據「營改增」規定,投資性房地產無論採用成本模式還是公允價值模式進行后續計量,均應交納增值稅。
　　(2)小規模納稅企業
　　小規模納稅人只需在「應交稅費」科目下設置「應交增值稅」明細科目,不需要設置上述專欄及除「轉讓金融商品應交增值稅」「代扣代交增值稅」外的明細科目。
　　小規模納稅企業核算上有三個特點:①「應交稅費——應交增值稅」帳戶仍然採用借、貸、餘三欄式格式。②小規模納稅企業銷售貨物一般只能開具普通發票,不能開具增值稅專用發票。企業開具普通發票金額為含稅銷售額,在記錄收入時,應還原為不含稅銷售額。還原公式為:銷售額=含稅銷售額/(1+徵收率)。目前中國小規模納稅企業的徵收率為3%。③小規模納稅企業購入貨物無論是否取得增值稅專用發票,所支付的增值稅額均不得抵扣,而計入購入貨物的成本。
　　小規模納稅企業增值稅的核算分為購入貨物和銷售產品兩方面介紹。
　　第一,購入貨物。
　【例5-20】某企業為小規模納稅企業,2015年10月購進貨物一批,取得增值稅專用發票,所列價為50,000元,稅為8,500元,材料已驗收入庫,貨款尚未支付。
　　借:原材料   58,500
　　　貸:應付帳款   58,500
　　第二,銷售產品。
　【例5-21】某企業為小規模納稅企業,2015年10月銷售產品一批,開出普通發票金額為21,200元,增值稅徵收率為3%。貨款尚未收到。
　　借:應收帳款   21,200
　　　貸:主營業務收入   20,582.52
　　　　應交稅費——應交增值稅   617.48
　　(二)資源稅的核算
　　資源稅是對企業開採礦產品和生產鹽而計算繳納的一種稅。它是調節企業因資源的豐富和開發條件的差異而形成的級差收入的一種稅,有助於企業合理有效地利用自然資源。
　　資源稅應納稅額應按應稅產品的課稅數量和規定的單位稅額計算。其計算公式為:

$$應納資源稅額 = 課稅數量 \times 單位稅額$$

　　如果企業開採或者生產應稅產品對外銷售的,以銷售量為課稅數量;如果企業開

採或者生產應稅產品供自用的,以自用數量為課稅數量。前者在會計上列入「稅金及附加」帳戶,后者記入「製造費用」帳戶。

【例5-22】企業2014年9月銷售原煤40,000噸,噸煤單位稅額為1.8元,應納資源稅額為72,000元。

借:稅金及附加　　　　　　　　　　　　　　　　　　　72,000
　　貸:應交稅費——應交資源稅　　　　　　　　　　　　　72,000

(三)財產稅的核算

財產稅是指企業擁有動產和不動產而應向國家交納的各種稅金,主要包括房產稅、車船稅和土地使用稅等。

1. 房產稅

房產稅是國家向房屋產權所有人徵收的一種稅,其計稅辦法有兩種:按房產餘值計算和按房產出租收入計算。

(1)按房產餘值計算

$$每年應納房產稅稅額 = 應稅房產餘值 \times 稅率$$

(2)按房產出租收入計算

$$每年應納房產稅稅額 = 租金收入 \times 稅率$$

2. 車船稅

車船稅是國家對擁有並使用車輛的企業所徵收的一種稅,其計算公式為:

(1)車輛稅的計算

$$應納稅額 = 企業擁有車輛數 \times 單位稅額$$

(2)船舶稅的計算

$$應納稅額 = 船舶噸位 \times 單位稅額$$

3. 土地使用稅

土地使用稅是對使用國家土地的單位和個人所徵收的一種稅,其計算公式為:

$$應納稅額 = 土地使用面積 \times 每平方米稅額$$

(四)其他相關稅金

1. 印花稅

印花稅以經濟活動中簽立的各種合同、產權轉移書據、營業帳簿、權利許可證照等應稅憑證文件為對象所課徵的稅。印花稅由納稅人按規定應稅的比例和定額自行購買並粘貼印花稅票,即完成納稅義務,現在往往採取簡化的徵收手段。

2. 城市維護建設稅

城市維護建設稅(以下簡稱城建稅)是隨增值稅、消費稅附徵並專門用於城市維護建設的一種特別目的稅。

應納稅額＝(實際繳納的增值稅＋實際繳納的消費稅)×適用稅率(7%、5%、1%)

3. 教育費附加

教育費附加是隨增值稅、消費稅附徵並專門用於教育的一種特別目的稅。教育費附加以各單位和個人實際繳納的增值稅、消費稅的稅額為計徵依據，教育費附加率為3%。

應納教育費附加＝(實際繳納的增值稅＋實際繳納的消費稅)×3%

「稅金及附加」科目核算消費稅、資源稅、城市維護建設稅、教育費附加、房產稅、土地使用稅、車船稅、印花稅等，期末該科目餘額轉入本年利潤科目，結轉后該科目無餘額。

借：稅金及附加——房產稅　　　　　　　　×××
　　　　　　　——車船稅　　　　　　　　×××
　　　　　　　——土地使用稅　　　　　　×××
　　　　　　　——印花稅　　　　　　　　×××
　　　　　　　——城市維護建設稅　　　　×××
　　　　　　　——教育費附加　　　　　　×××
　　貸：應交稅費——應交房產稅　　　　　×××
　　　　　　　　——應交車船稅　　　　　×××
　　　　　　　　——應交土地使用稅　　　×××
　　　　　　　　——應交印花稅　　　　　×××
　　　　　　　　——應交城市維護建設稅　×××
　　　　　　　　——應交教育費附加　　　×××

(五) 所得稅

所得稅是對企業經營所得和其他所得徵收的一種稅。所得稅作為一項費用，在企業當期收益中扣除。企業按一定方法計算的所得稅，借記「所得稅費用」帳戶，貸記「應交稅費——應交所得稅」帳戶。

六、應付職工薪酬

(一) 職工薪酬的內容

職工薪酬，是指企業為獲得職工提供的服務或解除勞動關係而給予的各種形式的報酬。職工薪酬主要包括短期薪酬、離職后福利、辭退福利和其他長期職工福利。企業提供給職工配偶、子女、受贍養人、已故員工遺屬及其他受益人等的福利，也屬於職工薪酬。

企業會計準則所指的職工：一是指與企業訂立勞動合同的所有人員，含全職、兼職和臨時職工；二是指未與企業訂立勞動合同，但由企業任命的企業治理層和管理層人員，如董事會成員、監事會成員等；三是在企業的計劃和控制下，未與企業訂立勞動合同或未由其正式任命，但向企業所提供服務與職工提供服務類似的人員，也屬於職工

的範疇,包括通過企業與勞務仲介公司簽訂用工合同而向企業提供服務的人員。

1. 短期薪酬

短期薪酬是指企業在職工提供相關服務的年度報告期間結束后需要全部予以支付的職工薪酬。包括:職工工資、獎金、津貼和補貼,職工福利費、醫療保險費、工傷保險費、生育保險費等社會保險費,住房公積金,工會經費和職工教育經費,短期帶薪缺勤,短期利潤分享計劃,非貨幣性福利以及其他短期薪酬。

2. 離職后福利

離職后福利,是指企業為獲得職工提供的服務而在職工退休或與企業解除勞動關係后,提供的各種形式的報酬和福利,短期薪酬和辭退福利除外。離職后福利計劃,是指企業與職工就離職后福利達成的協議,或者企業為向職工提供離職后福利制定的規章或辦法。企業應當將離職后福利計劃分類為設定提存計劃和設定收益計劃。

3. 辭退福利

辭退福利,是指企業在職工勞動合同到期之前解除與職工的勞動關係,或者為鼓勵職工自願接受裁減而給予職工的補償。

4. 其他長期職工福利

其他長期職工福利,是指除短期薪酬、離職后福利、辭退福利之外所有的職工薪酬,包括長期帶薪缺勤、長期殘疾福利、長期利潤分享計劃等。

(二) 短期薪酬的核算

企業應當根據職工提供服務情況和工資標準計入職工薪酬的工資總額,按照受益對象計入當期損益或相關資產成本。在「應付職工薪酬」科目核算職工薪酬的計提、發放、結算、使用等情況。「應付職工薪酬」科目應當按照「工資、獎金、津貼和補貼」「職工福利費」「非貨幣性福利」「社會保險費」「住房公積金」「工會經費和職工教育經費」「帶薪缺勤」「利潤分享計劃」「設定提存計劃」「設定受益計劃」「辭退福利」等職工薪酬項目設置明細帳進行明細核算。

1. 貨幣性職工薪酬

【例 5-23】B 公司 2013 年 9 月應發工資 175 萬元,其中:生產車間直接生產工人工資 120 萬元;生產車間管理人員工資 25 萬元;公司管理部門人員工資 30 萬元。根據國家規定的計提基礎和計提比例,公司分別按照工資總額的 10% 和 8% 計提醫療保險費和住房公積金,按照工資總額的 2% 和 1.5% 計提工會經費和職工教育經費。假定不考慮所得稅影響。

應計入生產成本的職工薪酬金額 = 120 + 120 × (10% + 8% + 2% + 1.5%) = 145.8(萬元)

應計入製造費用的職工薪酬金額 = 25 + 25 × (10% + 8% + 2% + 1.5%) = 30.375(萬元)

應計入管理費用的職工薪酬金額 = 30 + 30 × (10% + 8% + 2% + 1.5%) = 36.45(萬元)

B公司應編制如下會計分錄:

借:生產成本　　　　　　　　　　　　　　　　　　　1,458,000
　　製造費用　　　　　　　　　　　　　　　　　　　　303,750
　　管理費用　　　　　　　　　　　　　　　　　　　　364,500
　　貸:應付職工薪酬——工資　　　　　　　　　　　　1,750,000
　　　　　　　　——醫療保險費　　　　　　　　　　　175,000
　　　　　　　　——住房公積金　　　　　　　　　　　140,000
　　　　　　　　——工會經費　　　　　　　　　　　　 35,000
　　　　　　　　——職工教育經費　　　　　　　　　　 26,250

B公司如果提取職工的基本養老保險、失業保險、企業年金等,應計入應付職工薪酬中的「設定提存計劃」核算。

2. 短期帶薪缺勤

帶薪缺勤,是指企業支付工資或提供補償的職工缺勤,包括年休假、病假、短期傷殘、婚假、產假、喪假、探親假等。

帶薪缺勤分為累積帶薪缺勤和非累積帶薪缺勤。累積帶薪缺勤,是指帶薪缺勤權利可以結轉下期的帶薪缺勤,本期尚未用完的帶薪缺勤權利可以在未來期間使用。非累積帶薪缺勤,是指帶薪缺勤權利不能結轉下期的帶薪缺勤,本期尚未用完的帶薪缺勤權利將予以取消,並且職工離開企業時也無權獲得現金支付。兩種不同類型的帶薪缺勤在會計處理原則及處理方法上都存在著明顯的差異。

如果帶薪缺勤屬於長期帶薪缺勤的,企業應當作為其他長期職工福利處理。

(1) 累積帶薪缺勤

累積帶薪缺勤主要是累積帶薪年休假。根據修訂后的職工薪酬準則規定,企業應當在職工提供服務從而增加了其未來享有的帶薪缺勤權利時,確認與累積帶薪缺勤相關的職工薪酬,並以累積未行使權利而增加的預期支付金額計量,按照權責發生制原則,累積帶薪年休假應按月確認,這樣將使每月生產經營成本承擔的金額更加合理。

【例5-24】黃河公司共有200名職工,該公司實行累積帶薪缺勤制度。該制度規定,每個職工每年可享受10天的帶薪年休假,未享受的年休假只能向后結轉1個會計年度,超過1年未行使的帶薪年休假權利作廢,累積未行使的帶薪缺勤權利可以獲得相應的現金支付。職工休假是以后進先出原則為基礎。

①2013年12月31日,有20個職工當年未享受的帶薪年休假為2天。假定這20名職工全部為生產車間工人。該公司車間工人平均每名職工日工資收入為200元。

根據修訂后的職工薪酬準則規定,累積帶薪缺勤需要在職工提供了服務從而增加了其未來享有的帶薪缺勤權利時確認為資本成本或者計入當期損益。因此,公司在2013年12月31日,應當預計由於20名職工未享受的每人2天年休假權利而導致的預期支付金額,即相當於40天(20×2)的年休假工資8,000元(40×200),並做如下會計分錄:

借:生產成本　　　　　　　　　　　　　　　　　　　　8,000

　　　　貸:應付職工薪酬——累積帶薪缺勤　　　　　　　　　　　　　8,000
　　②如果假定2014年,上述20名生產人員中有16名享受了12天的年休假,公司以銀行存款支付,剩下4名只享受了10天的年休假。2014年12月31日,16名享受了12天的年休假職工的會計分錄如下：
　　　　借:應付職工薪酬——累積帶薪缺勤　　　　　　　　　　　　　6,400
　　　　　　貸:銀行存款　　　　　　　　　　　　　　　　　　　　　6,400
　　根據黃河公司的帶薪缺勤制度規定,未行使的權利只能結轉1年,超過1年未行使的權利將作廢。根據《職工帶薪年休假條例》的規定,對職工應休未休的年休假天數,單位應當按照該職工日工資收入的300%支付年休假工資報酬。剩餘4名沒有享受2013年剩餘的年休假,其會計分錄如下：
　　　　借:生產成本　　　　　　　　　　　　　　　　　　　　　　3,200
　　　　　　應付職工薪酬——累積帶薪缺勤　　　　　　　　　　　　1,600
　　　　　　貸:銀行存款　　　　　　　　　　　　　　　　　　　　　4,800
　(2)非累積帶薪缺勤
　　非累積帶薪缺勤,是指帶薪缺勤權利不能結轉下期的帶薪缺勤,本期尚未用完的帶薪缺勤權利將予以取消,並且職工離開企業時也無權獲得現金支付。婚假、喪假、產假、探親假、病假等帶薪休假權利不存在遞延性,不能結轉下期,屬於非累積帶薪缺勤。如果用人單位規定年休假不得累積,則年休假也為非累積帶薪缺勤。
　　企業確認職工享有的與非累積帶薪缺勤權力相關的薪酬,視同職工出勤確認的當期損益或資產成本。通常情況下,與非累積帶薪缺勤相關的職工薪酬已經包括在企業每期向職工發放的工資薪酬中,因此,企業不必額外作相應的帳務處理。
　3. 非貨幣性職工薪酬
　　企業以其自產產品作為非貨幣性福利發放給職工的,應當根據受益對象,按照產品的公允價值,計入相關資產成本或當期損益,同時確認應付職工薪酬。如果公允價值不能可靠取得的,可以採用成本計量。
　　【例5-25】甲公司是一家彩電生產企業,公司決定以其生產的彩電作為福利發放給職工,其中生產工人170臺,總部管理人員30臺。該彩電單位成本為10,000元,單位計稅價格(公允價值)為14,000元,適用的增值稅稅率為17%。
　(1)決定發放非貨幣性福利。
　　計入生產成本的金額為:14,000×170×(1+17%)=2,784,600(元)
　　計入管理費用的金額為:14,000×30×(1+17%)=491,400(元)
　　　　借:生產成本　　　　　　　　　　　　　　　　　　　　　2,784,600
　　　　　　管理費用　　　　　　　　　　　　　　　　　　　　　　491,400
　　　　　　貸:應付職工薪酬　　　　　　　　　　　　　　　　　3,276,000
　(2)實際發放非貨幣性福利。
　　　　借:應付職工薪酬　　　　　　　　　　　　　　　　　　　3,276,000

貸:主營業務收入		2,800,000
應交稅費——應交增值稅(銷項稅額)		476,000
借:主營業務成本		2,000,000
貸:庫存商品		2,000,000

應交的增值稅銷項稅額 = 14,000×170×17% + 14,000×30×17%
　　　　　　　　　　 = 476,000(元)

　　企業將擁有的房屋等資產無償提供給職工使用的,應當根據受益對象,將該住房每期應計提的折舊計入相關資產成本或當期損益,同時確認應付職工薪酬。租賃住房等資產供職工無償使用的,應當根據受益對象,將每期應付的租金計入相關資產成本或當期損益,並確認應付職工薪酬。難以確定受益對象的非貨幣性福利,直接計入當期損益和應付職工薪酬。

　　【例5-26】公司決定為20名部門經理各提供一輛轎車免費使用,同時為5名副總裁租賃一套住房免費使用。假定每輛轎車月折舊額為1,000元,每套住房月租為8,000元。

(1) 計提轎車折舊。

借:管理費用		20,000
貸:應付職工薪酬		20,000
借:應付職工薪酬		20,000
貸:累計折舊		20,000

(2) 確認住房租金費用。

借:管理費用		40,000
貸:應付職工薪酬		40,000
借:應付職工薪酬		40,000
貸:銀行存款		40,000

4. 設定提存計劃的核算

　　對於設定提存計劃,企業應當根據在資產負債表日為換取職工在會計期間提供的服務而應向單獨主體繳存的提存金,確認為職工薪酬負債,並計入當期損益或相關資產成本。借記「生產成本」「製造費用」「管理費用」「銷售費用」等科目,貸記「應付職工薪酬——設定提存計劃」科目。

　　【例5-27】A公司根據所在地政府規定,按照職工工資總額的12%計提基本養老保險費,繳存當地社會保險經辦機構。2014年11月,甲公司繳存的基本養老保險費,應計入生產成本的金額為240萬元,應計入製造費用的金額為36萬元,應計入管理費用的金額為57.6萬元(註:分錄金額單位為萬元)。

借:生成成本		240
製造費用		36
管理費用		57.6
貸:應付職工薪酬——設定提存計劃		333.6

七、其他流動負債

其他流動負債是指除上述七種流動負債之外的流動負債,主要包括預收帳款、應付股利、存入保證金以及一年內到期的長期負債。

(一)預收帳款

預收帳款是企業預先向客戶收取的款項,而於將來以商品、勞務進行清償。

【例5-28】企業按合同規定收到客戶F的預付貨款20,000元。企業向客戶發出商品一批,貨物售價20,000元(無稅價),增值稅稅率17%。

(1)預收貨款。

借:銀行存款	20,000
貸:預收帳款	20,000

(2)發出商品,確認收入。

借:預收帳款	23,400
貸:主營業務收入	20,000
應交稅費——應交增值稅(銷項稅額)	3,400

這裡「預收帳款」帳戶出現借方餘額,其實質是企業應收購買單位的款項,理論上應計入「應收帳款」帳戶。為了集中揭示預收帳款業務,會計實務中常常用「預收帳款」帳戶來反映該部分應收帳款的內容。在編制會計報表時,應將「預收帳款」帳戶的借方餘額並入「應收帳款」項目。

(3)收到補付貨款。

借:銀行存款	3,400
貸:預收帳款	3,400

(二)應付股利

應付股利是企業分配給投資人的股利,在實際支付之前所形成的負債,該筆負債在股利公告日形成,在股利發放日清償。

【例5-29】企業發行流通在外的普通股2,000萬股,經董事會決議,股東大會通過,對外公告,每股派發現金股利0.20元。

(1)企業公告股利。

借:利潤分配——應付股利	4,000,000
貸:應付股利	4,000,000

(2)企業發放股利。

借:應付股利	4,000,000
貸:銀行存款	4,000,000

(三)存入保證金

企業為了保證如期收回客戶的欠款或者完整無損地收回出租、出借的物品,常常預先向客戶收取一定的款項作為保證金,即為存入保證金。

【例5-30】企業向單身職工出借鋼絲床200張,每張收取押金50元。
(1)收到存入保證金。
借:銀行存款 10,000
　貸:其他應付款 10,000
(2)職工歸還鋼絲床10張,退還押金500元。
借:其他應付款 500
　貸:庫存現金 500

(四)一年內到期的長期負債

流動負債與長期負債的劃分標準通常以一年為標準,因此,長期負債中將於一年內到期的,在資產負債表中不能再列作長期負債,而應轉列為流動負債。但下列情況下仍需列為長期負債:

(1)設有償債基金的長期負債。企業在借入長期款項或發行債券時,債權人為了保證其資金到期如數收回,常在借款契約中規定企業必須定期提存償債基金。由於償債基金不屬於流動資產,用非流動資產清償的債務不能作為流動負債。

(2)準備用新的長期負債清償次年到期的長期負債。

(3)將轉換為股票的長期負債。

八、預計負債和或有負債

(一)預計負債

預計負債是由過去發生的經濟業務造成的將來的債務,其金額、到期日尚無法確定,甚至在有的情況下,債權人也無法確定。對於這類負債,《企業會計準則》明確規定,「與或有事項相關的義務同時滿足下列條件的,應當確認為預計負債:①該義務是企業承擔的現時義務;②履行該義務很可能會導致經濟利益流出企業;③該義務的金額能夠可靠計量。」預計負債應當按照履行相關現時義務所需支出的最佳估計數進行初始計量。常見的預計負債是應付產品保修費。

在市場經濟的條件下,許多企業為了招徠顧客,擴大銷路,在產品售後的一定時期內,如果產品發生損壞,只要不是使用不當造成的,都可以免費修理。這種為履行保修所承擔的義務,就構成企業的負債。這種負債在銷售產品、發出保修單證時就形成,而為保修所發生的支出在以後的會計期間才能確認。為了體現收入與費用相配合,需對這項負債予以估計、加以記錄。

【例5-31】企業本期銷售產品1,000臺,根據過去的經驗估計產品的返修率為2%,每臺的保修費用200元,本期實際支付保修費800元。
(1)估計產品保修費用。
借:銷售費用——保修費 4,000
　貸:預計負債——產品質量保證 4,000
(2)實際支付保修費用。

借：預計負債——產品質量保證　　　　　　　　　800
　　　　貸：銀行存款　　　　　　　　　　　　　　　　800
　（二）或有負債
　　或有負債是指過去的交易或者事項形成的潛在義務,其存在需通過未來不確定事項的發生或不發生予以證實;或過去的交易或事項形成的現時義務,履行該義務不是很可能導致經濟利益流出企業或該義務的金額不能可靠計量。或有負債的基本特徵是:這類負債是否存在,取決於有關未來事件是否發生。如果未來事件確實發生,或有負債成為企業的真正負債;如果未來事件沒有發生,或有負債就不存在。換言之,或有負債是指可能存在也可能不存在的負債。
　　或有負債與預計負債是不同的,兩者的主要區別在於負債是否存在。負債確實存在的,只是金額需估計的債務,即為預計負債;負債不一定存在的,即使金額確定,應為或有負債。《企業會計準則》明確規定「企業不應當確認或有負債和或有資產」。為了使報表使用人真正瞭解企業的財務狀況,掌握企業可能發生的財務狀況的變動,使之做出正確決策,會計上要求對或有負債加以揭示。
　　常見的或有負債主要有應收票據貼現、應收帳款抵借、融通票據保證、未決訴訟責任和購買約定等。

第二節　　長期負債

一、長期負債的概述

　　長期負債從其性質上看,是非流動負債,是不需立即清償的債務。《企業會計準則》將長期負債定義為:「長期負債是指償還期限在一年或者超過一年的一個營業週期以上的債務。」長期負債與流動負債相比具有金額大、償還期限長的顯著特點。
　　企業在生產經營過程的不同時期,特別是在擴展經營階段,往往由於增添設備、擴建廠房等,需要大量的資金。企業所需的這方面的資金不是企業正常經營資金滿足得了的,也不是企業短期內可以歸還的。為了滿足企業這方面資金的需要,企業一般可採取兩種方式:一是增加資本金;二是舉借長期債務。權衡這兩種方式,投資者更樂於採用后者,其理由為:
　　(1)不影響投資者對企業的管理權。債權人與投資人不同,不論債權有多大,均無參與管理企業的權利。舉借長期債務,現有的投資人不會與債權人分配企業的管理權,仍可獨攬企業的管理大權;如果增加資本金,新投資人會分享企業的管理權,影響原有投資人的控製權。
　　(2)舉借長期債務成本較低。根據現行制度規定,舉借長期資金所支付的利息可以在稅前列支,而企業支付給投資人的利潤只能從稅后利潤中支付。這樣,借入資金所發生成本就比增加資本金所發生的成本較低。比如,企業向銀行借入一筆金額為

100,000元,年利率10%的長期借款,企業適用的所得稅率15%。企業每年發生利息費用10,000元,可以抵扣所得稅1,500元,相對於增加資本金分配10%的利潤,實際銀行借款利率只有8.5%。

(3)可為投資人帶來較大的經濟利益。債權人按約定的利率和時間取得固定的利息,對企業舉債經營所獲的效益,債權人不能參與分享,全部歸投資人所有。

但是,舉借長期債務在財務上也存在一定的不足,表現在:

(1)財務風險較大。舉借長期債務的風險表現在債務的本金和利息上。就本金來看,舉借的長期資金到期必須歸還,而增加的資本金在企業生產經營期間不能抽走。就利息來看,舉借的長期資金必須按約定的利率和時間支付利息,形成企業固定的財務負擔。而增加資本金所分派的紅利視企業的盈利狀況和資金週轉情況而定,靈活安排。因此,如果企業經營不佳或資金週轉困難時,對舉借的長期資金不能按時付息或償還本金,債權人有權迫使企業清算,財務風險較大。

(2)財務決策受到影響。企業舉借長期資金與借款人所簽訂的借款合同、契約,可能規定了一些企業的財務政策。例如債權人為了保護其資本金的安全,規定企業必須保持一個最低的銀行存款餘額或者定期提取償債基金等,這些規定均會影響企業的財務政策。

(3)降低企業的舉借能力。企業舉借資金能力的標誌是企業的財務狀況,即負債與所有者權益的比例關係。企業所有者權益比例越高,舉債能力越大;反之,則舉債能力越小。因此,舉借長期資金降低了企業的舉債能力,增加資本金則可增加企業的舉債能力。

二、長期借款

(一)長期借款核算的帳戶設置

長期借款是企業向銀行或其他金融機構借入的期限在一年以上的各種款項。

「長期借款」帳戶屬負債性質,貸方登記增加,借方登記減少,餘額在貸方。核算企業向銀行或其他金融機構借入的期限在1年以上(不含1年)的各項借款。本科目應當按照貸款單位和貸款種類,分別對「本金」「利息調整」等進行明細核算。

(二)長期借款的核算

(1)企業借入長期借款,按實際收到的金額,借記「銀行存款」科目,貸記「長期借款——本金」,按借貸雙方之間的差額,按發生的交易費用,借記「長期借款——利息調整」科目。

(2)資產負債表日,企業應按長期借款的攤餘成本和實際利率計算確定的長期借款利息費用,借記「在建工程」「製造費用」「財務費用」等科目,按借款本金和合同利率計算確定應付未付利息,貸記「應付利息」科目,按其差額,貸記「長期借款——利息調整」科目。

(3)企業歸還長期借款時,按歸還的借款本金,借記「長期借款——本金」科目,按轉銷的利息調整金額,貸記「長期借款——利息調整」科目,按實際歸還的款項,貸記「銀行存款」科目,按借貸雙方的差額,借記「在建工程」「製造費用」「財務費用」等科目。

三、應付債券

(一) 債券的性質和種類

1. 債券的性質

應付債券指企業發行債券而形成的債務。長期債券實質上是企業的一種長期應付票據，它是按照法定程序發行，約定在一定時間內還本付息，但不享有利潤分配權的有價證券。

2. 債券的種類

債券按照不同的標準可以有不同的分類。

(1) 按照發行方式劃分，可以分為記名債券和不記名債券。①記名債券是指債券上載明債券持有人姓名，並由發行企業或代理機關負責登記存檔的債券。債券持有人需憑債券和預留印鑒領取利息和收回本金。債券如轉讓，必須辦理過戶手續。②不記名債券是指債券上不載明債券持有人姓名，這種債券通常附有息票，又稱息票債券。債券持有人只憑息票領取利息，憑債券收回本金。這種債券一經售出，可以自由轉讓。

(2) 按照有無擔保品來劃分，可以分為有擔保品債券和無擔保品債券。①有擔保品債券是企業以動產和不動產以及有價證券等作擔保品的債券。當企業無力償還債券本息時，企業需處理擔保品用以歸還債券本息。②無擔保品債券又稱信用債券，它是沒有任何特定財產抵押作擔保品的債券。這種債券完全憑企業的信用發行，它的利率通常高於有擔保品債券。

(3) 按照償還方式來劃分，可以分為定期債券、分期債券和通知還本債券。①定期債券又稱普通債券，是指到期一次償還本金的債券。②分期債券，是指分別在未來的各個指定日期償還債券本金的債券。③通知還本債券，是指在發行契約中規定具有通知償還權的債券，也即是債券發行企業有權在債券到期前收回指定的債券。

(4) 幾種特殊債券：①收益債券，指債券利息是否按期支付由企業當期有無足夠的收益來發放決定的債券。②可調換債券，指債券持有人可按規定的比例調換為公司股票的債券。③參與債券，指當企業收益較大時，債券持有人除按期領取規定的利息外，還可參加企業收益分配的債券。

3. 債券發行方式

(1) 平價發行，指債券的發行價格等於債券的面值。比如每張面值 1,000 元的債券，其發行價格也為 1,000 元。因此，又稱按面值發行。

(2) 溢價發行，指債券的發行價格高於債券面值。比如每張面值 1,000 元的債券，其發行價格為 1,020 元，溢價額為 20 元。

(3) 折價發行，指債券的發行價格低於債券的面值。比如每張面值 1,000 元的債券，其發行價格為 980 元，折價額為 20 元。

那麼，在什麼情況下債券按面值發行，又在什麼條件下債券溢價或折價發行呢？要理解這個問題，必須清楚兩個概念：債券利率和市場利率。債券利率，又稱票面利

率、名義利率,是指債券上標明的年利率。它是付給債券持有人利息的標準,一經確定,不能改變。市場利率,又稱實際利率,指債券發行企業實際負擔的利息。它是金融市場上通行的一般資金利率,常用銀行貼現率或金融機構之間借貸資金所支付的利率來表示。市場利率是決定債券發行價格的基礎。

債券的票面利率和市場利率之間的關係決定了債券的發行方式。當票面利率等於市場利率時,表示債券發行企業通過發行債券取得資金所支付的利息與從資金市場取得資金所支付的利息相等。因此,債券發行價格等於債券的面值,平價發行。

當票面利率不等於市場利率時,按照票面利率支付的利息與按市場利率支付的利息之間就有一個差額,這個差額是平衡債券發行企業的利息費用與債券持有人利息收入的尺度,以保證債券發行企業和債券持有人的經濟利益,做到公允合理。當債券票面利率低於市場利率時,債券應折價發行,由債券發行企業將利息差額彌補給債券持有人。因為票面利率一經確定,就作為債券發行企業今後計算、支付利息的依據,不能改變。當票面利率低於市場利率,如果不折價發行,債券投資人必然寧肯將資金投資於其他方面,取得較高的利息收入,而不願購買這種利息較低的債券。當票面利率高於市場利率時,債券應溢價發行,由債券發行企業在債券發行時預先扣回利息差額,因為如果不溢價發行,債券發行企業必然寧肯以較低的市場利率去借入資金,而不願發行利率較高的債券。

(二)債券發行價格的計算

債券發行價格的計算有兩種方法:

1. 計算公式

$$債券發行價格 = 債券到期值現值 + 債券利息現值$$
$$債券到期值現值 = 債券到期值 \times 複利現值系數$$
$$債券利息現值 = 每期債券利息 \times 年金現值系數$$

2. 計算步驟

第一步:計算利息差額。

$$利息差額 = 按票面利率計算的每期利息 - 按市場利率計算的每期利息$$

第二步:計算利息差額的現值。

$$利息差額的現值 = 利息差額 \times 年金現值系數$$

第三步:計算發行價格。

當票面利率大於市場利率,溢價發行:

$$發行價格 = 債券面值 + 利息差額的現值$$

當票面利率小於市場利率,折價發行:

$$發行價格 = 債券面值 - 利息差額的現值$$

下面以第二種方法為例來介紹債券發行價格的計算。

【例 5-32】企業發行 1,000 張面值為 1,000 元、期限為 3 年、年利率為 10% 的債券。債券發行日為 2013 年 4 月 1 日,債券本金 1,000,000 元,3 年後一次付清,利息每年 4 月 1 日和 10 月 1 日各付一次。

(1) 設債券發行時,票面利率 = 市場利率 = 10%。

利息差額 = 50,000 - 50,000 = 0(元)

發行價格 = 1,000,000(元)

因此,債券票面利率 = 市場利率,平價發行。

(2) 設債券發行時,票面利率 10% 大於市場利率 8%。

在計算時,應考慮如下因素:債券每半年支付一次,每期查表市場利率折半為 4%,時間為 6 期。從年金現值表查得每元折現系數為 5.242,1。

利息差額 = 50,000 - 40,000 = 10,000(元)

利息差額的現值 = 10,000 × 5.242,1 = 52,421(元)

債券發行價格 = 1,000,000 + 5242,1 = 1,052,421(元)

因此,債券票面利率大於市場利率,債券溢價發行。

(3) 設債券發行時,票面利率 10% 小於市場利率 12%。

在計算時,應考慮如下因素:債券利息每半年支付一次,每期查表市場利率折半為 6%,時間為 6 期。從年金現值表查得每元折現系數為 4.917,4。

利息差額 = 50,000 - 60,000 = -10,000(元)

利息差額現值 = 10,000 × 4.917,4 = 49,174(元)

債券發行價格 = 1,000,000 - 49,174 = 950,826(元)

因此,債券票面利率小於市場利率,債券折價發行。

(三) 應付債券的核算

無論是債券是按面值發行,還是溢價或折價發行,均按債券面值記入「應付債券」帳戶的「面值」明細帳戶,實際收到的款項與面值的差額,記入「利息調整」明細帳戶。

1. 債券發行的核算

(1) 債券平價發行。

借:銀行存款　　　　　　　　　　　　　　　　　1,000,000
　　貸:應付債券——面值　　　　　　　　　　　　　1,000,000

(2) 債券溢價發行。

借:銀行存款　　　　　　　　　　　　　　　　　1,052,421
　　貸:應付債券——面值　　　　　　　　　　　　　1,000,000
　　　　　　——利息調整　　　　　　　　　　　　　　52,421

(3) 債券折價發行。

借:銀行存款　　　　　　　　　　　　　　　　　　950,826
　　應付債券——利息調整　　　　　　　　　　　　　49,174
　　貸:應付債券——面值　　　　　　　　　　　　　1,000,000

2. 債券利息的核算

應付債券的利息費用應按期計算。資產負債表日,對於分期付息、一次還本的債券,按票面利率計算確定的應付未付利息,貸記「應付利息」帳戶;對於一次還本付息的債券,按票面利率計算確定的應付未付利息,貸記「應付債券——應計利息」帳戶。

3. 利息調整的攤銷

債券溢價、折價的實質是票面利率和市場利率不一致所發生的利息差額。根據配比原則,債券溢價、折價應在其償還期內分期轉銷。各個會計期間實際發生的利息支出,應按發行債券借入的資金和市場利率進行計算。折價發行,由於票面利率低於市場利率,每期按票面利率計算或支付的利息費用,低於按市場利率支付的利息費用,在債券償還期內轉銷的折價額,應增加利息支出;溢價發行,由於票面利率高於市場利率,每期按票面利率計算或支付的利息支出高於按市場利率支付的利息支出,在債券償還期內轉銷溢價額,應衝銷利息支出。

利息調整應在債券存續期間內採用實際利率法進行攤銷。實際利率法,是指按照應付債券的實際利率計算其攤餘成本及各期利息費用的方法,即按債券面值和票面利率計算的票面利息,與按每期期初攤餘成本和實際利率計算的實際利息的差額,作為每期債券利息調整的攤銷額。

資產負債表日,對於分期付息、一次還本的債券,企業應按應付債券的攤餘成本和實際利率計算確定的債券利息費用,借記「在建工程」「製造費用」「財務費用」等帳戶,按票面利率計算確定的應付未付利息,貸記「應付利息」帳戶,按其差額,借記或貸記「應付債券——利息調整」;對於一次還本付息的債券,應於資產負債表日按應付債券的攤餘成本和實際利率計算確定的債券利息費用,借記「在建工程」「製造費用」「財務費用」等帳戶,按票面利率計算確定的應付未付利息,貸記「應付債券——應計利息」帳戶,按其差額,借記或貸記「應付債券——利息調整」。

仍用前例,實際利率法在溢價和折價情況下利息調整的攤銷見表 5-2 和表 5-3。

表 5-2　　　　　　　　實際利息法溢價攤銷表

期次 \ 項目	支付利息 A = 面值 × 票面利率	實際利息 費用 B = E × 市場利率	攤銷的 利息調整 C = A − B	利息調整 餘額 D = 上期 − C	應付債券 攤餘成本 E = 面值 + D
0				52 421	1 052 421
1	50 000	42 097	7 903	44 518	1 044 518
2	50 000	41 781	8 219	36 299	1 036 299
3	50 000	41 452	8 548	27 751	1 027 751
4	50 000	41 110	8 890	18 861	1 018 861
5	50 000	40 754	9 246	9 615	1 009 615
6	50 000	40 285	9 615	0	1 000 000

表 5-3　　　　　　　　　實際利息法折價攤銷表

項目 期次	支付利息 A = 面值 × 票面利率	實際利息 費用 B = E × 市場利率	攤銷的 利息調整 C = B − A	利息調整 餘額 D = 上期 − C	應付債券 攤餘成本 E = 面值 − D
0				49 174	950 827
1	50 000	57 050	7 050	42 124	957 876
2	50 000	57 473	7 473	34 651	965 349
3	50 000	57 921	7 921	26 730	973 270
4	50 000	58 396	8 396	18 334	981 666
5	50 000	58 900	8 900	9 434	990 566
6	50 000	59 434	9 434	0	1 000 000

4. 債券償還

債券到期,如債券在償還期內已支付了利息,到期只償付本金,其會計分錄為:

借:應付債券——面值　　　　　　　　　　　　　　1,000,000
　貸:銀行存款　　　　　　　　　　　　　　　　　　1,000,000

債券到期,如果債券利息是隨本金一併支付,到期除償付本金外,還要支付利息。其會計分錄為:

借:應付債券——應計利息　　　　　　　　　　　　× × ×
　　　　　　　——面值　　　　　　　　　　　　　　× × ×
　貸:銀行存款　　　　　　　　　　　　　　　　　　× × ×

四、長期應付款

長期應付款是指企業除長期借款和應付債券以外的各種長期應付款項,主要有應付引進設備款和融資租入固定資產應付款。

(一)應付引進設備款

應付引進設備款是企業根據同外商簽訂的加工裝配和補償貿易合同而從國外引進設備所發生的應付款項。這種應付款項一般採用以生產的產品來抵償設備款。

應付引進設備款的會計處理的特點表現在三方面:其一,企業引進設備時,既增加固定資產的價值,同時又形成一筆長期應付款項;其二,企業用產品歸還設備價款時,視作銷售處理;其三,應付引進設備款在歸還期內,因匯率發生變化而產生的折合差額,按借款費用處理原則進行處理。

下面舉例說明應付引進設備款的會計處理。

【例 5-33】企業與外商簽訂補償貿易合同,引進設備一套,折合人民幣 5,000,000 元,假定不需安裝。企業支付國內運費 20,000 元。企業投產後,用產品歸還設備款。向外商發出產品 1,000 件,每件售價 100 元,成本 80 元。

(1) 引進設備。
借：固定資產　　　　　　　　　　　　　　　5,020,000
　貸：銀行存款　　　　　　　　　　　　　　　　20,000
拔　　長期應付款　　　　　　　　　　　　　5,000,000
(2) 歸還設備款。
借：長期應付款　　　　　　　　　　　　　　　100,000
　貸：主營業務收入　　　　　　　　　　　　　100,000
借：主營業務成本　　　　　　　　　　　　　　 80,000
　貸：庫存商品　　　　　　　　　　　　　　　 80,000

(二) 融資租入固定資產應付款

融資租入固定資產應付款是指企業採用融資租賃方式租入固定資產而欠租賃公司的長期應付款。

融資租賃是指出租人根據承租人對租賃物件的特定要求及對供貨方的選擇，出租方出資向供貨方購買承租人需要的物件並租給承租人使用，承租人則分期向出租人支付租金，在租賃期內租賃物件的所有權屬於出租人，承租人擁有租賃物件的使用權。租賃期滿，租金支付完畢且承租人根據融資租賃合同規定履行完全部義務后，承租人可按合同規定擁有租入物件的所有權或將其歸還出租人。

融資租賃是集融資與融物、貿易與技術更新於一體的融資方式，往往租賃期間長，租金高，所以歸入長期應付款核算。具體核算方式請讀者參考其他財務會計教材及企業會計相關準則。

＊＊＊＊本章學習要點＊＊＊＊

1. 流動負債是指償還期限在一年以上，到期需用流動資產和其他流動負債進行清償的債務。

2. 短期借款是指企業借入的期限在一年以內的各種款項。借款利息的處理有兩種方式：按期計提和償還時直接計入當期損益。按期計提利息需通過「應付利息」帳戶進行核算，直接方式是當實際支付利息時，計入財務費用。

3. 應付票據主要核算商業承兌匯票和銀行承兌匯票，兩種匯票在核算上的區別為承兌環節和票據到期環節。銀行承兌匯票企業需向銀行支付手續費，而商業承兌匯票則無此內容；票據到期環節，如果承兌人拒付時，銀行承兌匯票應由銀行向收款人支付票款，企業的負債由應付票據轉入短期借款；商業承兌匯票，企業的負債由應付票據轉入應付帳款。應付票據貼現應設置「應付票據」帳戶的備抵帳戶「應付票據貼現」帳戶核算貼現利息。

4. 應付帳款主要包括賒購和償還帳款的一般業務的核算以及購貨折扣的核算。

購貨折扣有總價法和淨價法兩種核算方法;總價法是將未扣減折扣的總價作為應付帳款的入帳金額;淨價法是將扣減折扣后的金額作為應付帳款的入帳金額。

5. 應交稅費主要核算企業向國家交納的稅和費。企業向國家交納的稅在「應交稅費」帳戶下核算,該帳戶按稅種和費用類別設置明細帳戶,但印花稅和耕地占用稅因不與稅務機關發生結算關係,則不通過「應交稅費」帳戶核算。企業交納的消費稅、資源稅、營業稅等應計入「稅金及附加」帳戶,交納的房產稅、車船稅和土地使用稅應計入「管理費用」帳戶,交納的所得稅計入「所得稅費用」帳戶,交納的增值稅通過「應交稅費——應交增值稅」帳戶核算。

6. 職工薪酬包括企業為獲得職工提供的服務或者解除勞動合同而給予的各種形式的報酬或補償,以及為了補償職工特殊或額外的勞動消耗和因其他特殊原因支付給職工的津貼等。

「應付職工薪酬」帳戶核算應付給職工各種薪酬的分配和核算,「應付職工薪酬」應當按照「工資、獎金、津貼和補貼」「職工福利費」「非貨幣性福利」「社會保險費」「住房公積金」「工會經費和職工教育經費」「帶薪缺勤」「利潤分享計劃」「設定提存計劃」「設定受益計劃」「辭退福利」等項目設置明細帳並進行核算。

7. 長期借款是指企業借入的期限在一年以上的各種借款。長期借款利息的處理原則:與購建固定資產有關的利息支出,在資產達到預定可使用狀態之前發生的,計入資產的價值;之后發生的,計入當期損益。

8. 應付債券核算的是企業發行的期限在一年以上的各種債券。債券發行價格的計算主要考慮票面利息和市場利息形成利息差額的影響,溢價發行＝面值＋利息差額的現值,折價發行＝面值－利息差額的現值。應付債券的核算應設置「應付債券」一級帳戶,核算債券發行、會計期末和債券兌付。

9. 長期應付款核算的主要內容是應付引進設備款和融資租入固定資產應付款。應付引進設備款是採用補償貿易方式下應付引進設備的款項,其核算內容主要有設備引進環節和設備價款償還環節。引進環節一方面形成一筆負債,另一方面增加固定資產的價值;設備價款償還環節是用產品進行抵償。

＊＊＊＊本章復習思考題＊＊＊＊

1. 短期借款和長期借款在會計處理上有何不同?
2. 商業承兌匯票和銀行承兌匯票有何不同? 如何進行會計處理?
3. 應交稅費主要包括的內容有哪些? 如何進行會計處理?
4. 應付職工薪酬的主要內容有哪些? 如何進行會計處理?
5. 應付債券在會計處理有何特點?
6. 應付引進設備款在核算上有何特點?

第六章
所有者權益

學習目標

通過本章學習,主要掌握:
(1)所有者權益的性質及內容。
(2)投入資本的特徵及會計處理。
(3)資本公積的內容及會計處理。
(4)盈餘公積的計提方式及會計處理。
(5)未分配利潤的核算方法。

第一節 所有者權益的特徵和構成

一、所有者權益及其特徵

所有者權益是指企業投資者對企業淨資產的所有權,在數量上表現為企業資產減去負債后的差額。企業所有者權益與債權人權益有著顯著區別。

首先,所有者權益是企業所有者對企業淨資產的所有權,而負債是債權人對企業資產的索償權。

其次,所有者有管理企業或委託他人管理企業的權利,而債權人與企業只是債權、債務關係,無權參與企業經營管理。

再次,所有者權益在企業經營期間可以依法轉讓,但不得抽回和要求償還,而負債到期必須償還。

最后,所有者權益根據企業生產經營狀況按規定分配淨收益,而負債無論企業盈利還是虧損,都必須按規定時間還本付息。

二、所有者權益的來源及構成

所有者權益的形成主要有三大渠道:一是初始投入形成,二是直接計入所有者權

益的利得和損失,三是在生產經營過程中形成。初始投入主要是由國家、其他法人單位和個人向企業投入的資本以及資本溢價(股份制企業為股本溢價);直接計入所有者權益的利得和損失,是指不應計入當期損益、會導致所有者權益發生增減變動的、與所有者投入資本或者向所有者分配利潤無關的利得或者損失;生產經營過程形成的主要是企業從稅后利潤中提取的盈餘公積和未分配利潤,即留存收益。

所有者權益的構成內容因企業組織形式不同而不同。按照國際慣例和中國特點,企業組織形式可分為個人業主制企業、合夥企業、公司制企業和國有獨資企業。

個人業主制企業又稱個體企業,它是業主個人出資興辦,由業主自己直接經營。業主享有企業的全部經營所得,同時對企業債務負有完全責任,如果經營失敗,出現資不抵債的情況,業主要用自己的家財來抵償。由於這種企業的本錢是業主個人投入以及在生產經營中累積形成,同時由於不具法律主體,其業務都以個人名義進行,對業主投入或撤出資本無嚴格的限制,業主可隨時從企業提取資本供個人享用,也可以根據需要將私人的錢投入企業。除債權人外,其他對企業資產沒有優先權,因而對其權益無必要進行細分。所以,個人業主制企業的所有者權益表現為資本。

在會計上,為了反映業主企業資本的變動情況,需設置「資本」帳戶。該帳戶貸方記錄資本的投入數以及在經營過程中的增加數,借方記錄資本的提取數,貸方餘額反映資本的實有數。

合夥制企業是由兩個或兩個以上的個人共同出資聯合經營的企業,合夥人分享企業利潤,並對營業虧損共同承擔責任。它可以由部分合夥人經營,其他合夥人僅出資,並共負盈虧,也可以由所有合夥人共同經營。大多數合夥制企業規模較小,但也有的合夥制企業規模較大。在合夥制企業中,產權歸合夥人共同所有,其經營成果按比例或合約規定進行分配。由於這種企業的本錢是由合夥人出資以及在生產經營中累積形成,與個人業務制企業一樣,不具有法人地位,對資本的投入和提取無明確的規定和限制,因此,所有者權益包括的內容和核算方法與個人業主制企業基本相同。但由於合夥人由兩個或兩個以上構成,因而在「資本」帳戶上應按合夥人姓名設明細帳進行明細核算。

公司制企業是由股東共同出資,每個股東以其認繳的出資額或其所認購的股份對公司承擔有限責任,公司以其全部資產對其債務承擔責任的企業法人。在中國具體有有限責任公司和股份有限公司。

有限責任公司的特點是:不公開發行股票,股東的出資額由股東協商確定,且股東之間不要求等額,可以有多有少;股東認購股份后,公司出具股權證書,作為股東在公司中所擁有的權益憑證,這種憑證不能自由流通,須在其他股東同意的條件下才能轉讓;股東以其出資比例享受權利,承擔義務;其股東人數有最高和最低限額的規定,中國《公司法》規定,有限責任公司必須有50人以下的股東才能設立。

股份有限公司的特點是:公司註冊資本由等額股份構成,並通過發行股票(或股權證)籌集資本,並根據股票數量計算每個股東所擁有的權益;股票可以交易、轉讓;

股東人數2人以上,沒有上限限制;股東按其持有的股份享受權利和承擔義務。

由於有限責任公司和股份有限公司的股東都是企業的所有者,所有者的權益就是股東的權益,它包括公司股本和留存收益。股本是各股東投入企業的資本;留存收益則是在經營活動中所取得的淨收益的累積。在會計上,所有者權益劃分成投入資本、資本公積、盈餘公積和未分配利潤。

國有獨資企業是有權代表國家投資的政府部門或機構出資興辦的企業。這類企業具有法人地位,並以出資額為限對其債務承擔有限責任。因此,其所有者權益與公司制企業基本相同,是特殊形式的有限責任公司。

三、所有者權益核算的意義

為了保護投資者利益,體現資本保全原則,應正確組織所有者權益的核算。

(1)所有者權益能正確反映企業內部資本來源結構。因為投入資本是企業不同所有者投入企業的資本,體現企業外部資本來源的多少和具體取得渠道,這部分資本是企業進行生產經營活動的基礎,正是因為有了這部分資本才有企業的存在。資本公積是投入資本本身的運動,而非生產經營過程中產生,與投入資本相比僅僅是投資的目的不同。盈餘公積和未分配利潤是在生產經營過程中的增值。

(2)所有者權益能反映企業生產經營狀況和效益的好壞。因為在所有者權益中,不同內容反映不同的結果,投入資本反映企業的投資者對企業權益要求的大小,資本增值反映企業長期以來的生產經營狀況的好壞,即企業的留存收益越多,表明企業生產經營狀況越好,反之,則表明企業的生產經營狀況越差。企業資本增值與投入資本相比較,能反映企業生產經營期內經濟效益的好壞,在投入資本不變的情況下,資本增值越多,說明企業的經濟效益越好,相應地投資效益越好,投資風險越小。

(3)所有者權益能反映企業在利潤分配上的制約因素。對投資者來講,投資的目的是為了獲取更多的投資收益,因此,企業利潤分配政策的制定是企業所有者十分關心的問題。而對企業來講,為了保證企業的正常生產經營活動,既要考慮對當期利潤的分配,保證投資者利益,又要考慮企業長期持續經營和發展。因此,兼顧企業近期利益和長遠利益、兼顧維護所有者利益和保證企業擴大再生產就形成了企業在利潤分配政策上的限制,也就是既不能分光用盡,導致企業無力進行擴大再生產,又不能過分壓低分給投資者的利潤,使投資者對企業失去信心,這就促使企業必須正確處理利益分配關係。

第二節　投入資本

一、投入資本的特徵

投入資本是投資者投入資本形成法定資本的價值。它是企業賴以進行生產經營

活動的本錢。中國目前實行的是註冊資本制度,要求企業的投入資本與其註冊資本一致。

投入資本具有以下特徵:

第一,企業設立時,所取得的投入資本應達到國家法律規定的最低限額。中國《公司法》對各類企業的最低限額均做了具體規定。國家之所以規定這個最低限額是因為:①它是企業從事生產經營活動的初始條件,是企業的本錢,企業沒有本錢,生產經營活動就無法進行。②它是企業舉債最低限額的擔保。企業進行生產經營活動,除取得投入資本外,還可以向金融機構等借入資金,但是否借入或能借入多少,則取決於企業擁有的資本和資信狀況,而投入資本則是企業承擔債務的最低限額。③它是國家確認企業是否設立的重要依據之一。為了維護社會經濟秩序,保證企業生產經營活動的正常進行,企業擁有資本數額是國家是否准許企業開業登記的重要依據。

第二,企業吸收的投入資本應據實登記入帳。對於投資者投入企業的各種財產物資,應根據投資主體進行明細核算,並按實際繳付金額入帳。

第三,企業吸收的投入資本應按規定程序增減。企業吸收的投入資本應保證完整性,除按規定程序增減外,一般不得隨意變動。

第四,企業吸收的投入資本,企業依法享有經營管理權。

第五,在企業持續經營期間,投資者除依法轉讓其投資外,不得以任何方式抽回投資。

第六,投資者憑藉其投入資本的多少,可參與企業經營管理,分享企業利潤和承擔風險。

二、投入資本的構成及價值確定

根據投資主體不同,投入資本分為國家投入資本、法人投入資本、個人投入資本和外商投入資本。

國家投入資本是指有權代表國家投資的政府部門或機構以國有資產投入企業形成的資本。法人投入資本是指其他法人單位以其依法可以支配的資產投入企業形成的資本。個人投入資本是指社會個人或者本企業內部職工以個人合法財產投入企業形成的資本。外商投入資本是指中國港、澳、臺地區和國外的企業或個人以其所屬的合法財產投入企業形成的資本。

企業可接受投資者不同形式的投資,具體可接受貨幣資金、實物、無形資產以及通過發行股票方式接受投資。

不同的投資形式,其計價方法不同,其中:接受的貨幣資金投資,按實際收到數作為投入資本入帳;接受的實物和無形資產投資,按評估確認價或雙方協議價作為投入資本入帳;發行的股票,以股票面值作為投入資本入帳,超過面值的溢價作為資本公積。

三、投入資本的核算

企業對投資者投入資本的核算,應設置「實收資本」帳戶(股份有限公司設置「股本」帳戶)。該帳戶貸方登記企業實際收到投資者的出資額以及按規定將資本公積、盈餘公積轉增資本的數額,借方登記企業解散清算時,按法定程序經批准而減少的投入資本數額,餘額在貸方,表示投入資本的實有數額。

(一)企業收到貨幣資金投資的核算

企業根據實際收到投資者投入的現金,以實際收到或者存入銀行的金額借記「庫存現金」「銀行存款」帳戶,貸記「實收資本」帳戶。

【例6-1】企業接收某單位投入的現金投資,計100,000元,已收妥存入銀行,收到時編制的會計分錄為:

借:銀行存款   100 000
　　貸:實收資本   100 000

(二)企業接受固定資產投資的核算

企業收到投資者投入的房屋、機器、設備等固定資產時,應當按照投資合同或協議約定的價值(合同或協議約定的價值不公允的除外)入帳。按合同或協議約定的價值,借記「固定資產」帳戶,按投入資本在註冊資本或股本中所占份額,貸記「實收資本」或「股本」帳戶,對於投資雙方確認的資產價值超過註冊資本中所占份額部分,貸記「資本公積——資本溢價」或「資本公積——股本溢價」等帳戶。

【例6-2】2016年9月16日收到某企業投入的不需要安裝的全新設備一套,價值600,000元,收到該企業的增值稅專用發票,增值稅率為17%。企業收到該套設備的會計分錄為:

借:固定資產   600,000
　　應交稅費——應交增值稅(進項稅額)   102,000
　　貸:實收資本   702,000

【例6-3】企業接受投資方投入的舊設備一臺,該固定資產取得時未抵扣過進項稅,投資企業帳面原價為520萬元,已提折舊169萬元,雙方確認價值為309萬元,按規定一般納稅人投資自己使用過的未抵扣過進項稅的資產,依照3%徵收率減按2%徵收率徵收增值稅。設備運達企業,已收到投資方的增值稅專用發票。

增值稅進項稅額 = 3,090,000 ÷ (1+3%) × 2% = 60,000(元)

借:固定資產   3,090,000
　　應交稅費——應交增值稅(進項稅額)   60,000
　　貸:實收資本   3,150,000

上例中,假定雙方確認價值為360.5萬元,企業收到設備時:

增值稅進項稅額 = 3,605,000 ÷ (1+3%) × 2% = 70,000(元)

借:固定資產   3,605,000

應交稅費——應交增值稅(進項稅額)	70,000
貸:實收資本	3,675,000

上例中,假定雙方確認價值為432.6萬元,企業收到設備時:

增值稅進項稅額 = 4,326,000 ÷ (1 + 3%) × 2% = 84,000(元)

借:固定資產	4,326,000
應交稅費——應交增值稅(進項稅額)	84,000
貸:實收資本	4,410,000

(三)企業接受原材料等投資的核算

企業收到投資者投入的原料及主要材料、輔助材料等,按照雙方確定的價值,借記「原材料」等帳戶,貸記「實收資本」帳戶。

【例6-4】中天公司收到M公司投入的原材料一批,合同協議價為60,000元(不含增值稅),該材料的計稅價格為65,000元,中天公司收到M公司開具的增值稅專用發票,材料已經驗收入庫。帳務處理如下:

借:原材料	60,000
應交稅費——應交增值稅(進項稅額)	11,050
貸:實收資本——M公司	71,050

(四)企業接受無形資產投資的核算

企業收到投資者投入的無形資產時,按評估確認價值,借記「無形資產」帳戶,貸記「實收資本」帳戶。

【例6-5】企業接受投資方投入的一項專利技術,雙方協議確定價值為120萬元,增值稅率為6%,已取得投資方開具的增值稅專用發票。

增值稅進項稅額 = 1,200,000 × 6% = 72,000(元)

借:無形資產	1,200,000
應交稅費——應交增值稅(進項稅額)	72,000
貸:實收資本	1,272,000

(五)資本公積、盈餘公積轉增資本的核算

企業在生產經營過程中形成的資本公積以及從稅後利潤中提取的盈餘公積,按照規定可以轉增資本。在核算時,按轉增資本的資本公積和盈餘公積,借記「資本公積」或「盈餘公積」帳戶,貸記「實收資本」帳戶。

【例6-6】經批准,將企業的資本公積15 000元,盈餘公積10 000元,轉增資本金,其會計分錄為:

借:資本公積	15 000
盈餘公積	10 000
貸:實收資本	25 000

第三節　資本公積和其他綜合收益

一、資本公積的內容

資本公積是企業收到投資者的超出其在企業註冊資本(或股本)中所占份額的投資,以及直接計入所有者權益的利得和損失等。資本公積包括資本溢價(或股本溢價)和直接計入所有者權益的利得和損失等。

資本溢價(或股本溢價)是企業收到投資者的超出其在企業註冊資本(或股本)中所占份額的投資。形成資本溢價(或股本溢價)的原因有溢價發行股票,按投資者超額繳入資本等。

直接計入所有者權益的利得和損失是指不應計入當期損益、會導致所有者權益發生增減變動的、與所有者投入資本或向所有者分配利潤無關的利得或損失。

(一) 資本溢價

投資者經營的企業(不含股份有限公司),投資者依其出資份額對企業經營決策享有表決權,依其所認繳的出資額對企業承擔有限責任。在企業重組並有新的投資者加入時,新加入的投資者的出資額不能全部作為資本金。一是由於相同數量的投資因出資時間不同,對企業影響程度不同,由此而帶給投資者的權利不同。所以,新加入的投資者要付出大於原投資者的出資額,才能取得與原投資者相同的比例;二是企業在經營中實現了一部分利潤,形成留存收益,而未轉入投入資本,新投資者與原投資者共享,這也要求新投資者付出大於原投資者的數額,才能取得與原投資者相同的投資比例。因此,為了既不影響企業生產經營活動,又不損害其他投資者的利益,各投資者應按合同、協議規定比例出資,超過規定註冊資本的部分,不作為參與企業利潤分配的依據,但它同企業投入資本一起作為企業籌集的資本同時進入企業,也應作為投資者權益,計入資本公積。

(二) 股本溢價

股份有限公司是以發行股票的方式籌集股本的,股票是企業簽發的證明股東按其所持股份享有權利和承擔義務的書面證明。企業的股本總額應按股票的面值與股份總數的乘積計算。國家規定,實收資本總額應與註冊資本相等。在實際的股票發行中,中國法律規定存在平價和溢價發行兩種。在採用與股票面值相同的價格發行股票的情況下,企業發行股票所得的收入,全部記入「股本」帳戶;在採用溢價發行的情況下,超出股票面值的溢價收入作為資本公積。委託證券商代理發行股票而支付的手續費、佣金等,從溢價收入中扣除,企業應按扣除手續費、佣金后的數額作為資本公積。

(三) 其他資本公積

其他資本公積是指除資本溢價(或股本溢價)項目以外所形成的資本公積。它包括由以權益結算的股份支付產生的、採用權益法核算的長期股權投資產生的資本

公積。

　　對於以權益結算的股份支付換取職工或其他方提供服務的,應按照確定的金額,記入「管理費用」等科目,同時增加「資本公積——其他資本公積」,行權日再按相關規定進行會計處理。

　　對於採用權益法核算的長期股權投資,對於被投資單位除淨損益、其他綜合收益以及利潤分配以外所有者權益的其他變動,投資企業按照持股比例計算應享有的份額,相應調整長期股權投資的帳面價值,同時增加或減少「資本公積——其他資本公積」。

二、資本公積的計價

　　資本公積的內容不同,計價方法也不完全相同。

　　投資者的出資額大於按其投資比例計算出的出資額部分形成的資本公積,應以實際超出的數額計價入帳。

　　股份有限公司溢價發行股票超出股票面值的溢價收入部分形成的資本公積,以實際超出的數額計價入帳。委託證券商代理發行股票而支付的手續費、佣金等從溢價收入中扣除,企業應按扣除手續費、佣金后的數額計價入帳。

　　直接計入所有者權益的利得和損失主要由以下交易和事項引起:採用權益法核算的長期股權投資,以權益估算的股份支付,存貨或自用房地產轉換為投資性房地產,可供出售金融資產公允價值的變動以及金融工具重分類等。以可供出售金融資產公允價值的變動為例,可供出售金融資產公允價值變動形成的利得或損失,除減值損失和外幣貨幣性資產形成的匯兌差額外,記入資本公積(其他資本公積)。

三、資本公積的核算

　　為了反映企業資本公積的形成和轉增資本情況,應設置「資本公積」帳戶,該帳戶貸方登記因資本溢價、股本溢價以及直接計入所有者權益的利得而增加的資本公積數,借方登記按規定轉增資本或計入由於直接計入所有者權益的損失而減少的資本公積數。

　　企業投資者繳付出資額大於註冊資本而產生差額時,根據實際收到的出資額,借記「銀行存款」「固定資產」等帳戶,根據投資者在註冊資本中的份額,貸記「實收資本」帳戶,根據其差額,貸記「資本公積」帳戶。

　　【例6-7】某企業由甲、乙、丙三個企業合資並發起設立,投資比例分別為40%、25%、35%,經企業決定增加資本100萬元,其中,甲企業認購45萬元,已存入銀行。收到甲企業出資時的會計分錄為:

　　　借:銀行存款　　　　　　　　　　　　　　　　　450,000
　　　　貸:實收資本　　　　　　　　　　　　　　　　400,000
　　　　　　資本公積　　　　　　　　　　　　　　　　 50,000

　　在採用溢價發行股票的情況下,企業發行股票取得的收入,相當於股票面值的部

分記入「股本」帳戶,超出股票面值的溢價收入記入「資本公積」帳戶。委託證券商代理發行股票而支付的手續費、佣金等,應從溢價發行收入中扣除,企業應按扣除手續費、佣金后的數額記入「資本公積」帳戶。

【例6-8】A公司委託B證券公司代理發行普通股2,000,000股,每股面值1元,按每股1.2元的價格發行。公司與受託單位約定,按發行收入的3%收取手續費,從發行收入中扣除,假設收到的股款已存入銀行。

根據上述資料,A公司應作以下會計處理:
公司收到委託發行單位交來的現金 = 2,000,000 × 1.2 × (1 - 3%) = 2,328,000(元)
應計入「資本公積」帳戶的金額 = 溢價收入 - 發行手續費
= 2,000,000 × (1.2 - 1) - 2,000,000 × 1.2 × 3%
= 328,000(元)

借:銀行存款　　　　　　　　　　　　　　　　　　　　2,328,000
　貸:股本　　　　　　　　　　　　　　　　　　　　　　2,000,000
　　　資本公積——股本溢價　　　　　　　　　　　　　　328,000

四、其他綜合收益的確認計量及會計處理

其他綜合收益,是指企業根據其他會計準則規定未在當期損益中確認的各項利得和損失。它包括以后會計期間不能重分類進損益的其他綜合收益和以后會計期間滿足規定條件時將重分類進損益的其他綜合收益兩類。

(一)以后會計期間不能重分類進損益的其他綜合收益項目

(1)重新計量設定受益計劃淨負債或淨資產導致的變動。根據《企業會計準則第9號——職工薪酬》,有設定受益計劃形式離職后福利的企業應當將重新計量設定受益計劃淨負債或淨資產導致的變動計入其他綜合收益,並且在后續會計期間不允許轉回至損益。

(2)按照權益法核算的在被投資單位以后會計期間不能重分類進損益的其他綜合收益變動中所享有的份額。根據《企業會計準則第2號——長期股權投資》,投資方取得長期股權投資后,應當按照應享有或應分擔的被投資單位其他綜合收益的份額,確認其他綜合收益,同時調整長期股權投資的帳面價值。在投資單位確定應享有或應分擔的被投資單位其他綜合收益的份額時,該份額的性質取決於被投資單位的其他綜合收益的性質,即如果被投資單位的其他綜合收益屬於「以后會計期間不能重分類進損益」類別,則投資方確認的份額也屬於「以后會計期間不能重分類進損益」類別。

(二)以后會計期間滿足規定條件時將重分類進損益的其他綜合收益項目

1. 可供出售金融資產公允價值的變動

對於可供出售金融資產公允價值變動形成的利得,除減值損失和外幣貨幣性金融資產形成的匯兌差額外,可作如下或相反的會計分錄:

借:可供出售金融資產——公允價值變動

贷:其他综合收益

【例6-9】乙公司20×6年8月13日从二级市场购入股票1,000,000股,每股市价15元,手续费30,000元;初始确认时,该股票划分为可供出售金融资产。乙公司至20×6年12月31日仍持有该股票,该股票当时的市价为16元。

假定不考虑其他因素,乙公司的账务处理如下:

(1)20×6年8月13日,购入股票。

借:可供出售金融资产——成本　　　　　　　　　　　　　15,030,000
　　贷:银行存款　　　　　　　　　　　　　　　　　　　　15,030,000

(2)20×6年12月31日,确认股票价格变动。

借:可供出售金融资产——公允价值变动　　　　　　　　　　　970,000
　　贷:其他综合收益　　　　　　　　　　　　　　　　　　　970,000

2. 可供出售外币非货币性项目的汇兑差额

对于发生的汇兑损失,可作如下的会计分录:

借:其他综合收益
　　贷:可供出售金融资产

对于发生的汇兑收益,作相反的会计分录。

3. 金融资产的重分类

(1)将可供出售金融资产重分类为采用成本或摊余成本计量的金融资产。

重分类日该项金融资产的公允价值或账面价值作为成本或摊余成本,该项金融资产没有固定到期日的,与该金融资产相关、原直接计入所有者权益的利得或损失,仍应记入「其他综合收益」科目,在该金融资产被处置时转入当期损益。

(2)将持有至到期投资重分类为可供出售金融资产,并以公允价值进行后续计量。

借:可供出售金融资产(金融资产的公允价值)
　　持有至到期投资减值准备
　　贷:持有至到期投资
　　　　其他综合收益(公允价值高于该投资账面价值的差额)

(如果公允价值低于该投资账面价值,其差额计入其他综合收益的借方)

产生的「其他综合收益」在该可供出售金融资产发生减值或终止确认时转入当期损益。

(3)按规定应当以公允价值计量,但以前公允价值不能可靠计量的可供出售金融资产,在其公允价值能够可靠计量时改按公允价值计量,将相关账面价值与公允价值之间的差额记入「其他综合收益」科目,在该可供出售金融资产发生减值或终止确认时转入当期损益。

4. 采用权益法核算的长期股权投资

(1)被投资单位其他综合收益变动,投资方按持股比例计算应享有的份额,可作如下会计分录。

借：長期股權投資——其他綜合收益
　　貸：其他綜合收益
被投資單位其他綜合收益減少時，作相反的會計分錄。
（2）處置採用權益法核算的長期股權投資時，可作如下或相反的會計分錄。
借：其他綜合收益
　　貸：投資收益
5. 存貨或自用房地產轉換為投資性房地產
（1）企業將作為存貨的房地產轉為採用公允價值模式計量的投資性房地產，其公允價值大於帳面價值時，應作如下會計分錄：
借：投資性房地產－成本（轉換日的公允價值）
　　貸：開發產品等
　　　　其他綜合收益（公允價值大於該存貨帳面價值的差額）
如果轉換日公允價值小於該存貨帳面價值：
借：投資性房地產－成本（轉換日的公允價值）
　　公允價值變動損益（公允價值小於該存貨帳面價值的差額）
　　貸：開發產品等
企業將自用房地產轉為採用公允價值模式計量的投資性房地產，其公允價值大於帳面價值時，應作如下會計分錄：
借：投資性房地產－成本（轉換日的公允價值）
　　累計折舊
　　固定資產減值準備
　　貸：固定資產
　　　　其他綜合收益（轉換日公允價值大於該自用房地產帳面價值的差額）
如果轉換日公允價值小於該自用房地產帳面價值：
借：投資性房地產－成本（轉換日的公允價值）
　　累計折舊
　　固定資產減值準備
　　公允價值變動損益（公允價值小於該自用房地產帳面價值的差額）
　　貸：固定資產
（2）處置該項投資性房地產時，因轉換計入其他綜合收益的金額應轉入當期其他業務成本，可作如下會計分錄。
借：其他綜合收益
　　貸：其他業務成本
6. 現金流量套期工具產生的利得或損失中屬於有效套期的部分
現金流量套期工具利得或損失中屬於有效套期部分，直接確認為其他綜合收益。

7. 外幣財務報表折算差額

按照外幣折算的要求,企業在處置境外經營的當期,將已列入合併財務報表所有者權益的外幣報表折算差額中與該境外經營相關部分,自其他綜合收益項目轉入處置當期損益。如果是部分處置境外經營,應當按處置的比例計算處置部分的外幣報表折算差額,轉入處置當期損益。

第四節　留存收益

一、盈餘公積及其意義

盈餘公積是從稅后利潤中計提形成的用於企業生產發展和企業以豐補歉的后備資本來源。盈餘公積可以用來彌補企業以前年度虧損,也可以轉增資本。計提盈餘公積具有以下意義:

(1)限制利潤分配中的短期行為。企業在生產經營過程中實現的利潤,按照國家規定的分配辦法,應首先提取盈餘公積,然后才可用於投資者的分配利潤。這樣就可避免企業將實現的利潤分光,對企業利潤分配起著制約作用。

(2)為企業進行擴大再生產提供資本保證。為了增強企業生產發展能力,任何一個企業都不能把實現的利潤一次全部分給投資者,按照常規,應從實現利潤中提一部分準備金用於企業生產發展。計提盈餘公積是企業經營資金的一項重要補充途徑。

(3)企業以豐補歉的主要資本來源。在市場經濟下,企業面臨激烈競爭,企業的生產經營要適應市場變化,因此,在生產經營好的會計期間提取一定數額的盈餘公積,可以保證生產經營不景氣、出現經營風險甚至嚴重虧損的會計期間的生產經營活動正常進行,彌補企業生產經營中的虧損,或者在無淨收益的情況下,用盈餘公積的一定數額分配給投資者,以保護投資者利益,維護企業形象。

可見,從實現利潤中計提盈餘公積,對於克服企業短期行為、擴大企業生產能力、保證企業持續穩定地發展具有重要意義。

盈餘公積提取和使用的核算,要設置「盈餘公積」帳戶,該帳戶的貸方登記提取的盈餘公積數額,借方登記使用的盈餘公積數額,餘額在貸方,表示盈餘公積的實有數額。盈餘公積的提取辦法和相關經濟業務的核算詳見本書第八章。

二、未分配利潤

未分配利潤是淨利潤扣除提取的盈餘公積、分配給投資者的利潤后的餘額。它是企業當年待分配的利潤或留於以後年度分配的利潤。未分配利潤有兩種含義:一是企業年終利潤分配結束之前的待分配的利潤數;二是企業年終利潤分配結束后未分配利潤數,這部分將留待以後年度分配。如果企業發生虧損,本年度又無法彌補,就是年終

未彌補的虧損數,從性質上看屬於負的淨收益,彌補它的來源是以后年度實現的利潤。

未分配利潤數額的確定及其相關的帳務處理詳見本書第八章。

＊＊＊＊本章學習要點＊＊＊＊

1. 所有者權益是企業投資者對企業淨資產的所有權。所有者權益來源有企業接受的初始投資和企業在生產經營過程中的資本增值。在不同組織形式的企業所有者權益的構成內容不同,在個人業主制和合夥制企業表現為資本;在公司和國有企業表現為投入資本、資本公積、盈餘公積和未分配利潤。

2. 投入資本是企業實際收到的投資者投入企業的資本。按投資主體有國家投入資本、法人投入資本、個人投入資本和外商投入資本;按投資形式有貨幣資金投資、實物投資、無形資產投資等形式。企業對接受的投入資本有相應的管理規定,企業接受投資的形式不同,其計價的原則不同。企業對接受的投入資本應設置「實收資本(或股本)」帳戶進行核算並進行相應的帳務處理。

3. 資本公積是企業因資本(或股本)溢價等原因形成的。企業形成的資本公積雖然原因不同但其用途都是轉增資本。企業資本公積的形成和轉增資本通過設置「資本公積」帳戶進行核算並進行相應的帳務處理。

4. 其他綜合收益是2014年企業會計準則修訂后新增加的所有者權益科目。其他綜合收益,是指企業根據其他會計準則規定未在當期損益中確認的各項利得和損失。它包括以后會計期間不能重分類進損益的其他綜合收益和以后會計期間滿足規定條件時將重分類進損益的其他綜合收益兩類。

5. 留存收益包括盈餘公積和未分配利潤,都是從稅后利潤中提取形成的,但它們的確定方法和使用渠道不盡相同。

＊＊＊＊本章復習思考題＊＊＊＊

1. 所有者權益的構成內容有哪些?分別如何計價?
2. 試述投入資本的內容及其核算方法。
3. 試述資本公積的形成原因及核算方法。

第七章
費用與成本

學習目標

會計要素按照性質分為資產、負債、所有者權益、收入、費用和利潤六大要素,前三個要素稱為靜態會計要素,側重反映企業的財務狀況,后三個要素稱為動態要素,側重反映企業的經營成果。在第三章至第六章中我們已經學習了靜態會計要素確認、計量,從現在開始我們要進入動態會計要素確認、計量的學習,其中首先學習費用這一要素。

通過本章學習,主要掌握:
(1) 明確費用的含義和特徵。
(2) 掌握費用確認、計量的基礎和條件。
(3) 熟習費用的內容和分類方法。
(4) 掌握產品成本計算的基本程序和方法。
(5) 能夠比較熟練地掌握期間費用的內容及會計處理方法。

第一節　費用確認、計量和分類

一、費用及其特徵

費用是指企業在日常活動中發生的、會導致所有者權益減少的、與向所有者分配利潤無關的經濟利益的總流出。按照中國企業會計準則的界定,費用應當具有以下特徵:

(1) 費用是企業在日常活動中發生的經濟利益流出。將費用界定為日常活動發生的經濟利益流出,其目的是為了將其與損失相互區分。企業在非日常活動中發生的經濟利益流出不能確認為費用,而應確認為損失。比如,企業處置固定資產、無形資產,因違約支付罰款,因自然災害等非常原因發生的財產毀損等,均屬於企業非日常活動中發生的經濟利益流出,應當作為損失處理。

(2) 費用會導致企業所有者權益減少。費用一旦發生,既可表現為資產的減少,

比如銀行存款、庫存商品的減少等；也可能表現為負債的增加，比如應付職工薪酬、應交稅費的增加等。按照「資產－負債＝所有者權益」這一會計等式，費用最終會導致企業所有者權益的減少。

（3）費用與向所有者分配利潤無關。企業向所有者分配利潤，雖然也會減少所有者權益，但屬於企業最終利潤分配行為，不屬於企業日常活動範疇，不能作為費用處理。

中國企業會計準則採用的費用觀實際上是與本期營業收入相配比的狹義費用觀，廣義的費用觀是指企業各種日常活動發生的經濟利益流出，包括各種非日常活動發生的損失在內。

二、費用確認、計量

（一）費用確認

費用在確認時除了應當符合費用的基本特徵之外，還應當滿足以下條件：
（1）與費用相關的經濟利益很可能流出企業；
（2）與費用相關的經濟利益流出企業時必然會導致資產減少或負債的增加；
（3）與費用相關的經濟利益流出企業時其流出額能夠可靠地計量。

（二）費用計量

一般情況下，費用按照歷史成本這一會計計量屬性來計量。這是因為歷史成本代表企業實際交易價格，是企業實際現金流出量，比較客觀，易於驗證。但在持續通貨膨脹以及其他一些特殊情況下，為了真實反映企業的盈虧狀況，費用也可以採用現行成本、可變現淨值予以計量。

三、費用的分類

企業存在著各種各樣的費用，為了反映每一種費用的特點，便於費用的管理與核算，有必要按不同行業和標準進行分類。

實踐中，不同行業的企業日常活動的內容有一定的差異，費用構成會有一定的出入，下面我們以製造業為例來說明費用分類的方法。

（一）費用按經濟內容（性質）進行分類

製造業的費用按經濟內容（性質）分類，可以分為勞動對象、勞動資料和勞動力三個方面的費用，其具體可分為以下九個費用要素：

（1）外購材料費。它是指企業為了生產而耗用的一切從外部購入的原材料、半成品、輔助材料、包裝物、修理用備件、低值易耗品等。

（2）外購燃料費。它是指企業為了進行生產而耗用的一切從外部購進的各種燃料。

（3）外購動力費。它是指企業為進行生產而耗用的從外部購進的各種動力。

（4）職工工資。它是指企業支付給全體職工的工資總額，包括計時工資、計件工

資、獎金、津貼、補貼等內容。

（5）職工福利費。它是指企業按照一定的規定、標準需要計提和支付給職工的各種社會福利費用。比如，需支付給職工的醫療保險、養老保險、失業保險、工傷保險、住房公積金、工會經費、職工教育經費等內容，是除了職工工資之外的各種職工薪酬。

（6）折舊費。它是指企業提取的固定資產折舊。

（7）利息支出。它是指企業計入期間費用的借款利息支出。

（8）稅金支出。它是指企業計入管理費用的各種稅金支出，如印花稅、土地使用稅、房產稅、車船使用稅等。

（9）其他支出。它是指不屬於以上各費用要素的支出，如郵電費、差旅費、租賃費等。

費用按經濟內容分類，可以反映企業在一定時期內發生了哪些費用，數額是多少，用以分析企業各個時期各種費用占全部費用的比重，考核各種費用預算的執行情況，為下期各種費用預算的編制提供一定的依據。

（二）費用按照經濟用途分類

製造業的費用按照經濟用途，首先可以分為計入產品成本的費用和不計入產品成本的費用即期間費用。計入產品成本的費用又可以繼續分為直接材料、直接人工和製造費用等。

（1）直接材料。它是指直接用於產品生產或構成產品實體的原料、主要材料、燃料、動力、外購半成品及有助於產品實體形成的輔助材料、其他材料。

（2）直接人工。它是指直接參加產品生產的工人工資及其職工福利費。

（3）製造費用。它是指企業各生產單位（如車間、分廠）為組織和管理生產而發生的各種間接費用，包括工資、福利費、折舊費、修理費、辦公費、水電費等。

以上三個項目由於構成產品生產成本，故又稱為成本項目。在會計實務中，由於各企業生產特點不同，管理要求不同，可以對以上成本項目適當進行增減調整。

（4）期間費用。它是指不能直接歸屬於某個特定產品成本的費用，包括管理費用、銷售費用、財務費用。期間費用在發生時就全部轉入當期損益，不計入產品成本，這樣處理有助於簡化會計核算工作，提高成本計算的準確性。

對於計入產品成本的費用，除了按照經濟用途分為直接材料、直接工人、製造費用之外，還可以按照計入產品成本的方式分為直接費用和間接費用。直接費用是指可以依據費用發生的會計憑證直接計入某種產品成本的費用，如產品生產直接消耗的原材料、燃料、動力，以及生產工人的工資費用等。間接費用是指不能依據費用發生的會計憑證直接計入某種產品成本，需要通過分配之后才能計入某種產品成本的費用，如生產車間一般消耗領用的原材料、低值易耗品、辦公用品，以及生產車間管理人員的工資費用等。將計入產品成本的費用區分為直接和間接費用，有利於產品成本核算和成本計劃的編制工作。

四、費用與成本關係

成本有廣義和狹義概念。廣義的成本概念泛指為了取得某項資產或達到特定的目的而付出的代價。為取得固定資產而付出的代價就是固定資產成本,為購買原材料付出的代價就是原材料成本,如此等等。狹義的成本概念僅指產品成本、工程成本和勞務成本等。在中國會計實務中,如不特別說明,一般所說的成本主要是指狹義的成本概念。

費用與成本存在著密切的聯繫。費用的發生是成本形成的基礎,沒有費用的發生,也就談不上任何對象的成本問題,兩者從本質上講都是企業經濟利益流出即資源的一種耗費和減少。兩者的差別在於費用是對企業資源的耗費按內容或用途等進行的歸類,而成本是對企業資源的耗費按一定的對象進行的歸集,是一種對象化的費用。

第二節 生產成本

一、生產費用與產品成本

生產費用是指某一期間內發生於生產過程中的各種耗費。它包括生產中所消耗的原材料、燃料、動力、工資、福利費、折舊費、大修理費等支出,它是生產過程中各種耗費的貨幣表現,可以反映企業生產規模大小和水平。

產品成本是指為了生產一定種類、數量的產品而發生的各種生產費用。它主要包括產品在生產過程中消耗的材料費用、人工費用、製造費用。產品成本在管理上可以分為車間成本、生產成本和銷售成本。車間成本是指在生產車間內發生的產品成本;生產成本又稱工廠成本,是指產品各車間成本的總和;銷售成本是指已經實現銷售的產品在生產中的成本。

生產費用和產品成本有著密切關係。生產費用、產品成本都是企業在生產過程中的耗費,都是生產耗費的貨幣表現。生產費用的發生是形成產品成本的前提條件,沒有生產費用的發生,便沒有產品成本的形成。當然,兩者存在著一定的差別,這主要表現在:①生產費用分為工業性生產費用和非工業性生產費用,前者是生產中從事產品生產而發生的費用,它構成產品成本,后者是生產中從事非產品生產活動而發生的費用,它不構成產品成本,如生產單位在生產中為企業在建工程、職工福利部門等提供勞務作業而發生的費用;②生產費用一般按期間進行歸集,而產品成本一般按產品進行歸集,某期間完工產品成本可能包括幾個時期的生產費用,不一定都是由本期發生的生產費用所構成,而本期發生的生產費用總額也不一定與本期完工產品成本總額相等。

基於上述關係,產品成本計算中應注意劃清以下費用界限:
(1)計入產品成本費用和不計入產品成本的費用界限;

(2)計入各產品成本的費用界限；
(3)計入各期產品成本的費用界限；
(4)計入完工產品成本和期末產品成本的費用界限。

只有劃清以上幾條費用界限，才可能在生產費用歸集分配的基礎上，正確地計算出各種完工產品成本。

二、產品成本計算的基本程序

產品成本計算程序是指從生產費用的發生開始，直到計算出完工產品實際成本的順序和步驟。每個生產企業由於生產特點不同，成本管理的要求不同，在具體計算的步驟上可能有一定的出入，但基本的步驟是：

(1)對生產費用進行審核、控製，確定計入產品成本的費用界限；

(2)將應計入本月產品成本的各種要素費用，在各種產品之間按照成本項目進行歸集分配，計算出各種產品成本；

(3)對既有完工產品又有在產品的產品，將月初在產品成本與本月生產費用之和，在完工產品與月末在產品之間進行分配，計算出完工產品總成本和單位成本。

三、產品成本計算的主要帳戶

為了按照用途歸集各項費用，劃清有關費用的界限，正確計算產品成本，應設置「生產成本」「製造費用」等帳戶。

1.「生產成本」帳戶

本帳戶核算企業進行工業性生產所發生的各項費用，包括生產各種產成品、自製半成品、提供勞務、自製材料、自製工具以及自製設備等所發生的各項費用。該帳戶應設置「基本生產成本」和「輔助生產成本」兩個二級帳戶。「基本生產成本」二級帳戶核算企業為完成主要生產目的而進行的商品產品生產所發生的費用，計算基本生產的產品成本。「輔助生產成本」二級帳戶核算企業為基本生產服務而進行的產品生產和勞務供應所發生的費用，計算輔助生產產品和勞務成本。在這兩個二級帳戶下，還應當按照成本計算對象開設明細帳，帳內按成本項目設專欄進行明細核算。

企業發生的直接材料和直接人工費用，直接記入「生產成本」帳戶和「基本生產成本」「輔助生產成本」二級帳及所屬明細帳的借方；發生的其他間接費用先在「製造費用」帳戶進行歸集，月終分配計入「生產成本」帳戶及所屬二級帳和明細帳的借方；屬於企業輔助生產車間為基本生產產品提供的動力、修理服務等費用，先在「生產成本」帳戶所屬的「輔助生產成本」帳戶中進行核算，然后轉入「生產成本」帳戶中的二級帳戶「基本生產成本」及其所屬明細帳的借方。企業已經生產完工並驗收入庫的產成品及自製半成品的實際成本，記入「生產成本」帳戶及所屬二級帳「基本生產成本」和所屬明細帳的貸方。企業輔助生產車間為基本生產、行政管理部門和其他部門提供勞務等，月終按照一定的分配標準分配給各受益對象，按實際成本計入「生產成本」帳戶的借

方期末餘額反映尚未完工的各項在產品成本。

2.「製造費用」帳戶

本帳戶核算企業為生產產品和提供勞務而發生的各項間接費用。該帳戶應按不同的車間、部門設置明細帳,帳內按製造費用的項目、內容設專欄進行明細核算。發生的各項間接費用記入該帳戶及所屬明細帳的借方,月終,將製造費用按一定的標準分配之後計入有關成本計算對象時,記入該帳戶及所屬明細帳的貸方。該帳戶月末一般無餘額。

根據企業成本管理的需要,在小型企業中可以將「生產成本」和「製造費用」兩個帳戶合併為「生產費用」帳戶;在大中型企業可以將「基本生產成本」和「輔助生產成本」兩個二級帳上升為「基本生產」和「輔助生產」一級帳戶,不再設置「生產成本」一級帳戶。

此外成本計算中還會使用到「長期待攤費用」「應付職工薪酬」等帳戶,這些帳戶在前面有關章節中已使用,不再重複。

四、生產費用的歸集分配

生產費用的歸集分配,應根據審核合格的原始憑證,按照費用的用途、地點,編制各種費用分配表進行。凡是直接用於某一種產品的費用,可以直接計入該產品成本,凡是幾種產品共同耗用的費用,則採用適當的標準分配之後計入產品成本。

(一)材料費用的歸集分配

在企業生產活動中,會大量地消耗各種材料,比如各種原材料及主要材料、輔助材料等。它們有的用於產品生產;有的用於維護生產設備或組織管理生產;還有的用於非工業性生產。其中,用於產品生產且構成產品實體的材料,應計入「生產成本——基本生產成本」帳戶;而用於輔助生產的材料應計入「生產成本——輔助生產成本」帳戶;用於企業行政管理部門、銷售部門的材料,應計入「管理費用」和「銷售費用」帳戶;用於購置和建造固定資產的材料,應計入「在建工程」帳戶。

用於產品生產的原材料及主要材料,如紡織用原棉、鑄造用生鐵、冶煉用礦石、造酒用大麥等,通常是按照產品分別領用的,可以根據領料憑證直接計入各種產品成本中的「直接材料」項目。如果一批材料是為幾種產品共同耗用,則需要採用合理簡便的分配方法,分配之後計入產品成本中的「直接費用」成本項目。在消耗定額比較正確的情況下,通常採用按材料定額消耗量比例或材料定額成本比例進行分配,其計算的公式如下:

$$分配率 = \frac{材料實際消耗量(或實際成本)}{各種產品材料定額消耗量(或定額成本)之和} \times 100\%$$

$$\frac{某種產品應分配的材料數量}{(費用)} = \frac{該種產品的材料定額消耗量}{(或定額成本)} \times 分配率$$

原材料及主要材料除了按以上方法分配外，還可以採用其他分配方法。例如按產量、重量或體積比例分配。具體的計算方法可以比照上述公式進行。

輔助材料計入產品成本的方法與原材料及主要材料基本相同，凡用於產品生產且能夠直接計入產品成本的輔助材料，如專用包裝材料等，應根據領料憑證直接計入。但在很多情況下，輔助材料是由幾種產品共同耗用的，從而需要採用恰當的分配方法，分配之后計入各種產品成本。

退回的材料和回收廢料，應根據退料憑證和廢料交庫憑證，按材料領用時的用途歸類，扣減原領的材料費用。月末，車間結存的材料，即便下月產品繼續使用，也要辦理「假退料」手續，轉為下月領料，而不能列為本月費用支出。

在會計實務中，企業一般應按材料的用途和類別，根據歸類之后的領料憑證，編制「材料費用分配表」完成材料的分配工作。該表參考的格式內容見表7-1。

表7-1　　　　　　　　　　材料費用分配表
××年×月

應借帳戶			共同耗用材料費用的分配					直接領用材料（元）	耗用材料總額（元）
總帳及二級帳	明細帳	成本或費用項目	產量（件）	單位消耗定額（千克）	定額耗用量（千克）	分配率	應分配材料費用（元）		
生產成本——基本生產成本	甲產品	直接材料	480	1	480		24,960	30,040	55,000
	乙產品	直接材料	660	0.5	330		17,160	12,840	30,000
	小計	—	—	—	810	52	42,120	42,880	85,000
生產成本——輔助生產成本	供電車間	直接材料						1 200	1 200
	鍋爐車間	直接材料						1 600	1 600
	小計							2 800	2 800
製造費用	基本車間	機物料消耗						2,500	2,500
管理費用		其他						2,700	2,700
合計							42,120	50,880	93,000

根據「材料費用分配表」即表7-1做有關材料費用分配的帳務處理，其會計分錄如下：

借：生產成本——基本生產成本——甲產品　　　　　　55 000
　　　　　　　　　　　　　　　　——乙產品　　　　　　30 000
　　生產成本——輔助生產成本——供電車間　　　　　　1 200
　　　　　　　　　　　　　　　　——鍋爐車間　　　　　1 600
　　製造費用——基本生產車間　　　　　　　　　　　　2 500
　　管理費用　　　　　　　　　　　　　　　　　　　　2 700

貸:原材料　　　　　　　　　　　　　　　　　　　　　　　93 000

　　企業發生的外購動力(如電力),有的直接用於產品生產,有的用於照明、取暖等其他用途。動力費用應按用途和使用部門進行分配。在有儀表記錄的情況下應根據儀表所示動力耗用數量和單價,直接計入有關的受益對象;在沒有配備儀表的情況下,可以按生產工時、機器馬力時數(馬力×時數)比例或定額消耗的比例進行分配。分配時可以編制「動力費用分配表」(該表的格式類似於材料費用分配表,只是分配的內容是動力費用),據以進行有關的帳務處理。

　　若企業設有供電車間,則外購電費應先記入「生產成本——輔助生產成本」帳戶,再加上供電車間本月發生的工資等費用,作為輔助生產成本進行分配。

　　(二)人工費用的歸集分配

　　歸集分配人工費用,應首先劃清計入產品成本和不計入產品成本的費用界限。凡屬於生產車間直接從事產品生產人員的工資和福利費,應計入「生產成本——基本生產成本」帳戶;各生產單位(如車間、分廠等)為組織與管理生產所發生的管理人員工資和福利費應計入「製造費用」帳戶;企業行政管理人員工資及福利費應列為「管理費用」帳戶;專項工程人員的工資和提取福利費計入「在建工程」帳戶。對於生產工人工資來說,由於工資制度不同,計入產品成本的具體方法不同。在計件工資制下,生產工人工資通常是根據產量憑證計算工資並直接計入產品成本;在計時工資制下,如果只生產一種產品,生產工人工資可以直接計入該產品成本;如果生產多種產品,就需要採用一定的分配方法在多種產品之間分配之后計入產品成本。計時工資費用分配,一般採用按產品實際工時或定額工時比例分配的方法。計算公式如下:

$$分配率 = \frac{生產工人工資總額}{各種產品實際(定額)工時之和} \times 100\%$$

$$某種產品應分配的工資費用 = 該種產品實際(定額)工時 \times 分配率$$

　　按照工時比例分配工資費用,可以使產品成本中的工資費用大小與勞動生產率的水平聯繫起來。勞動生產率提高了,單位產品工時消耗下降,分配工資費用也就會減少,是比較合理的。

　　會計實務中,為了按工資的用途和發生地點歸集並分配工資及福利費,月末一般應分生產部門根據工資結算憑證和有關的生產工時記錄編制工資及福利費分配表,該表參考格式見表7-2。

表 7 – 2   工資及福利費分配表
                              ××年×月   單位:元

| 應借帳戶 || 工 資 |||| 職工福利費 |
總帳及二級帳	明細帳	分配標準（工時）	直接生產人員（分配率4）	管理人員工資	工資合計	發生金額
生產成本—基本生產成本	甲產品	7 000	28 000		28 000	3 920
	乙產品	4 000	16 000		16 000	2 240
	小計	11,000	44 000	—	44 000	6 160
生產成本—輔助生產	供電車間		17 520	600	18 120	2,536.80
	鍋爐車間		12 000	350	12 350	1,729
	小計		29 520	950	30 470	4,265.80
製造費用	基本生產車間			600	600	84
管理費用				3,600	3,600	504
合計			73,520	5,150	78,670	11,013.80

根據工資及福利費分配表即表7–2,可以作有關的會計分錄如下：
(1)工資費用分配。
借:生產成本——基本生產成本——甲產品　　　　　　28 000
　　　　　　　　　　　　　　　——乙產品　　　　　　16 000
　　生產成本——輔助生產成本——供電車間　　　　　18,120
　　　　　　　　　　　　　　　——鍋爐車間　　　　　12,350
　　製造費用——基本生產車間　　　　　　　　　　　　　600
　　管理費用　　　　　　　　　　　　　　　　　　　　3,600
　貸:應付職工薪酬　　　　　　　　　　　　　　　　　78,670
(2)職工福利費分配。
借:生產成本——基本生產成本——甲產品　　　　　　3,920
　　　　　　　　　　　　　　　——乙產品　　　　　　2,240
　　生產成本——輔助生產成本——供電車間　　　　　2,536.80
　　　　　　　　　　　　　　　——鍋爐車間　　　　　1,729
　　製造費用——基本生產車間　　　　　　　　　　　　　84
　　管理費用　　　　　　　　　　　　　　　　　　　　504
　貸:應付職工薪酬　　　　　　　　　　　　　　　　　11,013.80

(三)折舊費的歸集分配

凡是生產過程中發生的折舊費,一般都作為製造費用,先記入「製造費用」帳戶,再經過製造費用的分配計入產品成本中的製造費用項目。企業行政部門發生折舊費,

記入「管理費用」帳戶,月末列入損益。

折舊費用的分配,應在月末通過編制折舊費用分配表進行,具體格式內容參見表7-3。

表7-3 折舊費用分配表
××年×月
單位:元

應借帳戶 項目	製造費用				管理費用	合計
	基本生產車間	供電車間	鍋爐車間	合計		
折舊費用	29,380	6,500	4,882	40,762	8,970	49,732

根據折舊費用分配表即表7-3,編制會計分錄如下:
```
借:生產成本——輔助生產成本——供電車間          6 500
                          ——鍋爐車間          4 882
    製造費用——基本生產車間                     29,380
    管理費用                                    8 970
  貸:累計折舊                                  49,732
```

(四)輔助生產費用歸集分配

輔助生產是企業內部為基本生產服務而進行的產品生產或勞務供應。有的輔助生產車間(或部門)只生產一種產品或勞務,如供電、供水、運輸等;有的則生產多種產品或提供多種勞務,如從事工具、模型、備件的製造以及機器設備的修理等。企業輔助生產提供的產品和勞務,有時也對外銷售,但這不是輔助生產的主要目的。

輔助生產費用的歸集與分配,是通過「生產成本——輔助生產成本」帳戶進行的。該帳戶應按輔助車間(或部門)和產品品種、勞務種類設置明細帳進行明細核算。輔助生產車間(或部門)發生的材料、人工等費用,應根據「材料費用分配表」「工資及福利費分配表」等,記入該帳戶及明細帳戶的借方,以便歸集出各種輔助生產車間或部門發生的輔助生產費用。

歸集在「生產成本——輔助生產成本」帳戶借方的輔助生產費用,由於所生產的產品和提供的勞務不同,其發生的費用分配轉出的程序和方法不同。製造工具、模型、備件等產品發生的費用,應作為它們的自製成本,在它們完工時作為自製工具或材料入庫,將成本從「生產成本——輔助生產成本」帳戶的貸方轉入「低值易耗品」或「原材料」帳戶的借方。提供水、電和運輸、修理等勞務所發生的輔助生產費用,應按受益單位耗用的數量在各受益單位之間進行分配,然后將分配數從「生產成本——輔助生產成本」帳戶的貸方轉入「製造費用」「管理費用」等帳戶的借方。期末,「生產成本——輔助生產成本」帳戶若有借方餘額,則表示輔助生產的在產品成本。

會計實務中,將輔助生產費用分配給各受益對象方法較多,有直接分配法、計劃成

本分配法、一次交互分配法等方法。直接分配法就是將輔助生產車間已歸集的生產費用(成本),分配給除輔助生產車間以外的各受益對象,不考慮輔助生產車間相互分配費用的方法。分配計算公式是:

$$\text{輔助生產費用(成本)分配率} = \frac{\text{該輔助生產車間費用(成本)}}{\text{該車間提供產品或勞務總量} - \text{其他輔助生產車間的耗用量}} \times 100\%$$

$$\text{某受益對象分配額} = \text{該受益對象耗用量} \times \text{分配率}$$

【例7-1】某企業設有供電、鍋爐兩個輔助生產車間,本月供電車間已歸集的費用28,321.80元,鍋爐車間已歸集的費用是20,556.80元。各車間提供的勞務量及受益單位耗用的情況見表7-4。

表7-4　　　　　　　　　勞務供應通知單
　　　　　　　　　　　　　　××年×月

受益車間或部門	用電度數	用氣立方米數
供電車間		56
供汽車間	1,594	
基本生產車間——甲產品	50 000	4 000
——乙產品	40 000	5 200
行政管理部門	4 406	144
合　　計	96 000	9 400

採用直接分配法編制的輔助生產費用分配表參見表7-5。

表7-5　　　　　　　　　輔助生產費用分配表
　　　　　　　　　　　　　　××年×月

項目	分配費用	分配數量	分配率	分配對象 甲產品	乙產品	行政管理部門
供電車間	28,321.80	94 406	0.30	50,000度 / 15 000元	40,000度 / 12 000元	4,406度 / 1,321.80元
鍋爐車間	20 556.80	9 344	2.2	4 000m³ / 8 800元	5,200m³ / 11 440元	144m³ / 316.8元
分配金額合計	48,878.60	—	—	23,800	23,440	1,638.60

根據表7-5編制輔助生產費用分配的會計分錄:
　　借:生產成本——基本生產成本——甲產品　　　　　　　　　　23,800

　　　　　　　　　——乙產品　　　　　　　　　23,440
　　管理費用　　　　　　　　　　　　　　　　1,638.60
　　貸:生產成本——輔助生產成本——供電車間　28 321.80
　　　　　　　　　——鍋爐車間　　　　　　　　20,556.80

　　直接分配法簡便易行,但未進行輔助生產車間之間相互費用分配,分配的結果不夠準確,適用於各輔助生產車間相互提供勞務或產品不多,或者是相互分配的費用差距不大的情況。

　　除直接分配法外,輔助生產費用的計劃分配法、一次交互分配法等,可以參考成本會計的相關內容。

（五）製造費用的歸集分配

　　製造費用是企業生產單位(車間或分廠)為組織和管理生產而發生的各項間接費用,一般包括生產單位管理人員的工資和福利費、折舊費、修理費、辦公費、水電費、機物料消耗、勞動保護費等。生產單位除直接材料、直接人工之外的費用,通常都計入製造費用,其構成比較複雜,在生產成本中佔有一定的比重。

　　企業發生的各項製造費用,通過「製造費用」帳戶進行歸集和分配。根據成本管理需要,「製造費用」總帳下按各生產車間設置明細帳,帳內按照費用項目開設專欄,分別反映各車間各項製造費用的支出情況。

　　企業發生各項製造費用時,應根據各種付款憑證和前面述及的原材料、工資、福利費、折舊費、輔助生產費用等分配表,記入「製造費用」帳戶及其下屬明細帳戶的借方,月末再將「製造費用」帳戶借方歸集的各項費用,分配計入各種產品的成本。

　　在生產一種產品的車間,製造費用可以直接計入該種產品成本。在生產多種產品的車間中,就需要採用一定的分配方法分配之后計入各種產品成本。製造費用分配計入產品成本的方法,常採用產品生產工時、定額工時、機器工時、直接人工費用等為標準,其計算公式如下:

$$\frac{製造費用}{分配率} = \frac{車間製造費用總額}{車間各種產品生產(定額、機器)工時之和} \times 100\%$$

某種產品應負擔製造費用 = 該種產品實用(定額、機器)工時數 × 分配率

　　按產品生產工時比例分配製造費用,可以使車間勞動生產率同產品負擔的製造費用水平聯繫起來。在有產品實用工時統計資料的車間,大多採用這一種分配方法。如果車間沒有實用工時統計資料,可以按照產品的定額或機器工時為標準進行分配。

　　【例7-2】某企業基本生產車間生產甲、乙兩種產品。本月已歸集的製造費用32,560元。甲產品耗用生產工時3,000小時,乙產品耗用工時1,070小時。編制製造費用分配表參見表7-6。

表7-6 製造費用分配表

××年×月

項目 受益對象	生產工時	分配率	分配金額(元)
甲產品	3 000		24 000
乙產品	1,070		8,560
合　計	4,070	8	32,560

根據表7-6作製造費用分配的會計分錄：

借：生產成本——基本生產成本——甲產品　　　　　　24 000
　　　　　　　　　　　　　　　——乙產品　　　　　　 8,560
　貸：製造費用——基本生產車間　　　　　　　　　　 32,560

（六）生產費用在完工產品和在產品之間的分配

通過上述各項費用的歸集與分配，基本生產車間在生產過程中發生的各項費用，已經集中反映在「生產成本——基本生產成本」帳戶及其明細帳的借方，這些費用就是本月發生的產品費用，但不一定就是本月完工產品成本。要計算出本月完工產品成本，還需要將本月發生的產品費用，加上月初在產品成本，然後在本月完工產品和月末在產品之間進行劃分，以求得本月完工產品成本。

本月發生的產品費用和月初、月末在產品成本及本月完工產品成本之間的關係可以用下列公式表示：

$$\text{月初在產品成本} + \text{本月發生產品費用} = \text{本月完工產品成本} + \text{月末在產品成本}$$

或：

$$\text{月初在產品成本} + \text{本月發生產品費用} - \text{月末在產品成本} = \text{本月完工產品成本}$$

由於公式中前兩項已歸集在「生產成本——基本生產成本」帳戶及其明細帳下，因此，將兩項合計數在完工產品與月末在產品之間分配的方式有兩種：一是將前兩項之和按一定比例在後兩項之間進行分配，從而計算出完工產品與在產品成本；另一種是先確定月末在產品成本，然後將前兩項合計數減去月末在產品成本就是本月完工產品成本。無論採用哪一種方式，都必須取得在產品數量資料，這是這兩種方式得以進行的前提條件。

企業在產品數量變動，主要是通過設置「在產品臺帳」進行的。「在產品臺帳」一般應分車間按產品的品種和在產品名稱（如零部件的品名）設置，以反映各種在產品收入、發出、結存數量。「在產品臺帳」也可以根據生產特點和管理的需要，按在產品加工工序設置，以反映在產品在各工序間的轉移和數量變動情況。各車間或各工序應

做好在產品計量、驗收、交接工作,並在此基礎上,根據領料憑證、在產品內部轉移憑證,以及在產品檢驗和交庫憑證及時登記「在產品臺帳」。

在產品屬於企業的一種存貨,應根據存貨管理的要求,定期或不定期進行清查,取得在產品實際盤點資料,並與「在產品臺帳」進行核對,編制「在產品盤存表」。對於盤盈或盤虧的在產品應按第三章存貨盤盈、盤虧的處理方法進行。

月初在產品成本加上本期發生的產品費用在完工產品與在產品之間進行具體分配,是一個比較複雜的問題。企業應當根據在產品數量多少,各月在產品數量波動的程度,各項費用比重大小,定額管理水平的高低等具體條件,選擇既合理又簡便的分配方法。常用的方法有以下幾種:

1. 不計算在產品成本(即在產品成本為零)

本月發生的產品費用,全部由本月完工產品負擔。採用此種方法時,一般各月末在產品數量很小,算不算在產品成本對完工產品成本影響不大,為簡化計算工作,可以不計算在產品成本。

2. 在產品成本按年初數固定計算

在產品成本每月都按年初數固定不變。只有在年終時,才根據實際盤點的在產品數量,採用其他方法重新計算在產品成本,以避免在產品年初數與年末數相差過大,影響成本計算的準確性。這種方法,一般是在各月末在產品數量變化不大、相差不多的情況下採用。

3. 在產品成本按其所耗的原材料費用計算

在產品只考慮它所耗用的原材料費用,其他費用都是由完工產品負擔。採用這種方法時,原材料費用在產品成本中佔有較大比重,而且原材料是在生產開始時一次性投入,為了簡化計算工作,月末在產品成本只計算原材料費用,其他費用全部計入完工產品成本。

4. 在產品成本按定額成本計算

就是事先經過調查研究、技術測定或定額資料,對各加工階段上的在產品確定材料定額、工時定額,以及單位工時的人工和製造費用定額,月末,根據在產品數量,分別乘以各項消耗定額,確定出月末在產品定額成本。此種方法的計算公式如下:

$$\frac{\text{在產品材料}}{\text{定額成本}} = \text{在產品數量} \times \frac{\text{單位在產品}}{\text{材料定額成本}}$$

$$\frac{\text{在產品人工或}}{\text{製造費用定額}} = \text{在產品數量} \times \frac{\text{單位在產品}}{\text{工時定額}} \times \frac{\text{單位工時定額}}{\text{人工或製造費用}}$$

$$\frac{\text{在產品}}{\text{定額成本}} = \frac{\text{在產品材料}}{\text{定額成本}} + \frac{\text{在產品人工}}{\text{定額成本}} + \frac{\text{在產品製造費用}}{\text{定額成本}}$$

$$\text{完工產品成本} = \frac{\text{月初在}}{\text{產品成本}} + \frac{\text{本月發生}}{\text{產品費用}} - \frac{\text{月末在產品}}{\text{定額成本}}$$

採用定額成本計算在產品成本,實際上將在產品定額成本與實際成本差異全部計入完工產品成本。因此,這一方法適用於企業定額管理基礎較好、各項消耗定額比較

穩定、各月末在產品數量變化不大的產品。

【例7-3】某企業基本生產車間生產甲產品,該在產品直接材料費用定額90元,工時定額6小時,每小時費用定額是:直接人工1.372元,製造費用2.533元,月初在產品成本21,648元,其中直接材料7,300元,直接人工6,748元,製造費用7,600元。本月產品費用合計134,720元,其中直接材料78,800元,直接人工31,920元,製造費用24,000元。產品本月完工1 000件,月末在產品共計120件。

月末在產品定額成本計算如下(小數點后四捨五入):

直接材料 = 120 × 90 = 10 800(元)

直接人工 = 120 × 6 × 1.372 = 988(元)

製造費用 = 120 × 6 × 2.533 = 1 824(元)

月末在產品定額成本 = 10,800 + 988 + 1,824 = 13,612(元)

本月完工產品成本計算如下:

直接材料 = (7 300 + 78 800) − 10 800 = 75 300(元)

直接人工 = (6 748 + 31 920) − 988 = 7 680(元)

製造費用 = (7 600 + 24 000) − 1 824 = 29 776(元)

本月完工產品成本 = 75,300 + 7,680 + 29,776 = 112,756(元)

由本月完工產品成本為112 756元,可知單位成本為112.756元。將計算結果填入生產成本明細帳,參見表7-7。

表7-7　　　　　　　甲產品生產成本明細帳

××年×月

摘　　要	直接材料	直接人工	製造費用	合計
月初在產品成本	7,300	6,748	7,600	21,648
據材料費用分配表7-1	55 000			55 000
據工資及福利費分配表7-2		31 920		31 920
據輔助生產費用分配表7-5	23 800			23 800
據製造費用分配表7-6			24 000	24 000
生產費用合計	86 100	38 668	31 600	156 368
完工產品總成本	75 300	37 680	29 776	122 756
單位成本	75.30	37.68	29.77	112.76
月末在產品成本	10 800	988	1 824	13 612

註:單位成本各成本項目數字採用了四捨五入。

5. 約當產量比例法

約當產量比例法就是將月末在產品的實際數量,按其完工程度折算為完工產品的數量即在產品約當產量,然后將月初在產品成本與本月歸集的產品費用的合計數,按

照完工產品的數量和月末在產品約當產量的比例進行分配,計算出完工產品和月末在產品成本。其計算的公式如下:

$$在產品約當產量 = 在產品數量 \times 完工程度$$

$$費用分配率 = \frac{某項費用總額}{完工產品數量 + 在產品約當產量}$$

$$在產品應分配費用 = 在產品約當產量 \times 費用分配率$$

$$完工產品應分配費用 = 完工產品數量 \times 費用分配率$$

上述費用的分配,應按照成本項目進行,以反映完工產品和在產品成本構成,滿足成本計算的要求。如果直接材料是生產開工時一次投入,在產品無論完工程度如何,其材料消耗程度與完工產品是一樣的,即應當按在產品實際數量與完工產品產量的比例,分配直接材料費用;如果直接材料是逐次投入,在產品耗料程度與完工產品不同,在產品應當按完工程度折合成約當產量,然后按完工產品數量和在產品約當產量比例分配直接材料費用。其他成本項目,一律按在產品約當產量和完工產品數量的比例進行分配。

採用約當產量比例法進行分配,必須首先確定在產品的完工程度。在產品完工程度的確定,一般有兩種方法:一種就是平均計算法,即各工序在產品的完工程度,一律按50%計算;另一種就是按照各工序的累計定額工時數占完工產品定額工時總數的比例計算,其中每一工序內各種在產品的定額工時按50%計算。計算公式如下:

$$\frac{某工序在}{產品完工率} = \frac{累計定額工時 + \frac{本道工序}{定額工時} \times 50\%}{完工產品定額工時} \times 100\%$$

$$該工序在產品約當產量 = 該工序在產品數量 \times 完工率$$

$$\frac{各工序在產品}{約當產量} = \sum(每一工序在產品數量 \times 該工序完工率)$$

約當產量比例法適用於在產品數量較多、各月份在產品數量變化較大、原材料費用和其他費用在成本中所占的比重相差不太多的產品,為了提高成本計算的正確性,在產品既計算原材料費用,又計算其他費用。

【例7-4】以前述甲產品成本資料為例。假設甲產品原材料一次投入,在產品完工程度均按50%計算,有關成本項目分配計算如下:

(1)直接材料分配。由於原材料是在生產開工時一次投入,所以按完工產品和在產品數量比例分配:

$$直接材料分配率 = \frac{86\ 100}{1\ 000 + 120} = 76.875$$

在產品應分配直接材料 $= 76.875 \times 120 = 9\ 225 (元)$

完工產品應分配直接材料 $= 86\ 100 - 9\ 225 = 76\ 875 (元)$

(2)直接人工、製造費用分配。直接人工、製造費用的分配,在產品均按約當產量計算。在產品約當產量60件$(120 \times 50\%)$。

直接人工分配率 = $\frac{38,668}{1\,000+60}$ = 36.479 2

製造費用分配率 = $\frac{31\,600}{1\,000+60}$ = 29.811 3

在產品應分配直接人工 = 36.479,2 × 60 = 2 188.75(元)
在產品應分配製造費用 = 29.811 3 × 60 = 1 788.68(元)
完工產品應分配直接人工 = 38 668 - 2,188.75 = 36 479.25(元)
完工產品應分配製造費用 = 31 600 - 1 788.68 = 29 811.32(元)
將計算的結果填入生產成本明細帳,參見表7-8。

表7-8　　　　　　　　甲產品生產成本明細帳
×× 年 × 月

摘　要	直接材料	直接人工	製造費用	合計
月初在產品成本	7,300	6,748	7,600	21,648
據材料費用分配表7-1	55 000			55 000
據工資及福利費分配表7-2		31 920		31 920
據輔助生產費用分配表7-5	23 800			23 800
據製造費用分配表7-6			24 000	24 000
生產費用合計	86 100	38 668	31 600	156 368
完工產品總成本	76 875	36 479.25	29 811.32	143 165.57
單位成本	76.88	36.48	29.81	143.17
月末在產品成本	9 225	2 188.75	1 788.68	13 202.43

註:表中單位成本數字系四捨五入數。

　　企業發生的各項費用,按照成本計算的要求,劃清各種費用界限,即經過分類、歸集和分配,其中應計入本月各種產品成本的各項費用,按照成本項目直接或分配計入了各種產品成本;計入各種產品成本的生產費用,又經過在完工產品和月末在產品之間的分配,從而計算出月末在產品成本和本月完工產品的成本。

　　企業完工產品包括產成品、自製材料及自製工具、模型等,以及為在建工程生產的專用設備等。本月完工入庫的產品成本,應從「生產成本」帳戶的貸方轉入「庫存商品」帳戶的借方;完工自製材料、工具、模型等的成本,轉入「原材料」等帳戶的借方;為企業在建工程提供的專用設備,應將其實際成本轉入「在建工程」帳戶的借方。「生產成本——基本生產成本」帳戶月末餘額,是基本生產在產品成本。

五、產品成本計算的方法

　　產品成本計算方法,是根據成本核算的要求,按照一定的對象,歸集構成產品成本

的生產費用,並按期計算出各種產品總成本及單位成本的方法。企業採用的產品成本計算方法,應當根據企業的生產特點和成本管理要求加以確定。不同的企業生產特點不同,成本管理要求不同,成本計算方法有一定差異。會計實務中,成本計算的基本方法有品種法、分批法和分步法。

(一)品種法

品種法稱簡單法,是指以產品品種為成本計算對象,歸集和分配生產費用,計算產品成本的方法。這種方法適用於大量大批單步驟生產的企業。在這種類型企業生產中,產品的生產過程不能從技術上劃分為若干步驟(如企業或車間的規模較小,或者車間是封閉式的,從原材料投入到產品產出全部生產過程在一個車間內進行),或者生產是按流水線組織的,管理上不要求按生產步驟計算產品成本,都可以按品種法計算產品成本,如發電、供水、採掘等。這種方法也適用於不要求計算半成品成本的多步驟、大批量生產的企業,如水泥廠、糖果廠、鐘表廠、自行車廠等。

(二)分批法

分批法是指以產品批別為成本計算對象,歸集分配生產費用,計算產品成本的方法。這種方法適用於單件小批生產的企業,如造船、重型機械設備、精密儀器製造等。

分批法下,所有生產費用都要按產品批別或訂單來歸集,成本計算對象是購買者事先訂貨的訂單或企業規定的產品生產批別,按照每一張訂單或每一批產品,設置產品成本明細帳(即成本計算單),分別按成本項目登記所發生的生產費用。月末未完工的訂單就是在產品,生產成本明細帳上歸集的成本費用就是在產品成本。訂單完工后,生產成本明細帳上歸集的成本費用就是產成品的成本。因此,這種方法一般只需要在各批產品之間分配費用,不存在將費用在完工產品和在產品之間進行分配的問題。也就是說,分批法下一般成本計算與產品生產週期是保持一致的,而與會計核算期不一定一致。

在分批法下,也有一些訂單或批別的產品沒有全部完工之前,先有一部分產品完工並發售給訂貨人,這一般稱為一張訂單或批別的分批出貨。在分批出貨下先完工發售的產品,其成本可以採用定額成本、計劃成本等進行計算。待這張訂單或批別全部完工之後,要重新計算全部產品的實際成本和單位成本。

(三)分步法

分步法是指以產品的品種及其生產加工步驟為成本計算對象,歸集生產費用,計算各步驟半成品和最后產品成本的方法。它適用於大量大批多步驟生產,如紡織、冶金、機器設備製造。在這類企業中,產品的生產可以分為若干生產步驟,為了加強各生產步驟成本管理,往往不僅要求按照產品品種計算成本,而且還要求按照生產步驟計算成本,以便為考核、分析各種產品及各生產步驟的成本完成情況提供資料。

分步法下,根據成本管理對各生產步驟成本資料的不同要求(是否要計算半成品成本),以及簡化計算的需要,各生產步驟成本計算和結轉的方法有兩種:逐步結轉分步法和平行結轉分步法。

逐步結轉分步法是按照產品加工順序，逐步計算並結轉半成品成本，直到最后加工步驟才能計算出產成品成本的方法。它是按照產品加工順序先計算出第一個加工步驟的半成品成本，然后結轉給第二個加工步驟，第二步驟將第一步驟轉來的半成品成本加上本步驟耗用的材料和加工費用，計算出第二加工步驟的半成品成本，如此順序轉移累計，直到最后一個步驟計算出產成品成本。逐步結轉分步法是為了分步計算半成品成本而採用的一種分步法，它能提供各步驟半成品成本資料。

平行結轉分步法是在計算各步驟成本時，不計算各步驟半成品成本，也不計算各步驟所耗上一步的半成品成本，而只計算本步驟發生的各項費用，以及這些費用應計入最終完工產品成本的份額，然后將最終完工產品在各步驟份額平行匯總，就是這種產品的成本。此種方法，可以不計算半成品，也稱不計列半成品成本的方法。

第三節　期間費用

期間費用是指不能直接歸屬於某個特定對象成本的費用。期間費用一旦發生，很難判斷所歸屬的產品或勞務對象是誰，但卻比較容易確定發生的時間和會計期限，因而在它們發生時便從當期損益中直接扣除。期間費用包括管理費用、銷售費用和財務費用。

一、管理費用

（一）管理費用的內容

管理費用是指企業為組織和管理生產經營活動而發生的各種管理費用，包括企業在籌建期間發生的開辦費、董事會和行政管理部門在企業的經營管理中發生的或者應由企業統一負擔的公司經費（包括行政管理部門職工薪酬、物料消耗、低值易耗品攤銷、辦公費和差旅費等）、董事會費（包括董事會成員津貼、會議費和差旅費等）、聘請仲介機構費、諮詢費（含顧問費）、訴訟費、業務招待費、房產稅、車船使用稅、土地使用稅、印花稅、技術轉讓費、礦產資料補償費、研究費用、排污費以及企業生產車間（部門）和行政管理部門發生的固定資產修理費等。

（二）會計處理

企業發生的管理費用應在「管理費用」帳戶中核算，並按費用項目設明細帳，進行明細核算。「管理費用」帳戶的借方反映本期實際發生的各項管理費用，貸方反映期末轉入「本年利潤」帳戶的管理費用；「管理費用」帳戶結轉「本年利潤」后應無餘額。

企業發生的各項管理費用借記「管理費用」帳戶，貸記「庫存現金」「銀行存款」「原材料」「應付職工薪酬」「累計攤銷」「累計折舊」「應交稅費」等帳戶，期末，將本帳戶借方歸集的管理費用全部由「管理費用」帳戶的貸方轉入「本年利潤」帳戶的借方，計入當期損益。

二、銷售費用

(一)銷售費用內容

銷售費用是指企業在銷售商品和材料、提供勞務過程中發生的各項費用,包括企業在銷售商品過程中發生的包裝費、保險費、展覽費和廣告費、商品維修費、預計產品質量保證損失、運輸費、裝卸費等費用,以及企業發生的為銷售本企業商品而專設的銷售機構的職工薪酬、業務費、折舊費、固定資產修理費等費用。

商品流通企業在購買商品過程中所發生的進貨費用,也包括在內。

(二)會計處理

企業發生銷售費用在「銷售費用」帳戶中核算,並按費用項目設明細帳,進行明細核算。「銷售費用」帳戶借方反映本期實際發生的各項銷售費用,貸方反映期末轉入「本年利潤」帳戶的銷售費用;「銷售費用」帳戶結轉「本年利潤」後應無餘額。

企業發生的各項銷售費用借記「銷售費用」帳戶,貸記「庫存現金」「銀行存款」「應付職工薪酬」等帳戶;期末,將借方歸集的銷售費用全部由「銷售費用」帳戶的貸方轉入「本年利潤」帳戶的借方,計入當期損益。

三、財務費用

(一)財務費用內容

財務費用是指企業為籌集生產經營所需資金等而發生的費用,包括應當作為期間費用的利息支出(減利息收入)、匯兌損失(減匯兌收益)以及支付給金融機構的手續費等。

(二)會計處理

企業發生的財務費用在「財務費用」帳戶中核算,並按費用項目設置明細帳,進行明細核算。「財務費用」帳戶的借方反映本期實際發生的財務費用,貸方反映期末轉入「本年利潤」帳戶的財務費用;「財務費用」帳戶結轉「本年利潤」後應無餘額。

企業發生的各項財務費用借記「財務費用」帳戶,貸記「銀行存款」「應付利息」等帳戶;企業發生的利息收入、匯兌收益時,借記「銀行存款」等帳戶,貸記「財務費用」帳戶。期末,將借方歸集的財務費用全部由「財務費用」帳戶的貸方轉入「本年利潤」帳戶的借方,計入當期損益。

＊＊＊＊本章學習要點＊＊＊＊

1. 費用是企業在日常活動中發生的經濟利益流出,一旦發生會導致企業所有者權益減少,而與企業利潤分配行為無關。在中國會計準則中將費用界定為日常活動經濟利益流出,是為了將費用與損失相互區別。廣義的費用觀其實包括損失在內。

2. 費用的確認應當考慮與費用相關的經濟利益流出的可能性和流出金額的可靠計量性。費用的計量一般按歷史成本原則。在會計上,為了便於費用核算與管理,通常將費用按照經濟性質(內容)、用途等進行歸類,其中按用途和計入成本方式歸類在成本計算中的使用最普遍。

3. 成本有廣義和狹義之分。狹義成本指產品或勞務成本;廣義成本指為了取得一定資產或達到特定目的而付出的代價。本章主要涉及狹義成本,即產品成本。

4. 產品成本是生產一定種類、數量的產品所花費的生產費用,它是在生產費用的基礎上形成的,是生產費用的對象化。企業應當堅持「誰受益,誰承擔;誰受益多,誰多承擔」的原則,按照一定的成本計算對象和成本計算程序分配生產過程中發生的材料費用、人工費用、折舊費用、輔助生產費用、製造費用等,將本期應計入產品成本的生產費用計入每一種產品,然后將其在完工產品與在產品之間進行分配,最終計算出完工產品和期末在產品成本,為確定產品銷售成本提供依據。

5. 期間費用是不能直接歸屬於某個特定對象成本的費用,它包括管理費用、銷售費用、財務費用,在他們發生時直接計入當期損益。

＊＊＊＊本章復習思考題＊＊＊＊

1. 什麼是費用?費用的特徵是什麼?
2. 如何對費用進行確認、計量?
3. 如何對費用進行分類?每一種分類的作用是什麼?
4. 費用與成本有何聯繫和區別?
5. 生產費用與產品成本有何關係?
6. 產品成本計算的基本程序是什麼?
7. 如何對材料費用進行歸集和分配?
8. 如何對工資費用進行歸集分配?
9. 如何對輔助生產費用進行歸集分配?
10. 如何對製造費用進行歸集分配?
11. 生產費用如何在完工產品和月末在產品之間進行分配?分配的方法有哪些?
12. 產品成本計算的基本方法有哪些?每種方法的適用對象是什麼?
13. 期間費用的特點是什麼?包括哪些內容?

第八章
收入與利潤

學習目標

　　收入和利潤是兩個緊密相關的會計要素。收入是企業日常活動中發生的經濟利益流入，主要來源於主營業務活動。利潤則反映了企業在一定時期內生產經營活動的最終成果，是收入與成本、費用相抵之後的差額。企業實現的利潤應當按照有關法規和公司章程的規定進行分配。本章主要討論收入確認、計量，以及利潤形成和分配的會計處理。學習本章的目標是：
(1)明確收入含義、特徵和分類目的。
(2)掌握收入確認、計量基本規則以及會計處理方法。
(3)掌握利潤組成內容和利潤形成的會計處理方法。
(4)能夠比較熟練地按照有關法規要求進行利潤分配會計處理。

第一節　收入

一、收入及其特徵

　　收入是指企業在日常活動中形成的、會導致所有者權益增加的、與所有者投入資本無關的經濟利益的總流入。

　　與費用概念一樣，對收入的理解也有廣義和狹義之分。廣義的收入是指企業所有日常活動和非日常活動產生的經濟利益總流入，企業偶然利得也視為收入。狹義收入僅指企業在日常活動中產生的經濟利益流入，在非日常活動中產生的利得不作為收入看待，而是作為營業外收入處理。中國企業會計準則採用狹義收入觀。根據國內會計準則對收入的定義，應具有以下特徵：

　　(1)收入是企業在日常活動中形成的經濟利益的總流入。日常活動是指企業為了完成其經營目標所從事的經常性活動，以及與經常性活動相關的活動。比如，製造業企業銷售產品、商業企業銷售商品、諮詢服務公司提供諮詢服務、軟件開發公司向客戶提供開發的軟件、安裝公司提供設備安裝服務、商業銀行提供信貸服務、租賃公司提

供設備出租服務等活動,均屬於相關類型的企業為了完成其經營目標所從事的經常性活動,其產生的經濟利益總流入構成企業的收入。製造業企業對外銷售不需用的原材料、對外進行債權性投資或權益性投資、對外轉讓無形資產使用權等活動,雖然不屬於製造類型企業的經常性活動,但屬於企業為了完成其經營目標所從事的與經常性活動相關的活動,其產生的經濟利益流入也視為收入。

企業在非日常活動中產生的經濟利益,比如製造業企業處置固定資產、轉讓無形資產所有權、其他企業違約收取罰款等,這些活動都與企業經營目標無直接關係,是企業的一種偶然行為,不具有經常性,其活動中產生的經濟利益是一種偶然利得,而不視為收入。利得通常不經過經營過程就能取得,或者屬於企業不曾期望獲得的收益。

(2)收入會導致企業所有者權益的增加。企業在收入獲取的同時,常會伴隨著資產的增加,比如銀行存款、應收帳款、應收票據的增加,或者是負債的減少,比如預收帳款的減少;也有可能表現為兩者的組合形式,比如銷售實現時,部分衝減預收帳款,部分增加應收帳款或銀行存款等。不管是哪一種形式,最終都會導致企業所有者權益的增加。但並不是所有使資產增加或負債減少的業務都是收入,比如企業接受政府補助、他人的捐贈,常常會增加資產,但不屬於收入範疇,而是作為偶然利得處理。

(3)收入與所有者投入資本無關。所有者投入企業的資本雖然也會導致經濟利益的流入和所有者權益的增加,但這種行為的目的是為了獲取企業資產的剩餘權益,為企業實現其經營目標提供基礎,很明顯不應當將這種經濟利益的流入視為收入行為,而應當確認為企業所有者權益的組成部分。

二、收入分類

為便於加強收入管理,向外界提供更有價值的收入信息,會計上對收入可以作不同的分類。

(一)收入按照企業從事日常活動的性質分類

按照企業日常活動中從事的經濟業務性質不同可以將收入分為:

(1)銷售商品收入,是指企業通過銷售各種類型的商品實現的收入。這裡的商品既包括為銷售而生產的產品和為轉售而購進的商品,也包括企業銷售的其他存貨,比如原材料、包裝物等。

(2)提供勞務收入,是指企業通過提供各種形式的服務實現的收入。比如,企業通過提供諮詢服務、軟件開發、運輸、旅遊、培訓、設備安裝、設備出租、業務代理等勞務實現的收入。

(3)讓渡資產使用權收入,是指企業通過讓渡資產使用權實現的收入。讓渡資產使用權獲取的收入主要是利息收入和資產使用費收入。利息收入主要是指金融企業對外貸款形成的收入,以及同業之間發生往來形成的利息收入等。資產使用費收入主要是指企業轉讓專利權、商標權、專營權、版權等無形資產使用權而獲取的收入。企業對外出租固定資產收取的租金、對外債權投資收取利息、對外權益性投資獲取的現金

股利也構成讓渡資產使用權的收入。

（二）收入按照企業經營業務重要性不同分類

企業的收入按其重要性即主次不同可以分為：

(1)主營業務收入，是指企業為了完成其經營目標所從事的經常性活動實現的收入，是企業主要的或主體業務活動中實現的收入。在會計實務中，隨著企業性質(行業)不同，主營業務收入的範疇有一定的差異。在製造業中，主要指銷售產品、自製半成品、代製品、代修品，以及提供工業性勞務等實現的收入；在商業企業中主要是指銷售各種類型商品實現的收入；在諮詢企業中主要是指提供各種專業諮詢服務實現的收入。

企業實現的主營業務收入應通過「主營業務收入」帳戶核算，並通過「主營業務成本」帳戶核算為取得主營業務收入而發生的相關成本。

(2)其他業務收入，是指企業為了完成其經營目標所從事的與經常性活動相關的活動而實現的收入，是企業日常活動中除主營業務收入以外取得的收入。就製造業企業來看，主要包括技術轉讓、包裝出租、固定資產出租、不需用原材料銷售、對外債權性或權益性投資等行為實現的收入。

企業技術轉讓、包裝物出租、固定資產出租、多餘原材料銷售等業務實現的收入，應通過「其他業務收入」帳戶核算，企業債權性和權益性投資實現的利息和現金股利應通過「投資收益」帳戶核算。同時，企業應當設置「其他業務成本」帳戶，核算為取得其他業務收入發生的相關成本。

三、收入確認與計量的條件

（一）銷售商品收入的確認與計量

企業銷售商品時，如果同時滿足以下五個條件應當確認為收入：

1. 企業已將商品所有權上的主要風險和報酬轉移給買方

商品所有權上的風險是指商品由於貶值、損壞、報廢等可能給它的持有人帶來的經濟損失；商品所有權上的報酬則是指商品所有者擁有商品在未來可帶來的經濟利益(包括商品升值在內)。從理論上講，一項商品發生的任何損失均不需要本企業承擔，帶來的經濟利益也不屬於本企業所有，則意味著該商品所有權上的風險和報酬已發生了轉移。判斷一項商品所有權上的主要風險和報酬是否已轉移給購買方關鍵看交易的實質而不是形式，需視不同的情況而定：

(1)通常情況下，所有權上的風險與報酬的轉移應當伴隨著商品所有權憑證的轉移或實物的交付而轉移。例如大多數商品零售交易就是如此。

(2)某些情況下，企業已將商品所有權憑證或實物交付給購買方，但商品所有權上的主要風險和報酬尚未轉移。企業可能在以下幾種情況下保留了商品所有權上的主要風險和報酬：①企業銷售的商品在質量、品種、規格等方面不符合合同的要求，又未根據正當的保證條款予以彌補，因而還負有相應的經濟責任。②企業銷售商品的收

入是否能夠取得取決於代銷方或接受委託方銷售商品的收入是否能夠取得。③企業尚未完成售出商品的安裝或檢驗工作,且此項安裝或檢驗任務是銷售合同的重要組成部分。④銷售合同中規定了由於特定原因購買方有權退貨的條款,而銷售方又不能確定退貨的可能性。

(3)某些情況下,企業已將商品所有權上的主要風險和報酬轉移給購買方,但實物尚未交付。這種情況下,應在商品所有權上的主要風險和報酬轉移時確認收入,而不管實物是否交付。比如,購買方已支付貨款但尚未提貨,銷售方仍應確認收入。

2. 企業既沒有保留通常與所有權相聯繫的繼續管理權,也沒有對售出的商品實施有效控製

通常情況下,企業售出商品后不再保留與商品所有權相聯繫的繼續管理權,也不再對其實施有效地控製,商品所有權上的主要風險與報酬已經轉移給購貨方,應當在發出商品時確認收入。如果企業在商品售出后仍然保留了與商品所有權相聯繫的繼續管理權,或能夠繼續有效地控製該商品,只能說明商品所有權上主要風險和報酬尚未轉移完畢,銷售尚未成立,不能確認收入。比如,售后租回的商品銷售便不能確認收入。

3. 相關的經濟利益很可能流入企業

在企業銷售商品的交易中,與交易相關的經濟利益主要表現為銷售商品的價款。相關的經濟利益很可能流入企業,是指銷售商品價款收回的可能性大於不能收回的可能性,即銷售商品價款收回的可能性大於50%才行。企業在確定商品貨款收回的可能性時,應當結合以前和買方的交往經驗、政府有關政策、其他方面取得的買方信用狀況資料加以分析確定。

4. 收入的金額能夠可靠計量

收入的金額能夠可靠計量是指收入的金額能夠合理估計,是收入確認的基本前提條件。如果收入金額無法合理估計,會計上就無法確認收入。通常情況下,在銷售商品時其價格是已經確定的,從而收入金額可以確定。但是,在某些特殊情況下,商品銷售過程中也可能存在著商品價格發生變動的情況。在這種情況下,當新的商品價格尚未確定之前不應當確認銷售商品收入。

5. 相關的已發生或將發生的成本能夠可靠計量

這裡的「能夠可靠計量」也是指能夠合理估計的意思。按照收入和費用配比原則,與同一項銷售有關的收入和費用應在同一會計期間予以確認,即企業在確認收入的同時必須結轉與之相關的銷售成本。如果銷售成本不能可靠的計量,相關的收入也就不能確認。通常情況下,銷售商品相關的已發生或將發生的成本是可以合理估計的,比如庫存商品的成本、商品運輸費用等。如果庫存商品是本企業生產的,其生產成本是能夠計量的;如果是外購商品,其購買成本也是能夠可靠計量的。某些情況下,企業銷售商品相關的成本如果不能合理估計,此時不應確認為收入,若已收到價款,應將其確認為預收帳款即企業負債處理。

銷售商品收入的確認是一項技術性很強的工作,企業在運用以上五個條件確認時,必須仔細地分析每項交易的實質而不是形式,只有實質上同時滿足以上五個條件,才能確認收入。

(二)提供勞務收入的確認與計量

企業提供的勞務多種多樣,如運輸、設備安裝、廣告、旅遊、代理、培訓等。為便於會計核算,一般以提供的勞務是否跨年度為標準,將其分為跨年度勞務和不跨年度勞務。跨年度勞務是指提供勞務的交易從開始到完成分屬於不同的年度;不跨年度勞務是指提供勞務從開始到完成均在同一年度。

對於不跨年度勞務,提供的勞務收入應按完成合同法確認,確認金額為合同或協議的總金額,確認方法可參照商品銷售收入的確認原則。

對於跨年度勞務,如果期末對勞務交易的結果能夠做出可靠的估計,應按完工百分比法確認相關的收入。完工百分比法是指按照勞務的完成程度確認收入和費用的方法。一般下列條件均能滿足時,就認為勞務的交易結果能夠可靠估計:

(1)勞務總收入和總成本能夠可靠計量。
(2)與交易相關的經濟利益能夠流入企業。
(3)勞務的完成程度能夠確定。

對於跨年度的勞務,如果期末企業提供勞務交易的結果不能可靠估計,應對勞務收入分別按以下幾種情況予以確認和計量:

(1)如果已經發生的勞務成本預計能夠得到全部補償,應按照已收或預計能夠收回的金額確認勞務收入,並結轉已發生的勞務成本。

(2)如果已經發生的勞務成本預計能夠部分得到補償,應按照能夠得到補償的勞務成本金額確認收入,並按已經發生的勞務成本結轉成本。

(3)如果已經發生的勞務成本預計全部不能得到補償的,不應確認收入,但應將已經發生的勞務成本確認為當期損益(主營業務成本)。

(三)讓渡資產使用權收入的確認與計量

讓渡資產使用權取得的收入主要有:因他人使用本企業現金而取得的利息收入,這主要是指金融企業存、貸款形成的利息收入,以及同業之間發生往來形成的利息收入等;因他人使用本企業的無形資產(比如專利權、商標權、專營權、軟件、版權等)而形成的使用費收入。

利息收入和使用費收入的確認應遵守以下原則:

1. 與交易相關的經濟利益能夠流入企業

企業應根據對方商業信譽、當年財務狀況,以及雙方就結算方式、付款期限等達成的協議情況進行判斷。

2. 收入的金額能夠可靠計量

利息收入應根據合同或協議規定的存貸利率確定;使用費收入應按企業與使用者簽訂合同或協議金額確定。利息收入應在每個會計期末按未收回的存款或貸款本金、

存貸期間和適當的利率計量;使用費收入應按有關合同或協議規定的收費時間和收費金額來計量。

四、銷售商品收入的會計處理

(一)商品銷售收入及其相關成本結轉的會計處理

在會計實踐中,商品銷售總是與一定結算方式和商品交接方式相聯繫。按照前面講的商品銷售收入確認的五個條件,人們總結出一些與銷售方式和結算方式相聯繫的商品銷售收入確認常用規則;在交款提貨銷售下,如果貨款已經收到,發票帳單和提貨單已經交付給買方,無論商品是否發出,都應確認收入的實現;在預收貨款銷售下,收到訂金不確認收入,直到收到最后一筆款項才將商品交付給購貨方時,才確認收入;在委託他人代銷的情況下,在收到代銷清單時確認收入;在採用托收承付或委託收款銷售情況下,應當在商品已經發出,並且已將發票帳單提交銀行辦理委託收承付手續之后確認收入;在採用分期收款銷售下,應按分期收款合同約定的收款日期作為收入確認的基本依據。

1. 交款提貨銷售方式下

在這種銷售方式下,企業應在收到貨款,開出發票帳單,並將提貨單交付購貨方后入帳。

【例8-1】某企業銷售商品80件,每件售價600元,單位成本400元,購貨單位以支票付款,企業已將提貨單和發票帳單交給購貨單位,該企業適用的增值稅率為17%。編制有關的會計分錄如下:

借:銀行存款　　　　　　　　　　　　　　　　　56,160
　貸:主營業務收入　　　　　　　　　　　　　　　48 000
　　　應交稅費——應交增值稅(銷項稅額)　　　　8 160
結轉商品銷售成本:
借:主營業務成本　　　　　　　　　　　　　　　32 000
　貸:庫存商品　　　　　　　　　　　　　　　　　32 000

2. 委託代銷方式下

委託其他單位代銷的商品,應在收到代銷清單時確認收入。

【例8-2】某工廠委託一家商場代銷一批商品,採用視同買斷式代銷方式,即委託方按協議價收取所代銷的貨款,實際售價可由受託方自定,實際售價與協議價之間的差額歸受託方所有。該批商品協議價款總額60 000元,其成本是40,000元。當月收到代銷單位的代銷清單,已銷售該批商品70%,增值稅稅率為17%。編制有關會計分錄如下:

(1)發出商品給代銷商場。

借:委託代銷商品(或:發出商品)　　　　　　　40 000
　貸:庫存商品　　　　　　　　　　　　　　　　　40,000

(2)收到代銷清單,並開出增值稅專用發票時。
借:應收帳款——×××商場　　　　　　　　　　　　49,140
　貸:主營業務收入　　　　　　　　　　　　　　　　　42 000
　　　應交稅費——應交增值稅(銷項稅額)　　　　　　7,140
(3)結轉銷售成本。
借:主營業務成本　　　　　　　　　　　　　　　　　28 000
　貸:委託代銷商品　　　　　　　　　　　　　　　　　28 000
(4)收到代銷單位匯來的貨款。
借:銀行存款　　　　　　　　　　　　　　　　　　　49,140
　貸:應收帳款——×××商場　　　　　　　　　　　　49,140
3. 托收承付或委託收款方式下
　企業採用托收承付或委託收款結算方式銷售貨物,在發出貨物並辦妥托收手續之後作為收入入帳。
　【例8-3】某企業售給外地一批商品,貨款金額50,000元,成本35 000元,代墊運雜費1,500元,採用托收承付結算方式,該企業增值稅稅率17%。編制有關的會計分錄如下:
(1)開出支票付代墊運雜費。
借:應收帳款——×××客戶　　　　　　　　　　　　1,500
　貸:銀行存款　　　　　　　　　　　　　　　　　　　1,500
(2)根據運單和增值稅專用發票等憑證,向銀行辦妥托收手續之后。
借:應收帳款——×××客戶　　　　　　　　　　　　58,500
　貸:主營業務收入　　　　　　　　　　　　　　　　　50 000
　　　應交稅費——應交增值稅(銷項稅額)　　　　　　8,500
(3)結轉商品銷售成本。
借:主營業務成本　　　　　　　　　　　　　　　　　35 000
　貸:庫存商品　　　　　　　　　　　　　　　　　　　35 000
(4)收到全部款項。
借:銀行存款　　　　　　　　　　　　　　　　　　　60 000
　貸:應收帳款——×××客戶　　　　　　　　　　　　60 000
4. 預收貨款銷售方式下
　企業採用預收貨款方式銷售時,收到購貨單位交來的預付款或訂金,不能確認為收入,作為「預收帳款」處理。待商品已經發運或勞務已經提供,符合銷售收入確認條件時再確認為收入。
　【例8-4】宏達公司與A公司簽訂銷售協議,採用預收貨款方式向A公司銷售一批商品。協議約定,A公司應在合同簽訂時預付40%的貨款(按商品的銷售收入計算),剩餘的款項在商品交付時付清。該批商品的銷售價格100,000元,增值稅

17,000元,該批商品的成本為70,000元。帳務處理如下:

(1)收到A公司40%的預付款時:

借:銀行存款　　　　　　　　　　　　　　　　　　　40,000
　　貸:預收帳款　　　　　　　　　　　　　　　　　　40,000

(2)發出商品時收到剩餘的貨款和增值稅時:

借:預收帳款　　　　　　　　　　　　　　　　　　　40,000
　　銀行存款　　　　　　　　　　　　　　　　　　　77,000
　　貸:主營業務收入　　　　　　　　　　　　　　　100,000
　　　　應交稅費——應交增值稅(銷項稅額)　　　　　17,000

(3)結轉銷售商品成本:

借:主營業務成本　　　　　　　　　　　　　　　　　70,000
　　貸:庫存商品　　　　　　　　　　　　　　　　　　70,000

(二)商品銷售收入的抵減項目

企業在銷售業務中,有時會發生銷售退回和銷售折讓等情況,對此應作為商品銷售收入的抵減項目處理。

1. 銷售退回的會計處理

銷售退回是指購買單位由於商品質量或品種、數量不符合銷售合同規定要求,而將已購買的這部分商品退回給出售單位的事項。其中,屬於銷售方責任,購買方只要求重新調換同種商品的,不作為銷售退回處理。只有屬於銷售方責任,經協商由銷售方退款給購買者的,才作為銷售收入的調整處理。

發生銷售退回時,為簡化會計處理,無論是本年度銷售的商品還是以前年度銷售的商品,均應衝減退回當月的銷售收入和銷售成本,不必追溯到以前年度。因為以前年度的盈虧已經結轉,利潤已經分配。企業在衝減當月收入時,如果成本尚未結轉,只衝減收入;如果原收入和成本已經結轉,而且退回的商品當月還在出售,應衝減有關商品的收入和成本;如果當月無該種商品銷售,應單獨予以反映,衝減全部商品的收入和成本。

【例8-5】某企業過去發貨時,商品規格有誤,經協商同意接受該批商品的退貨。這批商品共計10件,每件售價1 000元,增值稅稅率按17%計算,本月同種商品的生產成本是每件700元,開出轉帳支票支付退貨款。

(1)衝銷銷售收入。

借:主營業務收入　　　　　　　　　　　　　　　　　10 000
　　應交稅費——應交增值稅(銷項稅額)　　　　　　　1,700
　　貸:銀行存款　　　　　　　　　　　　　　　　　　11,700

退回產品應衝銷的「銷項稅額」用紅字登記。

(2)按本月同種產品成本衝減銷售成本。

借:庫存商品　　　　　　　　　　　　　　　　　　　7 000
　　貸:主營業務成本　　　　　　　　　　　　　　　　7 000

2. 銷售折讓

銷售折讓是指企業已將商品銷售給購買方之后,由於商品的質量、規格等不符合要求,銷售單位同意在商品價格上給予的減讓。在會計處理上銷售折讓不作為費用處理,而是作為收入的抵減數,可以比照銷售退回進行相關的帳務處理。

(三)其他業務收支的會計處理

其他業務是企業在生產經營過程中發生的除了主營業務活動以外其他經營活動的收支業務,主要包括多餘材料的銷售、出租固定資產、出租無形資產、出租和出售包裝物等業務。由於其他業務不屬於企業的主要經營業務,根據重要性原則,對其他業務的會計處理可以簡化,主要通過「其他業務收入」和「其他業務成本」兩個帳戶予以反映。

發生其他業務收入時,借記「銀行存款」「應收帳款」等帳戶,貸記「其他業務收入」等帳戶。發生其他業務支出,包括相關的成本、費用等,借記「其他業務成本」帳戶,貸記「銀行存款」「應付職工薪酬」「包裝物」「原材料」等帳戶。期末,企業應將「其他業務收入」和「其他業務成本」帳戶餘額分別轉入「本年利潤」帳戶,結轉后兩帳戶應無餘額。

【例 8-6】企業轉讓一項非專利技術的使用權,按照合同規定取得轉讓收入 85 萬元,增值稅稅率 6%,轉讓收入已存入銀行。該專利技術本期應提取累計攤銷 4 萬元。

增值稅銷項稅額 = 850,000 × 6% = 51,000(元)

借:銀行存款	901,000
貸:其他業務收入	850,000
應交稅費——應交增值稅(銷項稅額)	51,000
借:其他業務成本	40,000
貸:累計攤銷	40,000

(四)稅金及附加的會計處理

稅金及附加是指企業營業收入應負擔的稅金及附加費,以製造企業為例,主要包括銷售產品、提供勞務等負擔的消費稅、城市維護建設稅、資源稅和教育附加費等相關稅費。企業其他業務活動發生的相關稅費,可在「稅金及附加」或「其他業務成本」帳戶中核算。

月末,企業按規定計算出主營業務收入應負擔的各項稅金及附加費,借記「稅金及附加」帳戶,貸記「應交稅費」帳戶。期末,企業應將「稅金及附加」帳戶的餘額轉入「本年利潤」帳戶。

第二節　利潤

一、利潤組成

利潤是企業在一定期間內生產經營活動的最終成果,也就是收入與成本費用相抵之后的差額,如果收入大於成本費用,說明企業有盈利,反之為虧損。

企業的利潤就其構成看,既有通過生產經營活動獲得的,也有通過投資活動獲得的,還有那些與生產經營活動無直接關係的事項所產生的利得或損失組成。按照中國企業會計準則的規定,企業利潤相關計算公式如下:

(一)營業利潤

營業利潤 = 營業收入 - 營業成本 - 稅金及附加 - 銷售費用 -
　　　　　管理費用 - 財務費用 - 資產減值損失 +
　　　　　公允價值變動收益(- 公允價值變動損失) + 投資收益(- 投資損失)

上述公式中,營業收入是指企業經營業務所確認的收入總額,包括主營業務收入和其他業務收入。

營業成本是指企業經營業務所發生的實際成本總額,包括主營業務成本和其他業務成本。

資產減值損失是指企業計提各項資產減值準備所形成的損失。

公允價值變動收益(或損失)是指企業交易性金融資產等公允價值變動形成的應計入當期損益的利得(或損失)。

投資收益(或損失)是指企業以各種方式對外投資所取得的收益(或發生的損失)。

(二)利潤總額

利潤總額 = 營業利潤 + 營業外收入 - 營業外支出

公式中,營業外收入是指企業發生的與其日常活動無直接關係的各項利得。

營業外支出是指企業發生的與其日常活動無直接關係的各項損失。

(三)淨利潤

淨利潤 = 利潤總額 - 所得稅費用

二、營業外收入和支出

(一)營業外收入

1. 營業外收入的內容

營業外收入是指企業發生的與日常活動無直接關係的各項利得。營業外收入並

不是企業日常經營資金耗費所產生的,是一種偶然的利得,不需要企業付出代價,實際上是經濟利益的淨流入,不可能也不需要與有關的費用進行配比。營業外收入主要包括非流動資產處置利得、盤盈利得、罰沒利得、捐贈利得、確認無法支付而按規定程序經批准后轉作營業外收入的應付款項等。

營業外收入中的非流動資產處置利得包括固定資產處置利得和無形資產出售利得。固定資產處置利得,指企業出售固定資產所取得價款或報廢固定資產的材料價值和變價收入等,扣除處置固定資產的帳面價值、清理費用、處置相關稅費后的淨收益;無形資產出售利得,指企業出售無形資產所取得價款,扣除出售無形資產的帳面價值、出售相關稅費后的淨收益。

盤盈利得,主要是指對於現金等清查盤點中盤盈的現金等,報經批准后計入營業外收入的金額。

罰沒利得,是指企業取得的各項罰款,在彌補由於對違反合同或協議而造成的經濟損失后的罰款淨收益。

捐贈利得,是指企業接受捐贈產生的利得。

2. 營業外收入的會計處理

企業應通過「營業外收入」帳戶,核算營業外收入的取得及結轉情況。該帳戶貸方登記企業確認的各項營業外收入,借方登記期末結轉入本年利潤的營業外收入。結轉后該帳戶應無餘額。該帳戶應按照營業外收入的項目進行明細核算。

企業確認營業外收入,借記「固定資產清理」「銀行存款」「待處理財產損溢」「應付帳款」等帳戶,貸記「營業外收入」帳戶。期末,應將「營業外收入」帳戶餘額轉入「本年利潤」帳戶,借記「營業外收入」帳戶,貸記「本年利潤」帳戶。

【例 8-6】企業將固定資產報廢清理的淨收益 10,000 元轉作營業外收入。會計分錄如下:

借:固定資產清理　　　　　　　　　　　　　　　　　　　　　10,000
　　貸:營業外收入　　　　　　　　　　　　　　　　　　　　　10,000

【例 8-7】某企業本期營業外收入總額為 200,000 元,期末結轉本年利潤。會計分錄如下:

借:營業外收入　　　　　　　　　　　　　　　　　　　　　　200,000
　　貸:本年利潤　　　　　　　　　　　　　　　　　　　　　　200,000

(二) 營業外支出

1. 營業外支出的內容

營業外支出是指企業發生的與日常活動無直接關係的各項損失,是企業的一種偶然損失,主要包括非流動資產處置損失、盤虧損失、罰款支出、公益性捐贈支出、非常損失等。

營業外支出中的非流動資產處置損失包括固定資產處置損失和無形資產出售損失。固定資產處置損失,指企業出售固定資產所取得價款或報廢固定資產的材料價值

和變價收入等不足以抵補處置固定資產的帳面價值、清理費用、處置相關稅費所發生的淨損失;無形資產出售損失,指企業出售無形資產所取得價款不足以抵補出售無形資產的帳面價值、出售相關稅費后所發生的淨損失。

盤虧損失,主要指對於財產清查盤點中盤虧的資產,在查明原因處理時按確定的損失計入營業外支出的金額。

罰款支出,指企業由於違反稅收法規、經濟合同等而支付的各種滯納金和罰款。

公益性捐贈支出,指企業對外進行公益性捐贈發生的支出。

非常損失,指企業對因客觀因素(如自然災害等)造成的損失,在扣除保險公司賠償后應計入營業外支出的淨損失。

2. 營業外支出的會計處理

企業應通過「營業外支出」帳戶,核算營業外支出的發生及結轉情況。該帳戶借方登記企業發生的各項營業外支出,貸方登記期末結轉入本年利潤的營業外支出。結轉后該帳戶應無餘額。該帳戶應按照營業外支出的項目進行明細核算。

企業發生營業外支出時,借記「營業外支出」帳戶,貸記「固定資產清理」「待處理財產損溢」「庫存現金」「銀行存款」等帳戶。期末,應將「營業外支出」帳戶餘額結轉入「本年利潤」帳戶,借記「本年利潤」帳戶,貸記「營業外支出」帳戶。

【例 8-8】某企業用銀行存款支付稅款滯納金 10,000 元。會計分錄如下:

借:營業外支出　　　　　　　　　　　　　　　　　　　　　10,000
　　貸:銀行存款　　　　　　　　　　　　　　　　　　　　　10,000

某企業將盤點中發現的原材料意外災害損失 250,000 元轉作營業外支出。會計分錄如下:

借:營業外支出　　　　　　　　　　　　　　　　　　　　　250,000
　　貸:待處理財產損溢　　　　　　　　　　　　　　　　　　250,000

【例 8-9】某企業本期營業外支出總額為 900,000 元,期末結轉本年利潤。會計分錄如下:

借:本年利潤　　　　　　　　　　　　　　　　　　　　　　900,000
　　貸:營業外支出　　　　　　　　　　　　　　　　　　　　900,000

三、所得稅費用

所得稅是根據企業應納稅所得額的一定比例上交的一種稅金。企業在計算確定當期所得稅以及遞延所得稅費用(或收益)的基礎上,應將兩者之和確認為利潤表中的所得稅費用。公式如下:

$$所得稅費用 = 當期所得稅 + 遞延所得稅$$
$$遞延所得稅 = (期末遞延所得稅負債 - 期初遞延所得稅負債) - (期末遞延所得稅資產 - 期初遞延所得稅資產)$$

應予以說明的是,企業因確認遞延所得稅資產和遞延所得稅負債產生的遞延所得

稅,一般應當記入所得稅費用。但以下情況除外:如果某項交易或事項按照會計準則規定應計入所有者權益的,由該交易或事項產生的遞延所得稅資產和遞延所得稅負債亦應計入所有者權益,不構成利潤表中的遞延所得稅費用(或收益)。

(一) 當期所得稅的計算

企業當期(應交)所得稅是在當期納稅所得額的基礎上乘以所得稅率確定的。應納稅所得額又是在企業稅前會計利潤(即利潤總額)的基礎上調整確定的。計算公式為:

應納稅所得額 = 稅前會計利潤 + 納稅調整增加額 – 納稅調整減少額

納稅調整增加額主要包括稅法規定允許扣除項目中,企業已計入當期費用但超過稅法規定扣除標準的金額(如超過稅法規定標準的業務招待費用支出),以及企業已計入當期損失但稅法規定不允許扣除項目的金額(如稅收滯納金、罰款、罰金)。

納稅調整減少額主要包括按稅法規定允許彌補的虧損和準予免稅的項目,如前五年內的未彌補虧損和國債利息收入等。

企業當期所得稅的計算公式為:

應交所得稅 = 應納稅所得額 × 所得稅稅率

【例 8 – 10】某企業 2007 年度按會計準則計算的稅前會計利潤 2,000,000 元,所得稅率為 25%。經檢查,企業當年營業外支出有 10,000 元為稅收滯納金的罰金,有 20,000 元為非公益性捐贈;投資收益中有 10,000 元是國庫券的利息收益。假設該企業全年沒有其他納稅調整因素。

按照企業所得稅法規定,計入當期營業外支出的稅收滯納金的罰金和非公益性捐贈不允許扣除;國庫券利息收入免交所得稅。

應納稅所得額 = 2,000,000 + 10,000 + 20,000 – 10,000 = 2,020,000(元)

當期應交所得稅 = 2,020,000 × 25% = 505,000(元)

(二) 遞延所得稅資產和負債

中國所得稅會計採用目前國際上比較流行的資產負債表債務法,要求企業從資產負債表出發,通過比較資產負債表上列示的資產、負債項目按照會計準則規定確定的帳面價值與按照稅法規定確定的計稅基礎,對於二者的差異分別劃分成應納稅暫時性差異與可抵扣暫時性差異,從而確認相關的遞延所得稅資產與遞延所得稅負債,並在此基礎上確定每個會計期間利潤表上的所得稅費用。

從資產負債表的角度看,資產的帳面價值代表的是某項資產在持續持有及最終處置的一定期間內為企業帶來的未來經濟利益的總額,而其計稅基礎代表的是該期間內按照稅法規定就該項資產可以稅前扣除的總額。若資產的帳面價值小於其計稅基礎,表明該項資產於未來期間產出的經濟利益流入數低於按照稅法規定允許稅前扣除的金額,從而產生可抵減未來期間應納稅所得額的因素,減少未來期間以應交所得稅的方式流出企業的經濟利益,應確認為遞延所得稅資產。反之,一項資產的帳面價值若

大於其計稅基礎,兩者之間的差額會增加企業於未來期間應納稅所得額,對企業形成經濟利益流出的義務,應確認為遞延所得稅負債。

同樣的道理,對於負債來說,若某項負債的帳面價值小於其計稅基礎,會產生遞延所得稅負債;若某項負債的帳面價值大於其計稅基礎,會產生遞延所得稅資產。

(三)所得稅會計的一般程序

採用資產負債表債務法時,企業進行所得稅核算一般應遵循以下程序:

(1)按照相關會計準則確定資產負債表中除遞延所得稅資產和遞延所得稅負債以外的其他資產和負債項目的帳面價值。資產、負債的帳面價值是指企業按相關會計準則的規定進行核算后在資產負債表中列示的金額。

(2)以適用的稅收法規為基礎,確定資產負債表中有關資產、負債項目的計稅基礎。

(3)比較資產、負債項目的帳面價值與其計稅基礎,對於二者之間存在的差異即暫時性差異,應分析其性質,除準則中規定的特殊情況外,分別區分為應納稅暫時性差異和可抵扣暫時性差異,從而確定資產負債表日遞延所得稅資產和遞延所得稅負債的應有金額,並與期初遞延所得稅資產和遞延所得稅負債金額相比較,確定本期應予以確定的遞延所得稅資產和遞延所得稅負債金額或應予轉銷的金額,作為遞延所得稅。

(4)確定利潤表中的所得稅費用。利潤表中的所得稅費用應當包括當期應交所得稅和遞延所得稅兩個組成部分,二者之和(或之差)是利潤表中的所得稅費用。

在上述所得稅會計核算程序的第三步中,暫時性差異是指資產、負債的帳面價值與其計稅基礎不同產生的差額;應納稅暫時性差異是指在確定未來收回資產或清償負債期間的應納稅所得額時,將導致產生應納稅金額的暫時性差異;可抵扣暫時性差異是指在確定未來收回資產或清償負債期間的應納稅所得額時,將導致產生可抵扣金額的暫時性差異。

應納稅暫時性差異,通常產生於:某項資產帳面價值大於其計稅基礎;某項負債帳面價值小於其計稅基礎。

可抵扣暫時性差異,通常產生於:某項資產帳面價值小於其計稅基礎;某項負債的帳面價值大於其計稅基礎。

(四)所得稅費用的會計處理

企業應當根據上述所得稅會計處理一般程序,對當期所得稅加以調整計算,據以確定應從當期利潤總額中扣除的所得稅費用。

【例8-11】某企業2013度利潤表中利潤總額2,000萬元,該企業適用所得稅率為15%,遞延所得稅資產年初餘額12萬元,遞延所得稅負債年初餘額20萬元。2013年發生的有關交易和事項中,會計處理與稅收處理差異之處有:

(1)企業向非公益性單位捐贈200萬元,按照稅法規定,企業向非公益性單位捐贈不允許稅前扣除。

(2)企業違規排污,應付罰款150萬元。

(3)年末,對帳面餘額1,100萬元的存貨,計提跌價準備100萬元。

(4)當年開發一種創新技術,發生研發開支 800 萬元,其中 600 萬元已資本化計入無形資產成本,該項無形資產達到可使用狀態。根據稅法規定,企業發生的研究開發支出中資本化的部分可以加計 50% 在以后期間分期攤銷,所以 600 萬元的資本化部分可以攤銷的總額為 600 萬元×150% = 900 萬元,其中 900 萬元 – 600 萬元 = 300 萬元應在以后期間分攤。

(5)2013 年 1 月開始計提折舊的某項固定資產的成本為 1,200 萬元,使用期限 5 年,淨殘值為零,會計上按年限總和法計提折舊,稅收上要求按平均年限法計提折舊。假設稅法規定的使用年限和淨殘值與會計上處理相同。

分析計算如下:

(1)該企業 2013 年資產負債表相關項目金額及其計稅基礎見表 8 – 1。

表 8 – 1　　某企業資產負債表相關項目帳面價值與計稅基礎差異計算表　　單位:萬元

相關項目	帳面價值	計稅基礎	差異	
			應納稅暫時性差異	可抵扣暫時性差異
存貨	1,000	1,100		100
無形資產	600	900	300	
固定資產原價	1,200	1,200		
減:累計折舊	400	240		
減:固定減值	0	0		
固定資產帳面價值	800	960		160
總計			300	260

(2)2013 年某項固定資產年折舊額。

該項固定資產會計上年折舊額 = $1,200 \times \dfrac{5}{15} = 400$(萬元)

該項固定資產稅收上年折舊額 = $1,200 \times \dfrac{1}{5} = 240$(萬元)

(3)2013 年當期應交所得稅。

應納稅所得額 = 2,000 + 200 + 150 + 100 – 300 + 160 = 2,310(萬元)

應交所得稅 = 2,310 × 15% = 346.50(萬元)

(4)遞延所得稅資產、負債增減變動。

①期末遞延所得稅負債	300 × 15% = 45(萬元)
減:期初遞延所得稅負債	20(萬元)
遞延所得稅負債增加	25(萬元)
②期末遞延所得稅資產	260 × 15% = 39(萬元)
減:期初遞延所得稅資產	12(萬元)
遞延所得稅資產增加	27(萬元)

(5)遞延所得稅費用和收益。
遞延所得稅費用 = 25 + 0 = 25(萬元)
遞延所得稅收益 = 0 + 27 = 27(萬元)
(6)確認2013年所得稅費用,並作會計分錄。
所得稅費用 = 346.50 + 25 - 27 = 344.50(萬元)

借:所得稅費用	3,445,000
遞延所得稅資產	270,000
貸:應交稅費——應交所得稅	3,465,000
遞延所得稅負債	250,000

(7)企業在期末,應將「所得稅費用」帳戶餘額轉入「本年利潤」帳戶,借記「本年利潤」帳戶,貸記「所得稅費用」帳戶,結轉后無餘額。

借:本年利潤	3,445,000
貸:所得稅費用	3,445,000

四、本年利潤結算的會計處理

企業實現的利潤或發生的虧損,應通過「本年利潤」帳戶進行核算。期末將各損益類帳戶的餘額轉入「本年利潤」帳戶,其中,將各收益帳戶的餘額轉入「本年利潤」帳戶的貸方,將各成本、費用類帳戶的餘額轉入「本年利潤」帳戶的借方。結轉后,「本年利潤」帳戶若為貸方餘額則表示自年初開始累計實現的淨利潤,若為借方餘額則表示自年初開始累計發生的虧損數。年度終了,企業應將「本年利潤」帳戶的全部累計餘額轉入「利潤分配」帳戶。若為淨利潤,借記「本年利潤」帳戶,貸記「利潤分配」帳戶;若為淨虧損,作相反的會計分錄。年度結帳后,「本年利潤」帳戶無餘額。

在會計上,對於本月利潤總額和本年累計利潤可以採用「帳結法」,也可以採用「表結法」。

採用「帳結法」,應於每月終了將損益類帳戶餘額轉入「本年利潤」帳戶,通過「本年利潤」帳戶結出本月份利潤或虧損額,以及本年累計的損益。

採用「表結法」,每月結帳時損益類各帳戶的餘額不需要結轉到「本年利潤」帳戶,只有到年度終了決算時才將各損益帳戶的全年累計餘額轉入「本年利潤」帳戶,在「本年利潤」帳戶集中反映全年的利潤及其構成情況。因而,「表結法」下每月結帳只要結出各損益類帳戶的本年累計餘額,就可以根據這些累計餘額,逐項填列利潤表中「本年累計數」這一欄中的有關項目,然后減去上月利潤表中「本年累計數」,計算本月有關項目的數字。在「表結法」下,「本年利潤」帳戶平時不使用,只在年終使用。

無論企業採用「帳結法」還是「表結法」,年度終了都必須將「本年利潤」帳戶的餘額轉入「利潤分配——未分配利潤」帳戶,結轉后,「本年利潤」帳戶應無餘額。

【例8-12】某企業在2013年度決算時,各損益帳戶12月31日餘額如下:
　　帳戶名稱　　　　　　　　　　　　　　　結帳前餘額(元)

主營業務收入	180 000(貸)
稅金及附加	6 000(借)
主營業務成本	110 000(借)
銷售費用	4 000(借)
管理費用	8 000(借)
財務費用	5 000(借)
公允價值變動損益	6,000(貸)
資產減值損失	4,000(借)
其他業務收入	9 000(貸)
其他業務成本	7 000(借)
投資收益	2 000(貸)
營業外收入	4 000(貸)
營業外支出	3 000(借)
所得稅費用	17,820(借)

根據上述資料,企業應做如下會計處理:

(1)結轉收入類帳戶餘額。

借:主營業務收入	180 000
其他業務收入	9 000
營業外收入	4 000
公允價值變動損益	6,000
投資收益	2 000
貸:本年利潤	201 000

(2)結轉成本、費用類帳戶餘額。

借:本年利潤	164,820
貸:主營業務成本	110 000
稅金及附加	6 000
銷售費用	4 000
管理費用	8 000
財務費用	5 000
所得稅費用	17,820
其他業務成本	7 000
營業外支出	3 000
資產減值損失	4,000

(3)計算並結轉本年淨利潤。

經上述結轉,「本年利潤」帳戶借方發生額164,820(元),貸方發生額201 000(元),則本年淨利潤=201 000－164,820=36 180(元)

結轉全年淨利潤：
借：本年利潤　　　　　　　　　　　　　　　　36,180
　貸：利潤分配——未分配利潤　　　　　　　　　　　　　36,180

第三節　利潤分配

一、利潤分配的內容

利潤的分配過程和結果不僅關係到所有者的合法權益是否得到保護，而且還涉及企業能否持續、穩定地發展下去。企業當年實現的淨利潤，根據《中華人民共和國公司法》(以下簡稱《公司法》)等有關法規的規定，應當按照以下順序進行分配：

（一）提取法定盈餘公積

公司制企業的法定盈餘公積一般按淨利潤的10%提取（非公司制企業可根據需要確定提取比例），在計算提取法定盈餘公積基數時，不應包括企業年初未分配利潤。法定盈餘公累積計額為公司註冊資本的50%以上，可以不再提取。

計提盈餘公積的目的是：①控製向投資者分配利潤的水平，避免各年利潤分配的大幅度波動，防止企業的短期行為。②保證企業簡單再生產和擴大再生產的順利進行。企業每年都應從盈利中提取一定比例的盈餘公積，一方面為企業虧損的彌補準備資金來源，另一方面為企業拓展業務奠定雄厚的資金基礎。③轉增資本。

（二）提取任意盈餘公積

公司從稅後利潤中提取法定盈餘公積后，經股東大會決議，還可以從稅後利潤中提取任意盈餘公積。非公司制企業經類似權力機構批准，也可提取任意盈餘公積。任意盈餘公積的用途同法定盈餘公積。

（三）分配給投資者利潤

分配給投資者的利潤應按公司章程的有關規定進行，非公司制的企業應按有關的投資協議規定進行分配。

企業如果發生虧損，可用以后年度實現的稅前利潤彌補，但彌補期不超過五年，也可以用稅後利潤彌補，還可以用以前年度提取的法定盈餘公積和任意盈餘公積彌補。企業以前年度虧損未彌補完之前，不得提取法定盈餘公積和任意盈餘公積。在提取法定盈餘公積和任意盈餘公積之前，不得向投資者分配利潤。

二、利潤分配的會計處理

為了反映企業利潤分配過程及結果，應設置「利潤分配」帳戶，該帳戶下設置以下一些明細帳戶：

　（1）提取法定盈餘公積；
　（2）提取任意盈餘公積；

(3)應付現金股利或利潤;
(4)轉作股本的股利;
(5)盈餘公積補虧;
(6)未分配利潤。

企業用盈餘公積彌補虧損,應借記「盈餘公積——法定盈餘公積或任意盈餘公積」帳記「利潤分配——盈餘公積補虧」帳戶。

企業按照規定從淨利潤中提取法定盈餘公積和任意盈餘公積時,借記「利潤分配——提取法定盈餘公積、提取任意盈餘公積」帳戶,貸記「盈餘公積——法定盈餘公積、任意盈餘公積」帳戶。

企業應分配給投資者的現金股利或利潤時,借記「利潤分配——應付現金股利或利潤」帳戶,貸記「應付股利」帳戶。

企業經股東大會或類似機構批准向投資者分派股票股利時,應在實際分派股票股利時(即辦理完增資手續之后),借記「利潤分配——轉作股本的股利」帳戶,貸記「實收資本」或「股本」帳戶。

年度終了,企業應將全年實現淨利潤(或淨虧損)從「本年利潤」帳轉入「利潤分配——未分配利潤」明細帳;同時,將「利潤分配」帳下的其他明細帳的餘額轉入「未分配利潤」明細帳。年終結轉后,「利潤分配」的其他明細帳應無餘額,「未分配利潤」明細帳若有貸方餘額,反映尚未分配的利潤;若為借方餘額,則表示尚未彌補的虧損。

【例8-13】某企業2013年實現的淨利潤80 000元,按10%提取法定盈餘公積,按5%提取任意盈餘公積,確定分配給普通股投資者現金股利50 000元。根據上述業務,可作會計分錄如下:

(1)結轉全年實現的淨利潤。

借:本年利潤　　　　　　　　　　　　　　　　　　　80 000
　　貸:利潤分配——未分配利潤　　　　　　　　　　　　80 000

(2)提取法定盈餘公積和任意盈餘公積。

提取法定公積金 = 80 000 × 10% = 8 000(元)
提取任意公積金 = 80 000 × 5% = 4 000(元)

借:利潤分配——提取法定盈餘公積　　　　　　　　　　8,000
　　　　　　——提取任意盈餘公積　　　　　　　　　　4,000
　　貸:盈餘公積——法定盈餘公積　　　　　　　　　　　8 000
　　　　　　　　——任意盈餘公積　　　　　　　　　　　4 000

(3)確定分配給投資者現金股利。

借:利潤分配——應付現金股利　　　　　　　　　　　　50 000
　　貸:應付股利　　　　　　　　　　　　　　　　　　　50 000

(4)結轉利潤分配帳中的有關明細帳餘額。

借:利潤分配——未分配利潤　　　　　　　　　　　　　62 000

貸：利潤分配——提取法定盈餘公積　　　　　　　　　8,000
　　　　　　——提取任意盈餘公積　　　　　　　　　4,000
　　　　　　——應付現金股利　　　　　　　　　　　50 000

三、未分配利潤確定

　　企業實現的淨利潤(或淨虧損)經過一系列分配之後的結餘部分,就是企業的未分配利潤(或未彌補虧損)。由於企業的生產經營活動是連續不斷的,當年的未分配利潤(或未彌補虧損)結轉到下一年度,與下年度的淨利潤(或淨虧損)一起參加分配。分配之後的結餘額又形成新的未分配利潤(或未彌補虧損)。因而,「未分配利潤」明細帳餘額實際上反映的是歷年的累積數,或表示累計的未分配利潤,或表示累計的未彌補虧損數。

　　【例8-14】接【例8-13】,假設該企業上年年底有未分配利潤20 000元,則該企業本年年底累計未分配利潤計算如下：
　　未分配利潤 = 20 000 + (80 000 - 8,000 - 4,000 - 50 000) = 38 000(元)

四、用利潤彌補虧損的會計處理

　　企業一旦發生虧損,表現為「本年利潤」帳戶出現借方餘額,會計上需要從「本年利潤」帳戶的貸方將虧損額轉入「利潤分配——未分配利潤」帳戶的借方,即應彌補的虧損。若第二年實現了淨利潤,用同樣的方法將淨利潤從「本年利潤」帳戶借方轉入「利潤分配——未分配利潤」帳戶的貸方,這樣在「未分配利潤」明細帳上就自然抵減上年度的借方餘額,即彌補了虧損,無須做專門的彌補虧損會計處理。而且,無論是稅前利潤補虧,還是稅后利潤補虧,會計處理方法都是一樣的,唯一的區別在於企業申報交納所得稅時,前者可以作為應納稅所得額的調整數,而后者卻不能。

＊＊＊＊本章學習要點＊＊＊＊

　　1. 收入概念有廣義和狹義之分,狹義概念僅指營業收入,而廣義概念除營業收入之外,還包括營業外收入。中國《企業會計準則》中採用狹義收入概念,將營業收入分為基本業務收入和其他業務收入,其目的是為了加強收入的管理,提供更豐富的收入信息。

　　2. 營業收入的確認應聯繫到收入的類別。商品銷售下,營業收入確認的必要條件是五個；提供勞務下,關鍵看期末勞務交易的結果是否能夠可靠計量；讓渡資產使用權下,主要看與交易相關的經濟利益能否流入企業。營業收入的計量應按交易雙方達成的協議來進行,在中國各種銷售折扣、銷售退回等應衝減當期發生的收入,現金折扣不衝減收入,而是作為財務費用處理。

3. 利潤是收入與成本費用相配比之后的差額,它反映了企業在一定時期內的經營業績,主要由營業利潤、營業外收支淨額組成,其中營業利潤是企業利潤的主要來源渠道。隨著中國資本市場的發展,企業股權和債權投資迅速增加,公允價值使用逐漸增多,從而成為影響企業利潤的重要因素,為人們所關注。中國新的企業會計準則,將「投資收益」「公允價值變動收益」視為企業營業利潤組成內容。企業的利潤總額減去所得稅費用,就是淨利潤,它反映利潤中有多少最終歸投資者所擁有。

4. 企業實現的淨利潤即稅后利潤,應當按有關法規進行分配。首先應計提法定盈餘公積和任意盈餘公積,然后按公司章程或有關投資協議,確定分配給投資者的利潤,最后剩餘的淨利潤便形成未分配利潤,待以后年度再分配。企業一旦發生虧損,也應當按有關法規進行彌補,以保證資本金的安全、完整。

＊＊＊＊本章復習思考題＊＊＊＊

1. 什麼是收入？收入的特徵是什麼？收入與利得如何區分？
2. 怎樣對收入進行分類？
3. 銷售商品收入確認的條件是什麼？銷售商品收入金額如何確定？在涉及現金折扣、商業折扣、銷售折讓時怎樣確定商品銷售收入？
4. 如何進行營業收入的會計處理？
5. 企業利潤構成是什麼？怎樣計算企業利潤總額？
6. 什麼是營業外收入和支出？營業外收入、支出包括哪些內容？
7. 如何進行本年利潤結算的會計處理？
8. 利潤分配的基本程序是什麼？如何進行利潤分配的會計處理？

第九章
會計報表

學習目標

　　會計報表是綜合反映企業一定時期財務狀況、經營業績和現金流量的總結性書面文件。它是在日常會計核算資料基礎上，對其進行加工、整理、歸類、匯總、編制而成的，是投資者、債權人、供應商、政府有關機構等報表使用者瞭解企業財務狀況，進行有關決策不可缺少的資料。本章主要討論編制會計報表目的與要求，以及資產負債表、利潤表和現金流量表的編制方法。學習本章的目標是：
　　(1) 明確會計報表編制目的與要求。
　　(2) 瞭解會計報表分類方法。
　　(3) 熟練掌握資產負債表、利潤表的結構及其編制方法。
　　(4) 熟悉現金流量表的內容與結構。

第一節　編制會計報表的目的與要求

一、會計報表及其使用者

(一) 會計報表的概念

　　會計報表是根據企業日常核算資料定期編制的，用以反映一定時期財務狀況、經營成果和現金流量等信息的總結性書面文件，包括資產負債表、利潤表、現金流量表等。

　　日常會計核算中，通過記帳雖然已經將各項經濟業務歸類登記在會計帳簿中，較會計憑證反映的會計信息分類更加系統化，但就某一會計期間企業經濟活動的整體狀況而言，帳簿所能提供的會計信息仍顯分散化，還不能集中、概括地反映企業在該期間內經營活動的全貌和財務收支的總括情況。因此，會計部門還必須在日常核算資料的基礎上，對其進一步地整理、分類、計算、匯總，編制成相應的會計報表，以便為報表使用者提供綜合的財務信息。

(二)會計報表的使用者

會計報表的使用者主要是與企業有直接或間接經濟利益關係的人或機構,他們是投資者、債權人、政府機構、潛在的投資者和債權人以及企業管理當局等。雖然這些使用者對會計報表信息的要求不同,側重點不同,但他們都需要通過會計報表瞭解企業整個財務狀況、經營業績和現金流量的變化情況,以便做出有關的決策。

(1)投資者。投資者通過會計報表的閱讀和分析,可以重點瞭解其投資的完整性、投資報酬、資本結構的變化,以及企業未來的獲利能力和利潤分配政策等,預測、判斷投資的風險性,確定投資的策略。

(2)債權人。債權人通過會計報表的閱讀和分析,可以重點瞭解企業的償債能力,瞭解自身債權的保障程度,以及債務人是否有足夠的能力按期償付債務等。

(3)政府機構。政府機構通過對會計報表的閱讀和分析,可以瞭解企業經營活動的全貌,以及對社會資源的利用與分配情況,以便決定稅收、利息等宏觀經濟政策的取向。

(4)企業管理當局。通過對會計報表的閱讀與分析,可以全面地瞭解企業的財務狀況和經營成果,正確評價經營管理人員業績,發現企業在財務活動中存在的問題,為改善經營管理水平、規劃企業的未來提供直接的依據。

二、編制會計報表的目的

編制會計報表的基本目的,是向報表使用者提供反映企業財務狀況、經營成果和現金流量的財務信息,有助於報表使用者的決策。

會計報表的使用者很多,他們有著不同的文化背景和知識結構,對會計報表信息的要求和目的也不完全一樣,但有一點是共同的:他們都希望通過會計報表的閱讀、理解、分析,獲取對有關決策有用的財務信息,減少決策中的不確定性和風險性,改善、提高決策的質量。如果會計報表提供的信息不能有助於使用者的決策,這樣的會計報表便沒有價值。

編制會計報表的目的是向報表使用者提供有助於決策的財務信息,但這並不是說會計報表提供的財務資料就能滿足報表使用者為決策所需的全部信息。事實上,會計報表主要是反映過去發生的經濟業務對企業財務狀況和經營成果的影響,而不一定能夠提供諸如企業背景、企業文化、企業人力資源狀況等一些非財務性的資料,而這些非財務性資料在決策中常常也是不能忽視的。不過,對於大多數報表使用者來說,會計報表仍然是他們獲取企業財務信息的主要來源,並能夠基本上滿足他們的使用需要。

三、會計報表的作用

會計報表是為了滿足投資者、債權人、政府機構,以及企業管理當局對財務信息的需求編制的,它的作用主要表現在:

(一)為投資者、債權人進行有關決策提供重要依據

企業的債權人和許多投資者一般不直接參與企業的生產經營活動,不能直接獲得

所需的財務信息。要進行投資、融資、信貸或商品買賣等方面的決策,就必須通過對會計報表的閱讀、分析,瞭解企業財務狀況及生產經營情況,分析企業償債能力和盈利能力,並對企業財務狀況做出分析判斷,以便為投資、信貸、融資、商品購銷等決策提供依據。同時,投資者和債權人還需要通過會計報表提供的信息,瞭解企業資金的營運狀況,監督企業的生產經營管理,以保護自身的合法權益。

(二)為企業加強生產經營管理提供重要依據

企業管理當局通過會計報表,可以全面總括地瞭解企業生產經營活動情況、財務收支狀況以及各項財務計劃的執行情況,及時地發現企業在生產經營中存在的問題,以便採取有效的措施,及時改善生產經營管理水平。同時,也可以利用會計報表提供的信息,預測企業未來的盈利、現金流量及其經營的風險性,幫助企業管理當局更科學、合理地規劃未來。

(三)為國家制定宏觀經濟調控政策提供重要依據

國家的有關部門通過會計報表,可以及時瞭解各個企業的財務狀況和經營成果,以便對企業的生產經營狀況進行監督、檢查。比如審計部門通過審查會計報表,可以檢查、監督企業財務和會計制度的執行情況、有無違反財經紀律的行為;銀行利用會計報表,可以檢查、監督企業信貸資金使用和償還情況,分析信貸資金的安全性,以便及時調整對企業的信貸政策;稅務部門通過會計報表,可以瞭解企業稅利的完成情況以及稅金的交納情況,保證國家的財政收入計劃的順利完成。此外,國家的有關宏觀經濟管理部門通過對企業會計報表逐級匯總之後,可以分析宏觀經濟的運行情況,發現國民經濟運行中存在的問題,為宏觀經濟政策的調控提供依據。

四、會計報表的分類

會計報表可以根據不同的需要,按照不同的標準進行分類。

根據反映的內容,會計報表可以分為靜態報表和動態報表。靜態報表是綜合反映企業在一定時點資產、負債和所有者權益的會計報表,如資產負債表。動態報表是指反映企業在一定時期內資金耗費和資金收回的會計報表,如利潤表。

根據編報的時間,會計報表可以分月報、季報、半年報(中期報表)和年報。其中,月報要求簡明扼要、及時反映;年報要求揭示完整,反映全面;半年報和季報在會計信息的詳略程度上介於月報和年報之間。習慣上,將月報、季報、半年報又稱為中期報表。

根據編製單位,會計報表可以分為單位報表和匯總報表。單位報表是指企業在會計核算的基礎上,對帳簿記錄進行加工而編制的會計報表,目的在於反映企業自身的財務狀況和經營成果。匯總報表是指企業主管部門或上級機關,根據所屬單位報送的會計報表,連同本單位會計報表匯總編制的綜合性會計報表。

根據編制主體的不同,會計報表可以分為個別報表和合併報表。個別報表是由企業在自身會計核算基礎上對帳簿記錄進行加工而編制的報表,它主要反映企業自身的

財務狀況、經營成果和現金流量情況。合併報表是以母公司和子公司組成的企業集團為會計主體,根據母公司和所屬子公司個別報表,由母公司編制,綜合反映企業集團整體財務狀況、經營成果、現金流量的報表。本章只介紹個別報表的編制,不涉及合併報表問題。

根據服務對象,會計報表可以分為對內報表和對外報表。對內報表是指為適應企業內部管理需要而編制的不需要對外公布的會計報表,它一般沒有統一的格式,也沒有統一的指標體系。對外報表是指企業向外提供的,供外部信息用戶使用的會計報表,又稱財務報表。本章主要介紹對外會計報表的理論與方法,因此,以下所說的會計報表實際上是指財務報表。

按照中國《企業會計準則》和《公司法》的要求,企業應當編制的會計報表主要包括資產負債表、利潤表、現金流量表、各種附表以及附註說明。會計報表的各個組成部分是相互聯繫的,它們從不同的角度說明企業的財務狀況、經營業績和現金流量情況。資產負債表主要反映企業的財務狀況,利潤表主要反映企業的經營業績即盈利或虧損情況,現金流量表則反映企業經營活動、投資活動和籌資活動中現金流入和流出情況。這三張會計報表通常稱為會計報表主表。有關的附表主要是對主表中某部分內容或某個項目的內容做進一步的表格式披露,以增強報表閱讀者對主表有關內容的理解。附註則說明企業的會計政策、會計估計和對會計報表主要項目的詳細陳列。會計報表主表、附表和附註共同組成了會計報表體系。

五、會計報表編制的基本要求

會計報表是企業投資者、債權人、政府有關部門及其他使用者獲取企業財務信息的主要來源,其編制質量直接影響到報表使用的效果。為了能夠切實滿足會計報表使用者的需要,充分發揮會計報表的作用,以便及時、準確、完整地反映企業財務狀況和經營成果,對會計報表的編制有以下基本要求:

(一)報表各個項目應遵循會計準則規定進行確認和計量

企業是在日常會計帳簿資料基礎上編制會計報表的。雖然日常會計核算中企業已經按照會計準則要求進行確認、計量,但是由於會計報表畢竟不是日常帳簿記錄的簡單相加,而是對其進行了大量的歸類、整理、調整、計算之後生成的。因此,我們仍然需要強調:企業會計報表的各個項目,也應當符合各項具體會計準則規定的相關會計確認、計量的標準和方法,並在此條件下進行報表的編制。

同時,企業還應當在會計報表附註中對其是否遵循了會計準則編制會計報表做出正式聲明。只有遵循了企業會計準則所有規定時,報表才能被視為「遵循了企業會計準則」。否則,應在報表附註中對不符合會計準則的處理內容和方法予以說明,以免誤導報表使用者。

(二)應明確會計報表列報①的基礎

持續經營是會計的基本前提,也是會計確認、計量及編制會計報表的基礎。企業會計準則規範的是持續經營條件下企業對發生的交易和事項確認、計量、編報;相反,如果企業出現了非持續經營狀況,企業就應當按照其他基礎編制會計報表。因此,在編制會計報表過程中,企業管理層首先應當對企業持續經營能力進行評價。只有滿足持續經營這一會計基本前提,才可能按照已頒布的企業會計準則編制會計報表。

企業的管理層在判斷持續經營能力時,主要考慮因素是:市場經營風險、市場技術風險、企業目前或長期的盈利能力、償債能力、財務彈性、企業管理層改變經營政策的意向、國家相關的政策規定等。企業一旦處於非持續經營狀況,資產應當按照可變現淨值,負債按照其預計的可結算金額等為基礎編制會計報表。在非持續經營情況下,企業應當在報表附註中聲明會計報表未以持續經營為基礎列報,並披露其原因和報表編制的具體基礎是什麼。

(三)報表項目應當按照重要性設立和列報

會計報表是通過對大量的交易或其他事項進行處理而生成的,這些交易或其他事項按其性質或功能匯總歸類而形成報表中的項目。關於項目在會計報表中是單獨列報還是合併列報,應當依據重要性原則來判斷。總的原則是,如果某項目單個看不具有重要性,則可將其與其他項目合併列報;如具有重要性,則應當單獨列報。具體而言,應當遵循以下幾點:

(1)性質或功能不同的項目,一般應當在財務報表中單獨列報,但是不具有重要性的項目可以合併列報。比如存貨和固定資產在性質上和功能上都有本質差別,必須分別在資產負債表上單獨列報。

(2)性質或功能類似的項目,一般可以合併列報,但是對其具有重要性的類別應該單獨列報。比如原材料、低值易耗品等項目在性質上類似,均通過生產過程形成企業的產品存貨,因此可以合併列報,合併之后的類別統稱為「存貨」在資產負債表上單獨列報。

(3)項目單獨列報的原則不僅適用於報表,還適用於附註。某些項目的重要性程度不足以在資產負債表、利潤表、現金流量表或所有者權益變動表中單獨列示,但是可能對附註而言卻具有重要性,在這種情況下應當在附註中單獨披露,仍以上述存貨為例,對某製造業企業而言,原材料、包裝物及低值易耗品、在產品、庫存商品等項目的重要性程度不足以在資產負債表上單獨列示,因此在資產負債表上合併列示,但是鑒於其對該製造業企業的重要性,應當在附註中單獨披露。

(4)無論是財務報表列報準則規定的單獨列報項目,還是其他具體會計準則規定單獨列報的項目,企業都應當予以單獨列報。

重要性是判斷項目是否單獨列報的重要標準。中國企業會計準則首次對「重要

---

① 列報,是指交易和事項在會計報表中的列示和在附註中的披露。

性」概念進行了定義,即如果財務報表某項目的省略或錯報會影響使用者據此做出經濟決策的,則該項目就具有重要性。企業在進行重要性判斷時,應當根據所處環境,從項目的性質和金額大小兩方面予以判斷:一方面,應當考慮該項目的性質是否屬於企業日常活動、是否對企業的財務狀況和經營成果具有較大影響等因素;另一方面,判斷項目金額大小的重要性,應當通過單項金額占資產總額、負債總額、所有者權益總額、營業收入總額、淨利潤等直接相關項目金額的比重加以確定。

(四)報表項目的列報應符合一致性的要求

可比性是會計信息質量的一項重要質量要求,目的是使同一企業不同期間和同一期間不同企業的會計報表相互可比。為此,會計報表項目的列報應當在各個會計期間保持一致,不得隨意變更,這一要求不僅只針對會計報表中的項目名稱,還包括會計報表項目的分類、排列順序等方面。

當會計準則要求改變,或企業經營業務的性質發生重大變化後,變更會計報表項目的列報能夠提供更可靠、更相關的會計信息時,會計報表項目的列報是可以改變的。

(五)報表項目金額間的抵消應有利於使用者的判斷

會計報表項目一般應當以總額列報,資產和負債、收入和費用不能相互抵消,即不得以淨額列報,但企業會計準則另有規定的除外。這是因為,如果相互抵消,所提供的信息就不完整,信息的可比性大為降低,難以在同一企業不同期間以及同一期間不同企業的報表之間實現相互可比,報表使用者難以據此做出判斷。比如,企業欠客戶的應付款不得與其他客戶欠本企業的應收款相抵消,如果相互抵消就掩蓋了交易的實質。再如,收入和費用反映了企業投入和產出之間的關係,是企業經營成果的兩個方面,為了更好地反映經濟交易的實質、考核企業經營管理水平以及預測企業未來現金流量,收入和費用不得相互抵消。

但是,以下兩種情況不屬於抵消,可按淨額列示:①資產計提的減值準備,實質上意味著資產的價值確實發生了減損,資產項目應當按扣除減值準備後的淨額列示,這樣才能反映資產當時的真實價值,並不屬於上面所述的抵消。②非日常活動並非企業主要的業務,且具有偶然性,從重要性來講,非日常活動產生的損益以收入和費用抵消後的淨額列示,對公允反映企業財務狀況和經營成果影響不大,抵消後反而更能有利於報表使用者的理解。因此,非日常活動產生的損益應當以同一交易形成的收入扣減費用後的淨額列示,並不屬於抵消。例如非流動資產處置形成的利得和損失,應按處置收入扣除該資產的帳面金額和相關銷售費用後的餘額列示。

(六)列報各項目應列示比較信息

企業在列報當期會計報表時,至少應當提供所有列報項目上一可比會計期間的比較數據,以及與理解當期報表相關的說明,目的是向報表使用者提供對比數據,提高信息在會計期間的可比性,以反映企業財務狀況、經營成果和現金流量的發展趨勢,提高報表使用者的判斷與決策能力。

在會計報表項目的列報確需發生變更的情況下,企業應當對上期比較數據按照當

期的列報要求進行調整,並在附註中披露調整的原因和性質,以及調整的各項目金額。但是,在某些情況下,對上期比較數據進行調整是不切實可行的,則應當在附註中披露不能調整的原因。

(七)報表應按規定的時間及時進行編報

按照中國企業會計準則的規定,一般要求月報應在每月結束後 6 天內編制完畢;季報應在季度終了後 30 天內對外提供;半年度報表應在半年度結束後 2 個月內對外提供;年報應在年度結束後 4 個月內對外提供。企業應在規定時間範圍內,及時將會計報表傳遞給有關使用者。

第二節　資產負債表

一、資產負債表的概念

資產負債表也稱財務狀況表,是反映企業在某一特定日期財務狀況的報表。它是根據資產、負債、所有者權益之間的相互關係,按照一定的分類標準和順序,把企業在某一特定日期結束所擁有或控製的經濟資源、所承擔的債務和所有者對淨資產的要求權高度概括地反映出來。

資產負債表能夠提供企業在某一日期資產、負債、所有者權益的平衡關係及總括情況。通過資產負債表,可以反映出企業資產的總量及其結構,為企業合理配置經濟資源提供依據;通過資產負債表,可以反映出某一日期結束負債的總額及結構,企業未來需要用多少資產或勞務抵償這些債務,並將它們同資產狀況聯繫起來,從而反映出企業長、短期償債能力;通過資產負債表,還可以瞭解企業所有者權益的大小及所有者權益結構。

此外,資產負債表還能夠提供進行財務分析所需的基本資料,利用這些資料,可以計算企業速動比率、流動比率等一些財務指標。資產負債表屬於企業對外會計報表,要求按月編制。

二、資產負債表的格式

目前國際上比較流行的資產負債表格式有兩種:一種是報告式,另一種是帳戶式。

報告式資產負債表又稱垂直式或上下結構式資產負債表,是將資產負債表的項目自上而下排列,首先列示資產數額,然後列示負債數額,最後列示所有者權益數額。

帳戶式資產負債表又稱平衡表,是按照「T」型帳戶的形式設計資產負債表的結構,其中左方為資產,右方為負債和所有者權益,左、右兩方平衡相等。按照中國《企業會計準則》的規定,企業資產負債表一般應採用帳戶式,其具體內容和格式參見表 9-1。

表 9 – 1　　　　　　　　　　　　　　**資產負債表**

編製單位：　　　　　　　　　　　　年　月　日　　　　　　　　　　　　單位：元

資產	期末餘額	年初餘額	負債和所有者權益 （或股東權益）	期末餘額	年初餘額
流動資產：			流動負債：		
貨幣資金			短期借款		
以公允價值計量且其變動計入當期損益的金融資產			以公允價值計量且其變動計入當期損益的金融負債		
應收票據			應付票據		
應收帳款			應付帳款		
預付款項			預收款項		
應收利息			應付職工薪酬		
應收股利			應交稅費		
其他應收款			應付利息		
存貨			應付股利		
劃分為持有待售的資產			其他應付款		
一年內到期的非流動資產			劃分為持有待售的負債		
其他流動資產			一年內到期的非流動負債		
流動資產合計			其他流動負債		
非流動資產：			流動負債合計		
可供出售金融資產			非流動負債：		
持有至到期投資			長期借款		
長期應收款			應付債券		
長期股權投資			長期應付款		
投資性房地產			專項應付款		
固定資產			預計負債		
在建工程			遞延所得稅負債		
工程物資			其他非流動負債		
固定資產清理			非流動負債合計		
生產性生物資產			負債合計		
油氣資產			所有者權益（或股東權益）：		
無形資產			實收資本（或股本）		

表9-1(續)

資產	期末餘額	年初餘額	負債和所有者權益 (或股東權益)	期末餘額	年初餘額
開發支出			資本公積		
商譽			減:庫存股		
長期待攤費用			其他綜合收益		
遞延所得稅資產			盈餘公積		
其他非流動資產			未分配利潤		
非流動資產合計			所有者權益(或股東權益)合計		
資產總計			負債和所有者權益(或股東權益)總計		

三、資產負債表的編制方法

(一)試算準備工作

企業在正式編制資產負債表之前,應當根據本期總帳的期末餘額先編制「帳戶餘額試算平衡表」,對日常帳簿記錄的正確性進行復核、檢查,在試算平衡以後,再根據「帳戶餘額試算平衡表」和有關的明細帳戶,正式編制資產負債表,以便盡量減少編制過程中的差錯。「帳戶餘額試算平衡表」的格式參見表9-2。

表9-2　　　　　　　　帳戶餘額試算平衡表

編製單位:貴州鋼繩股份有限公司　　2014年12月31日　　　　　　單位:元

帳戶名稱	借方餘額	帳戶名稱	貸方餘額
庫存現金	94,526.30	短期借款	295,000,000.00
銀行存款	205,091,997.75	應付票據	215,616,937.04
其他貨幣資金	478,453,468.42	應付帳款	62,079,476.81
應收票據	73,958,616.12	預收款項	39,106,206.28
應收帳款	265,839,307.82	應付職工薪酬	23,549,147.95
其他應收款	5,811,137.63	應交稅費	2,251,574.34
壞帳準備	-4,816,358.85	其他應付款	3,636,049.26
預付帳款	62,815,526.51	長期借款	60,000,000.00
應收股利	872,930.67	遞延收益	19,680,000.00
原材料	149,556,396.74	股本	245,090,000.00
週轉材料	3,343,562.66	資本公積	840,369,036.53
委託加工物資	4,345,678.70	其他綜合收益	

表9-2(續)

帳戶名稱	借方餘額	帳戶名稱	貸方餘額
生產成本	97,564,422.15	盈餘公積	58,919,611.30
庫存商品	174,629,803.85	利潤分配——未分配利潤	190,288,400.84
存貨跌價準備	-958,138.32		
其他流動資產	715,402.38		
可供出售金融資產	1,000,000.00		
固定資產	462,683,362.85		
累計折舊	132,195,246.56		
在建工程	199,221,896.04		
工程物資	3,825,657.77		
長期待攤費用	311,842.30		
遞延所得稅資產	3,420,647.42		

(二)資產負債表中「年初數」填法

資產負債表中「年初數」欄內各項數字,應當根據上年末資產負債表「期末數」欄內所列數字填列。如果本年度資產負債表規定的各個項目的名稱和內容與上年度不相一致,應對上年末資產負債表各項目的名稱和數字按照本年度的規定進行調整,填入報表中的「年初數」欄目內。

(三)資產負債表中期末餘額欄的填列方法

資產負債表「期末餘額」欄內各項數字,一般應根據資產、負債和所有者權益類科目的期末餘額填列。主要包括以下方式:

(1)根據總帳科目餘額填列。資產負債表中的有些項目,可直接根據有關總帳科目的餘額填列,如「以公允價值計量且其變動計入當期損益的金融資產」「短期借款」「應付票據」「應付職工薪酬」等項目;有些項目則需根據幾個總帳科目的期末餘額計算填列,如「貨幣資金」項目,需根據「庫存現金」「銀行存款」「其他貨幣資金」三個總帳科目的期末餘額的合計數填列。

(2)根據明細帳科目餘額計算填列。如「應付帳款」項目,需要根據「應付帳款」和「預付款項」兩個科目所屬的相關明細科目的期末貸方餘額計算填列;「應收帳款」項目,需要根據「應收帳款」和「預收款項」兩個科目所屬的相關明細科目的期末借方餘額計算填列。

(3)根據總帳科目和明細帳科目餘額分析計算填列。如「長期借款」項目,需要根據「長期借款」總帳科目餘額扣除「長期借款」科目所屬的明細科目中將在一年內到期且企業不能自主地將清償義務展期的長期借款后的金額計算填列。

(4)根據有關科目餘額減去其備抵科目餘額后的淨額填列。如資產負債表中的「應收帳款」項目,應當根據「應收帳款」科目的期末餘額減去「壞帳準備」科目餘額后

的淨額填列。「固定資產」項目,應當根據「固定資產」科目的期末餘額減去「累計折舊」「固定資產減值準備」備抵科目餘額后的淨額填列等。

(5)綜合運用上述填列方法分析填列。如資產負債表中的「存貨」項目,需要根據「原材料」「庫存商品」「生產成本」「委託加工物資」「週轉材料」「材料採購」「在途物資」「發出商品」「材料成本差異」等總帳科目期末餘額的分析匯總數,再減去「存貨跌價準備」科目餘額后的淨額填列。

四、資產負債表編制示例

【例9-1】上市公司貴州鋼繩股份有限公司①創立於2000年10月11日,是由貴州鋼繩(集團)有限責任公司聯合水城鋼鐵(集團)有限責任公司等四家公司發起設立。設立時總股本9,437萬股,主要發起人貴州鋼繩(集團)有限責任公司持股91.37%。2004年4月22日經中國證監會批准,該公司採用向社會公開發售方式,募股7,000萬股,總股本變為16,437萬股。貴州鋼繩股份公司屬於金屬製品業,主要經營範圍為鋼絲、鋼繩產品及相關設備、材料、技術的研究、生產、加工、銷售及進出口業務,科技產品的研製、開發與技術服務。2014年12月31日該公司有關帳戶的餘額見表9-2,其他編制資產負債表的資料如下:

(1)該公司2013年資產負債表的期末數已直接列入表9-3「期初餘額」欄目。
(2)該公司除應收帳款、存貨外,其他資產全部沒有提取資產減值準備。
(3)2014年年末公司的資產減值損失共5,774,497.17元,其中:壞帳準備為3,618,177.17元;存貨跌價準備為2,156,320.00元。

根據上述資料,貴州鋼繩股份公司編制的2014年12月31日資產負債表(期末數)見表9-3。

表9-3　　　　　　　　　　　資產負債表
編製單位:貴州鋼繩股份有限公司　　　2014年12月31日　　　　　　單位:元　幣種:人民幣

資產	期末餘額	年初餘額	負債和所有者權益(或股東權益)	期末餘額	期初餘額
流動資產:			流動負債:		
貨幣資金	683,639,992.47	620,087,070.78	短期借款	295,000,000.00	306,600,000.00
以公允價值計量且其變動計入當期損益的金融資產			以公允價值計量且其變動計入當期損益的金融負債		
應收票據	73,958,616.12	40,665,312.14	應付票據	215,616,937.04	118,850,000.00
應收帳款	261,022,948.97	215,669,984.20	應付帳款	62,079,476.81	85,792,870.66
應收利息			預收款項	39,106,206.28	40,178,055.21
預付款項	62,815,526.51	57,232,420.19	應付職工薪酬	23,549,147.95	30,841,911.60
應收股利	872,930.67		應交稅費	2,251,574.34	2,212,670.81

---

① 【例9-1】中所有相關資料(包括表9-2數據)都摘自於貴州鋼繩股份公司2014年的年度報告。

表 9-3(續)

資產	期末餘額	年初餘額	負債和所有者權益(或股東權益)	期末餘額	期初餘額
其他應收款	5,811,137.63	5,187,324.42	應付利息		
存貨	428,481,725.78	446,243,691.51	應付股利		
劃分為持有待售的資產			其他應付款	3,636,049.26	3,154,756.78
一年內到期的非流動資產			劃分為持有待售的負債		
其他流動資產	715,402.38	3,735,571.59	一年內到期的非流動負債		
流動資產合計	1,517,318,280.53	1,388,821,374.86	其他流動負債		
非流動資產：			流動負債合計	641,239,391.68	587,630,265.06
可供出售金融資產	1,000,000.00	1,000,000.00	非流動負債：		
持有至到期投資			長期借款	60,000,000.00	
長期應收款			應付債券		
長期股權投資			長期應付款		
			長期應付職工薪酬		
投資性房地產			專項應付款		
			預計負債		
固定資產	330,488,116.29	365,307,473.33	遞延收益	19,680,000.00	5,000,000
在建工程	199,221,896.04	155,920,348.78	遞延所得稅負債		
工程物資	3,825,657.77		其他非流動負債		
固定資產清理			非流動負債合計	79,680,000.00	5,000,000
生產性生物資產			負債合計	720,919,391.68	592,630,265.06
油氣資產			所有者權益(或股東權益)：		
無形資產			實收資本(或股本)	245,090,000.00	245,090,000.00
開發支出			資本公積	840,369,036.53	840,369,036.53
商譽			減：庫存股		
長期待攤費用	311,842.30	419,500.90	其他綜合收益		
			專項儲備		
遞延所得稅資產	3,420,647.42	2,882,497.16	盈餘公積	58,919,611.30	56,889,729.43
其他非流動資產			未分配利潤	190,288,400.84	179,372,164.01
非流動資產合計	538,268,159.82	525,529,820.17	所有者權益(或股東權益)合計	1,334,667,048.67	1,321,720,929.97
資產總計	2,055,586,440.35	1,914,351,195.03	負債和所有者權益(或股東權益)總計	2,055,586,440.35	2,055,586,440.35

法定代表人：黃忠渠　　　　主管會計工作負責人：楊期屏　　　　會計機構負責人：萬玉

第三節 利潤表

一、利潤表的概念

利潤表又稱收益表或損益表,是反映企業一定時期內經營成果的會計報表。它將企業一定時期內的收入與同一時期內的相關費用、成本進行配合比較,計算出企業一定時期的稅后淨利潤,並確定企業的每股收益。通過利潤表提供的收入、成本和費用信息,可以反映企業一定會計期間內收入實現情況,比如實現的營業收入有多少、實現的投資收益有多少、實現的營業外收入有多少;可以反映一定期間企業成本費用的耗費水平,比如耗費的營業成本有多少、營業稅費有多少、期間費用有多少;可以反映企業採用公允價值計量后,公允價值變動帶來的收益或損失有多少大。通過利潤表的編制,可以充分反映企業經營業績的主要來源和構成,有助於報表使用者判斷企業淨利潤質量和風險,有助於使用者預測企業淨利潤的持續性,正確評價企業管理當局的經營成績。如果將利潤表中的信息與資產負債表中的信息相結合,還可以提供進行企業財務分析的基礎資料,計算出企業應收帳款週轉率、存貨週轉率、淨資產收益率、每股收益等財務指標,便於報表使用者判斷企業未來的發展趨勢和成長性,做出正確的投資決策。

利潤表同資產負債表一樣,屬於企業對外會計報表,要求按月編制。

二、利潤表的格式

目前,國際上比較普遍採用的利潤表格式主要有單步式利潤表和多步式利潤表。

單步式利潤表又稱一步式,是將企業所有的收入和收益加在一起,再把所有的成本、費用加在一起,然后用收入與收益的合計減去成本與費用合計之後的差額,便是企業的淨利潤(或虧損)。單步式利潤表的優點是計算簡單,對一切收入和費用一視同仁,不分彼此先後,不像多步式利潤表要求一定的收入要同相關的費用配比計算。缺點是若干有意義的損益信息在表中無法揭示、提供。

多步式利潤表是將利潤表的內容按照重要性、配比原則多次分類,並產生一些中間性的收益信息,從營業收入到本年淨利潤要分若干步才能計算出來,它提供的損益信息比單步式更為豐富。

按照中國《企業會計準則》的規定,一般企業都應當採用多步式利潤表的格式。中國企業採用的利潤表格式參見表9-4。多步式利潤表,便於對企業生產經營情況進行分析,有利於不同行業企業之間的橫向比較,也有利於預測企業今后的盈利能力。

此外,為了使報表使用者通過比較不同時期利潤的實現情況,企業需提供比較利潤表,即利潤表各項目需再分為「本期金額」和「上期金額」兩欄分別反映和列示。

表9-4　　　　　　　　　　　　利潤表

編製單位：××公司　　　　　　　年　月　日　　　　　　　　　　單位：元

項　目	本期金額	上期金額
一、營業收入		
減：營業成本		
稅金及附加		
銷售費用		
管理費用		
財務費用		
資產減值損失		
加：公允價值變動收益（損失以「-」號填列）		
投資收益（損失以「-」號填列）		
其中：對聯營企業和合營企業的投資收益		
二、營業利潤（虧損以「-」號填列）		
加：營業外收入		
減：營業外支出		
其中：非流動資產處置損失		
三、利潤總額（虧損總額以「-」號填列）		
減：所得稅費用		
四、淨利潤（淨虧損以「-」號填列）		
五、其他綜合收益的稅后淨額		
（一）以后不能重分類進損益的其他綜合收益項目		
（二）以后將重分類進損益的其他綜合收益項目		
權益法下在被投資單位以后將重分類進損益的其他綜合收益中享有的份額		
六、綜合收益總額		
五、每股收益：		
（一）基本每股收益		
（二）稀釋每股收益		

三、利潤表的編制方法

(一)上期金額的填列方法

利潤表「上期金額」欄內各項數字,應根據上年度該期利潤表「本期金額」欄內所列數字填列。如果上年該期利潤表規定的各個項目的名稱和內容同本期不相一致,應對上年該期利潤表各項目的名稱和數字按本期的規定進行調整,填入利潤表「上期金額」欄內。

(二)本期金額欄的填列方法

利潤表「本期金額」欄內各項目的數字一般是根據損益類帳戶的發生額直接分析填列。但應當注意,「營業收入」項目是根據「主營業務收入」和「其他業務收入」兩個帳戶的發生額分析填列;「營業成本」項目是根據「主營業務成本」和「其他業務成本」兩個帳戶發生額分析填列;其餘的項目主要是根據對應帳戶發生額直接分析填列,或者是上下相加減的關係得到的。「公允價值變動收益」和「投資收益」項目在填列時,若為淨損失,應以「-」與填列。

(三)利潤表中基本每股收益和稀釋每股收益計算

利潤表中「基本每股收益」是指只考慮當期實際發行在外的普通股股份,按照歸屬於普通股股東的當期淨利潤除以當期實際發行在外普通股的加權平均數計算的每股收益。計算基本每股收益時,分子為歸屬於普通股股東的當期淨利潤。發生虧損的企業,每股收益以負數列示。以合併報表為基礎計算的每股收益,分子應當是歸屬於母公司普通股股東的當期合併淨利潤,即扣除少數股東損益后的餘額。

計算基本每股收益時,分母為當期發行在外普通股的算術加權平均數,其計算公式是:發行在外普通股加權平均數=期初發行在外普通股股數+(當期新發行普通股股數×正發行時間÷報告期時間)-(當期回購普通股股數×已回購時間÷報告期時間)。公式中,公司庫存股即已回購股份,不屬於發行在外的普通股,且無權參與利潤分配,故應當在計算時扣除;作為權數的已發行時間、報告期時間和已回購時間通常應當按天數計算,在不影響計算結果合理性的前提下,也可以採用按月計算的方法。

利潤表中,「稀釋每股收益」是指以基本每股收益為基礎,假設企業所有發行在外的稀釋性潛在普通股均已轉換為普通股,從而分別調整歸屬於普通股股東的當期淨利潤以及發行在外普通股的加權平均數計算而得的每股收益。

在財務上,「潛在普通股」是指賦予持有者在報告期或以后期間享有取得普通股權利的一種金融工具或其他合同。目前,在中國企業發行的潛在普通股主要有可轉換公司債券、認股權證、股份(票)期權等。稀釋性潛在普通股,是指假設當期轉換為普通股會減少每股收益的潛在普通股。計算稀釋性每股收益時,只考慮稀釋性潛在普通股的影響,不考慮不具有稀釋性的潛在普通股。

在計算稀釋每股收益時,企業應當根據以下事項對歸屬於普通股股東的當期淨利潤進行調整:①當期已確認為費用的稀釋性潛在普通股的利息;②稀釋性潛在普通股

轉換時將產生的收益或費用。上述調整還應當考慮相關的所得稅影響。

計算稀釋每股收益時,當期發行在外普通股的加權平均數應當為計算基本每股收益時普通股的加權平均數與假定稀釋性潛在普通股轉換為已發行普通股而增加的普通股股數的加權平均數之和。

四、利潤表編制示例

【例9-2】仍然沿用上市公司貴州鋼繩股份有限公司為例,該公司2014年全年損益類帳戶有關資料如下表9-5所示:

表9-5　　　　　　　　損益類帳戶發生額表
2014年　　　　　　　　　　　　金額:元

帳戶名稱	本年貸方發生額	帳戶名稱	本年借方發生額
主營業務收入	1,818,479,022.41	主營業務成本	1,578,050,792.19
其他業務收入	29,720,084.79	稅金及附加	8,714,148.46
投資收益	872,930.67	其他業務成本	27,306,436.96
營業外收入	4,150,000.00	銷售費用	166,467,440.46
		管理費用	39,888,044.05
		財務費用	2,595,721.68
		營業外支出	191,376.53
		資產減值損失	5,774,497.17
		所得稅費用	3,934,761.67

註:營業外支出191,376.53元,全部為固定資產處置損失。

貴州鋼繩股份有限公司2013年12月31日的數據已直接列入利潤表9-6「上期發生額」欄目內,根據表9-5的數據,計算填列貴州鋼繩股份有限公司2014年利潤表。

表9-6　　　　　　　　　　利潤表
編製單位:貴州鋼繩股份有限公司　　2014年1~12月　　　　單位:元　幣種:人民幣

項目	本期發生額	上期發生額
一、營業收入	1,848,199,107.20	1,927,976,735.64
減:營業成本	1,605,357,229.15	1,679,248,673.58
稅金及附加	8,714,148.46	8,206,529.25
銷售費用	166,467,440.46	165,570,587.52
管理費用	39,888,044.05	39,845,000.80

表 9-6(續)

項目	本期發生額	上期發生額
財務費用	2,595,721.68	14,425,046.32
資產減值損失	5,774,497.17	2,516,426.13
加:公允價值變動收益(損失以「-」號填列)		
投資收益(損失以「-」號填列)	872,930.67	
其中:對聯營企業和合營企業的投資收益		
二、營業利潤(虧損以「-」號填列)	20,274,956.90	18,164,472.04
加:營業外收入	4,150,000.00	5,409,717.48
其中:非流動資產處置利得		7,717.48
減:營業外支出	191,376.53	181,729.72
其中:非流動資產處置損失	191,376.53	181,729.72
三、利潤總額(虧損總額以「-」號填列)	24,233,580.37	23,392,459.8
減:所得稅費用	3,934,761.67	3,215,477.80
四、淨利潤(淨虧損以「-」號填列)	20,298,818.70	20,176,982.00
五、其他綜合收益的稅后淨額		
(一)以后不能重分類進損益的其他綜合收益項目		
(二)以后將重分類進損益的其他綜合收益項目		
權益法下在被投資單位以后將重分類進損益的其他綜合收益中享有的份額		
六、綜合收益總額	20,298,818.70	20,176,982.00
五、每股收益:	0.082,8	0.122,8
(一)基本每股收益	0.082,8	0.122,8
(二)稀釋每股收益		

法定代表人:黃忠渠　　主管會計工作負責人:楊期屏　　會計機構負責人:萬玉

第四節　現金流量表

一、現金流量表的概念

現金流量表是反映企業在一定會計期間內現金流入和流出情況的會計報表,是以現金為基礎編制的財務狀況變動表。企業對外提供的資產負債表、利潤表和現金流量

表,分別從不同的角度反映企業的財務狀況、經營成果和現金流量。資產負債表側重於反映企業在一定時期結束所擁有的資產、負債、所有者權益的規模和結構,反映企業基本財務狀況;利潤表主要反映企業在一定期間內實現經營成果,表明企業運用資產的盈利能力;現金流量表則反映企業在一定期間現金流入和流出的狀況,表明企業獲取現金和現金等價物的能力。

現金流量表以現金的流入和流出為主線,反映企業一定期間內經營活動、投資活動和籌資活動的動態情況,從而使人們對企業一定期間內財務狀況變動情況有一個全面的瞭解。利用現金流量表,能夠瞭解企業一定期間內現金流入和流出的原因,說明企業的償債能力和支付股利能力,分析企業在未來獲取現金的能力,分析企業投資和理財活動對經營成果和財務狀況的影響力。

二、現金流量表編制基礎

現金流量是以現金為基礎編制的,這裡的現金是指企業庫存現金、銀行存款和現金等價物。

(1)庫存現金。庫存現金是指企業持有可隨時用於支付的現金限額,它與會計核算中的「庫存現金」帳戶的內容相一致。

(2)銀行存款。銀行存款是指企業存在銀行或其他金融機構隨時可以用於支付的存款。它與會計核算中「銀行存款」帳戶的內容基本一致,但是如果存在銀行或其他金融機構的款項不能夠隨時用於支付,則不能作為現金流量表中的現金看待,即不在現金流量表中反映。

(3)其他貨幣資金。其他貨幣資金是指企業存在銀行有特定用途的資金,比如外埠存款、銀行本票存款、銀行匯票存款、信用卡存款、信用證存款等。

(4)現金等價物。現金等價物是指持有的期限短、流動性強、易於轉換為已知金額的現金、價值變動風險很小的投資,通常指自購買日起 3 個月內到期的投資。那些投資可視為企業的現金等價物,應作為一項企業會計政策加以確定,並在會計報表附註中予以披露。

三、現金流量的分類

編制現金流量表的目的是為會計報表使用者提供企業一定時期內現金流入和流出的信息,而一定時期內引起企業現金流入和流出的業務是多種多樣的,這就需要首先對企業各項經營業務產生或運用的現金流量進行合理的分類,一般是按照企業經營業務發生的性質將其分為三大類:

(一)經營活動產生的現金流量

經營活動是指企業投資活動、籌資活動以外的所有交易和事項。它包括銷售商品或提供勞務、經營性租賃、購買貨物、接受勞務、製造產品、廣告宣傳、推銷產品、交納稅款等活動。通過經營活動產生的現金流量,可以說明企業經營活動對現金流入、流出

的需要程度,判斷企業在不採用對外籌資情況下,是否足以維持日常的生產經營、償還債務和股利的支付。

(二)投資活動產生的現金流量

投資活動是指企業長期資產購建處置和不包括在現金等價物範圍內的投資取得與處置。現金流量表中的「投資」既包括對外投資,又包括長期資產的購建與處置,這一點與日常會計核算是不相同的,日常會計核算沒有將長期資產購建與處置視為投資。現金流量表中的投資活動包括取得或收回權益證券投資、購買或收回債券投資、購建和處置固定資產、無形資產和其他長期資產等。通過投資活動產生的現金流量,可以分析企業投資活動獲取現金流量的能力,可以判斷企業投資活動對現金流量淨額的影響程度。

(三)籌資活動產生的現金流量

籌資活動是指導致企業資本及其債務規模和結構發生變化的活動。它包括吸收權益性資本、發行債券、借入資金、支付股利、償還債務等。通過現金流量表中籌資活動產生的現金流量,可以分析企業籌資能力,分析籌資活動產生的現金流量對整個現金流量淨額的影響程度。

企業具體進行現金流量分類時,對於現金流量表中未特別指明的現金流量,應按照現金流量表中分類方法和重要性原則,判斷某項交易或事項所產生的現金流量應當歸屬的類別或項目,對於重要的現金流入量或流出內容應單獨反映。

四、現金流量表的內容和結構

按照企業會計準則規定,中國企業現金流量表包括正表和補充資料兩部分。

(一)現金流量表正表

正表是現金流量表的主體,是其核心內容,企業一定會計期間內現金流量變動信息主要由正表提供。正表採用報告式結構,按照現金流量的性質分為五段,依次分別反映經營活動、投資活動、籌資活動和匯率變動對現金流量的影響,最後匯總反映企業在一定會計期間內現金及現金等價物的淨增加額。

(二)現金流量表補充資料

補充資料包括三部分內容:將淨利潤調節為經營活動的現金流量;不涉及現金收支的投資和籌資活動;現金及現金等價物淨增加額情況。

(三)現金流量表的編制

在具體編制現金流量表時,企業可以根據業務量的大小、業務繁簡程度,採用工作底稿法或T型帳戶法,也可以直接根據有關帳戶記錄的內容分析后直接填列現金流量表。

【例9-3】仍然沿用上市公司貴州鋼繩股份有限公司為例,該公司2014年資產負債表和利潤表的有關數據參見表9-3、9-6。在該公司2014年資產負債表和利潤表基礎上編制現金流量表,主表見表9-7,補充資料的格式見表9-8。

表 9-7　　　　　　　　　　　現金流量表

編製單位:貴州鋼繩股份有限公司　　2014 年 1～12 月　　　　　單位:元　　幣種:人民幣

項目	本期金額	上期金額
一、經營活動產生的現金流量		
銷售商品、提供勞務收到的現金	1,349,171,341.05	1,292,255,228.96
收到的稅費返還		42,000.00
收到其他與經營活動有關的現金	17,180,931.15	32,451,578.36
經營活動現金流入小計	1,366,352,272.20	1,324,748,807.32
購買商品、接受勞務支付的現金	803,610,456.34	855,215,671.29
支付給職工以及為職工支付的現金	278,278,889.73	269,750,281.52
支付的各項稅費	84,695,869.44	66,152,559.07
支付其他與經營活動有關的現金	175,133,106.20	162,375,133.33
經營活動現金流出小計	1,341,718,321.71	1,353,493,645.21
經營活動產生的現金流量淨額	24,633,950.49	-28,744,837.89
二、投資活動產生的現金流量		
收回投資收到的現金		
取得投資收益收到的現金		
處置固定資產、無形資產和其他長期資產收回的現金淨額		
處置子公司及其他營業單位收到的現金淨額		
收到其他與投資活動有關的現金	14,680,000.00	
投資活動現金流入小計	14,680,000.00	
購建固定資產、無形資產和其他長期資產支付的現金	30,151,226.06	39,263,867.89
投資支付的現金		
取得子公司及其他營業單位支付的現金淨額		
支付其他與投資活動有關的現金		
投資活動現金流出小計	30,151,226.06	39,263,867.89
投資活動產生的現金流量淨額	-15,471,226.06	-39,263,867.89
三、籌資活動產生的現金流量		
吸收投資收到的現金		445,580,160.00
取得借款收到的現金	445,000,000.00	327,600,000.00
收到其他與籌資活動有關的現金		

表 9-7(續)

項目	本期金額	上期金額
籌資活動現金流入小計	445,000,000.00	773,180,160.00
償還債務支付的現金	396,600,000.00	270,600,000.00
分配股利、利潤或償付利息支付的現金	24,155,167.28	25,226,030.30
支付其他與籌資活動有關的現金		
籌資活動現金流出小計	420,755,167.28	295,826,030.30
籌資活動產生的現金流量淨額	24,244,832.72	477,354,129.70
四、匯率變動對現金及現金等價物的影響	30,826.25	-617,375.79
五、現金及現金等價物淨增加額	33,438,383.40	408,728,048.13
加:期初現金及現金等價物餘額	580,360,490.65	171,632,442.52
六、期末現金及現金等價物餘額	613,798,874.05	580,360,490.65

法定代表人:黃忠渠　　　主管會計工作負責人:楊期屏　　　會計機構負責人:萬玉

表 9-8　　　　　　　　　　　現金流量表補充資料

編製單位:貴州鋼繩股份有限公司　　2014 年 1~12 月　　　　單位:元　幣種:人民幣

補充資料	本年金額	上年金額
1. 將淨利潤調節為經營活動現金流量	(略)	(略)
淨利潤		
加:資產減值準備		
固定資產折舊		
無形資產攤銷		
長期待攤費用攤銷		
處置固定資產、無形資產和其他長期資產的損失(收益以「-」號填列)		
固定資產報廢損失(收益以「-」號填列)		
公允價值變動損失(收益以「-」號填列)		
財務費用(收益以「-」號填列)		
投資損失(收益以「-」號填列)		
遞延所得稅資產減少(增加以「-」號填列)		
遞延所得稅負債增加(減少以「-」號填列)		
存貨的減少(增加以「-」號填列)		
經營性應收項目的減少(增加以「-」號填列)		

表 9-8(續)

補充資料	本年金額	上年金額
經營性應付項目的增加(減少以「-」號填列)		
其他		
經營活動產生的現金流量淨額		
2. 不涉及現金收支的重大投資和籌資活動		
債務轉資本		
一年內到期的可轉換公司債券		
融資租入固定資產		
3. 現金及現金等價物淨變動情況		
現金的期末餘額		
減:現金的期初餘額		
加:現金等價物的期末餘額		
減:現金等價物的期初餘額		
現金及現金等價物淨增加額		

法定代表人:黃忠渠　　主管會計工作負責人:楊期屏　　會計機構負責人:萬玉

由於貴州鋼繩股份有限公司網站上沒有查到現金流量表補充資料,所以採用空白表。

＊＊＊＊本章學習要點＊＊＊＊

1. 會計報表是以日常會計核算資料為基礎,總括地反映企業在一定時期財務狀況、經營成果和現金流量的書面報告文件。會計報表的使用者主要是投資者、債權人、供應商、政府有關機構和企業管理當局。

編制會計報表的目的是為會計報表使用者提供決策所需的財務信息。

企業的對外會計報表主要包括資產負債表、利潤表、現金流量表、各種附表、報表附註。

2. 資產負債表是反映企業特定日期財務狀況的報表,主要有報告式和帳戶式,中國企業會計實務採用帳戶式。資產負債表主要是根據有關總帳和明細帳的期末餘額填制的。資產負債表每月編制一次,屬於月報。

3. 利潤表是反映企業一定時期內經營成果的報表,主要有單步式和多步式兩種格式,中國企業會計實務中採用多步式利潤表,以便提供更豐富的損益信息。利潤表主要是根據損益類帳戶的發生額來填列。利潤表每月編制一次,屬於月報。

4. 現金流量表是反映企業在一定時期內現金流入、流出狀況的報表,其正表部分主要反映經營活動、投資活動、籌資活動現金變化情況,補充資料主要是將淨利潤調整成為經營活動的現金流量,以及不涉及現金的投資、籌資活動。現金流量表屬於年報,每年編制一次。

＊＊＊＊本章復習思考題＊＊＊＊

1. 企業為什麼要編制會計報表?編制會計報表有什麼作用?
2. 編制會計報表應符合哪些基本要求?
3. 資產負債表有哪些基本格式?如何編制資產負債表?編制中應注意哪些問題?
4. 利潤表有哪些基本格式?如何編制利潤表?
5. 什麼是現金等價物?會計上如何界定現金等價物範圍?
6. 現金流量分為哪幾種類型?現金流量表的內容與結構是什麼?

第十章
會計報表分析

學習目標

　　會計系統是會計信息生成系統和會計信息加工利用系統的有機統一。前面各章已經討論了會計信息的生成系統,從本章開始,我們將討論會計信息的加工利用系統。本章討論會計信息的一般加工利用——會計報表分析。學習本章的目標是:
(1)理解會計報表分析的主體和目標。
(2)掌握會計報表分析的基本方法和分析依據。
(3)熟練掌握會計報表分析的內容、指標及其運用。

第一節　會計報表分析的目的與方法

一、會計報表分析的目的

　　會計報表分析是以企業會計報表信息為主要依據,運用專門的分析方法,對企業財務狀況和經營成果進行解釋和評價,以便於投資者、債權人、管理者以及其他信息使用者做出正確的經濟決策。會計報表分析既是對財務活動的總結,又是進行會計規劃的前提。
　　會計報表分析的主體不同,分析的目的也不同。
　　債權人主要關心企業的資產負債水平和償債能力。通過分析會計報表,債權人可以瞭解企業的償債能力和財務風險,據以做出是否繼續持有企業債權的決策。
　　投資者主要關心企業的盈利能力和資本保值增值能力。通過分析會計報表,投資者可以瞭解企業的盈利狀況,評價企業受託經管責任及其履行情況,據以做出是否繼續投資的決策。
　　企業管理者要關注企業經營活動和財務活動的一切方面。通過會計報表分析,可以瞭解企業運轉是否正常,企業經營前景如何,企業有無資金潛力可挖,據以做出是否借款、是否投資、是否擴大生產經營規模以及是否調整企業經營戰略等決策。

國家和社會主要關注企業的貢獻水平。通過分析會計報表,國家和社會可以瞭解企業對國家和社會的貢獻水平,如企業上繳稅金的情況、社會累積的情況,據以制定宏觀經濟調控政策,保持國民經濟的良性運行。

二、會計報表分析的內容

會計報表分析的目的不同,分析的側重點也不同。一般而言,會計報表分析的內容主要是:

(一)分析償債能力

企業償債能力分析包括短期償債能力分析和長期償債能力分析。短期償債能力分析主要分析企業債務能否及時償還。長期償債能力分析主要分析企業資產對債務本金的支持程度和對債務利息的償付能力。

(二)分析營運能力

營運能力分析既要從資產週轉期的角度來評價企業經營活動量的大小和資產利用效率的高低,又要從資產結構的角度來分析企業資產構成的合理性。

(三)分析盈利能力

盈利能力分析主要分析企業營業活動和投資活動產生收益的能力,包括企業盈利水平分析、社會貢獻能力分析、資本保值增值能力分析以及上市公司稅后利潤分析。

(四)分析綜合財務能力

從總體上分析企業的綜合財務實力,評價企業各項財務活動的相互聯繫和協調情況,揭示企業經濟活動中的優勢和薄弱環節,指明改進企業工作的主要方向。

三、會計報表分析的方法

(一)比較分析法

比較分析法是通過比較兩個相關的財務數據,以絕對數和相對數的形式,來揭示財務數據之間的相互關係。它是會計報表分析的基本方法。比較分析法通常採用三種比較方式:

(1)將分析期的實際數據與計劃數據進行對比,確定實際與計劃的差異,據以考核財務指標計劃完成情況。

(2)將分析期的實際數據與前期數據進行對比,確定本期與前期的差異,據以考察企業的發展情況,預測企業財務活動的未來發展趨勢。

(3)將分析期的實際數據與同行業平均指標或先進企業指標進行對比,確定企業與同行業平均水平以及與先進企業的差異,據以改進工作。

運用比較分析法要注意指標的可比性。用於比較的指標只有在內容、時間、計算方法和計價基礎上保持相同的口徑,比較才有意義。

(二)比率分析法

比率分析法是以同一時期會計報表上的若干不同項目之間的相關數據進行相互

比較,求出其比率,據以分析和評價企業的財務狀況和經營成果。它是會計報表分析的核心方法。財務比率通常有三種類型:

(1)結構比率。它是用來計算某個財務指標的各個組成部分占總體的比重,反映部分與總體的關係,分析財務結構的合理性,如資產負債率、股東權益比率等。

(2)效益比率。它是用來計算某項財務活動中所得與所費的比率,反映投入與產出的關係,如成本費用利潤率、資本利潤率等。

(3)相關比率。它是用來計算兩個性質不同但又相關的指標之間的比率,反映有關財務指標之間的內在聯繫,如流動比率、速動比率等。

運用比率分析法要採取聯繫的觀點,不要孤立地根據某一指標做出判斷,要聯繫其他指標和影響因素綜合進行判斷。

(三)趨勢分析法

趨勢分析法是通過計算連續數年會計報表中的相同項目的百分比,來分析各個項目的上升或下降趨勢。趨勢分析法有兩種比較方式:

(1)定比趨勢分析。它是在連續數年的會計報表中,以第一年為基期,計算其餘年度各個項目對基期同一項目的百分比,借以顯示各個項目在分析期間的上升或下降趨勢。這種分析的基期是固定的。

(2)環比趨勢分析。它是在連續數年的會計報表中,計算后一年度各個項目對前一年度同一項目的百分比,隨后類推,形成一系列比值,借以顯示各個項目在分析期間內的總的趨勢。這種分析的基期是變動的。

無論是定比趨勢分析還是環比趨勢分析,都採用了比較和比率的形式。所以,它在本質上是比較分析法和比率分析法的一種擴展。

四、會計報表分析的資料

會計報表分析依據的資料主要是企業編制的財務報告。

企業財務報告是反映企業財務狀況和經營成果的書面文件,它包括會計報表主表、附表和附註。會計報表主表反映了企業的財務狀況和經營成果,是會計報表分析的主要依據。會計報表附表是對會計報表主表中的某些項目所做的進一步說明,它是深入分析某些財務項目的重要依據。會計報表附註闡明了企業所採用的主要會計處理方法,會計處理方法的變更情況、變更原因以及對財務狀況和經營成果的影響,非經常性項目的說明,會計報表中有關重要項目的明細資料,以及其他有助於理解和分析報表所應說明的事項,它能夠為財務分析提供更加具體的情況。

此外,會計報表分析還需要結合運用企業的日常核算資料、計劃資料、同行業先進企業的資料以及調查研究資料。

【例10-1】現提供 WXY 公司 2013 年度的資產負債表(表 10-1)和損益表(表 10-2)如下,供會計報表實際分析時採用。

表 10-1　　　　　　　　　　　　　　資 產 負 債 表
　　　　　　　　　　　　　　　　　　2013 年 12 月 31 日　　　　　　　　　　　　　　　　單位：萬元

資　產	年初數	年末數	負債及所有者權益	年初數	年末數
流動資產			流動負債		
貨幣資金	64	72	短期借款	160	180
短期投資	80	40	應付帳款	80	96
應收帳款	96	105	預收帳款	24	36
預付帳款	3	5	其他應付款	16	18
存　貨	320	416	流動負債合計	280	330
待攤費用	5	6	長期負債	160	200
流動資產合計	568	644	所有者權益		
長期投資	32	32	實收資本	960	960
固定資產淨值	960	1,130	盈餘公積	120	200
無形資產	40	44	未分配利潤	80	160
			所有者權益合計	1,160	1,320
資產合計	1,600	1,850	負債及所有者權益合計	1,600	1,850

表 10-2　　　　　　　　　　　　　　損　益　表
　　　　　　　　　　　　　　　　　　　2013 年 12 月　　　　　　　　　　　　　　　　　　單位：萬元

項　　目	上年數	本年數
一、產品銷售收入	1,440	1,650
減：產品銷售成本	856	976
產品銷售費用	130	150
產品銷售稅金	86	96
二、產品銷售利潤	368	428
加：其他業務利潤	48	72
減：管理費用	64	80
財務費用	16	25
三、營業利潤	336	395
加：投資淨收益	25	25
營業外收入	9	12
減：營業外支出	48	50
四、利潤總額	322	382
減：所得稅	106	126
五、淨利潤	216	256

第二節　償債能力分析

一、短期償債能力分析

企業短期償債能力是指企業用流動資產償還流動負債的能力。企業短期債務需要通過流動資產償付而不能靠長期資產抵押,利息負擔不重。因此,短期償債能力分析的重點是債務本金能否及時償還。企業短期償債能力的強弱反映了企業的財務狀況,是信息用戶所關注的重要問題。因為短期償債能力的強弱直接影響到債權人能否按期取得利息,收回本金,直接影響到投資者所關注的盈利能力。這種分析主要利用資產負債表,借助於流動比率和速動比率指標來進行。

（一）流動比率

流動比率是流動資產與流動負債的比率。它表示每一元流動負債有多少流動資產可以作為償還的保證,反映企業在短期內轉變為現金的流動資產償還到期流動負債的能力。計算公式是：

$$流動比率 = \frac{流動資產}{流動負債}$$

式中,流動資產應剔除短期內不能處理的超儲積壓物資和有指定用途的流動資產。

一般情況下,流動比率越高,反映企業短期償債能力越強,債權人權益越有保障。但是,流動比率並非越高越好：流動比率過高,表明企業占用的流動資產過多,影響資產的利用效率和獲利能力；流動比率過高,還可能說明應收帳款占用過多,在產品、產成品存在著積壓現象。因此,分析流動比率還要結合考察流動資產的結構及其週轉情況。根據經驗,流動比率一般以 2 較為合理。

根據表 10–1 的資料,該企業流動比率為：

上年流動比率 $= \dfrac{568}{280} = 2.03$

本年流動比率 $= \dfrac{644}{330} = 1.95$

（二）速動比率

速動比率是速動資產與流動負債的比率。它表示每一元流動負債有多少速動資產可以作為償還的保證,反映企業在短期內轉變為現金的速動資產償還到期流動負債的能力。計算公式是：

$$速動比率 = \frac{速動資產}{流動負債}$$

在這裡,速動資產包括貨幣資金、短期投資、應收票據、應收帳款、其他應收款項等

流動資產,存貨、預付帳款和待攤費用不計入其中。速動資產中之所以不包括存貨,是因為存貨的變現能力較差,變現所需時間較長,它要經過產品的出售和帳款的收回才能變為現金,而且存貨中還包括根本就無法變現的部分。預付帳款和待攤費用在本質上屬於費用同時又具有資產的性質,它們只能減少企業未來時期的現金付出,但不能轉化為現金。因此,也不應計入速動資產。

速動比率是流動比率的補充指標。有時流動比率較高,但流動資產中可用於立即支付的資產卻很少,企業的償債能力仍然較差。因此,速動比率比流動比率更能夠反映企業短期清算能力。根據經驗,速動比率為1較為合理。當速動比率大於1時,說明一旦企業破產或清算,在存貨不能變現時,企業也有能力償還短期負債;當速動比率小於1時,表明企業必須依靠變賣部分存貨來償還短期債務。

根據表10-1的資料,該企業速動比率為:

$$上年速動比率 = \frac{64+80+96}{280} = 0.86$$

$$本年速動比率 = \frac{72+40+105}{330} = 0.66$$

二、長期償債能力分析

長期償債能力是指企業償還長期負債的能力。企業的長期負債一般金額大,利息負擔重,對其分析不僅要利用資產負債表借助於資產負債率等指標,來考察債務本金的支持程度,而且還要利用損益表借助於利息保障倍數,來判斷債務利息的償付能力。

(一) 資產負債率

資產負債率是指負債總額與資產總額的比率。它表示在企業總資產中債權人提供的資金所占的比重,或者企業資產對債權人權益的保障程度。計算公式是:

$$資產負債率 = \frac{負債總額}{資產總額} \times 100\%$$

從債權人的角度看,資產負債率越高說明企業經營存在的風險越大,債權人的權益缺乏保障;資產負債率越低說明企業長期償債能力越強,債權人的權益越有保障。從投資者的角度看,資產負債率越高說明企業利用了較少的權益資本形成了較多的生產經營用資產,擴大了生產經營規模,在經濟處於景氣時期,投資收益率一般都大於債務資本成本率,財務槓桿效應必然使企業權益資本的收益率大大提高,從而為投資者謀取更大的財務利益。

資產負債率的合理性在本質上是一個資本結構優化的問題。財務槓桿效應和財務風險總是並存的,企業在獲得財務槓桿效應的同時,也承受了財務風險。因此,企業應當在二者之間做出恰當的選擇,尋求一個合理的資產負債水平。

根據表10-1的資料,該企業資產負債率為:

$$上年資產負債率 = \frac{280+160}{1\ 600} \times 100\% = 27.5\%$$

本年資產負債率 $= \dfrac{330+200}{1\,850} \times 100\% = 28.6\%$

(二)所有者權益比率

所有者權益比率又稱為股東權益比率,它是所有者權益對資產總額的比率。它表示在企業總資產中所有者提供的資金所占的比重,或者企業資產對所有者權益的保障程度。計算公式是:

$$所有者權益比率 = \dfrac{所有者權益}{資產總額} \times 100\%$$

所有者權益比率與資產負債率成此消彼長的關係,二者之和等於1。它從另一個側面反映了企業的償債能力。值得注意的是,所有者權益比率的倒數稱為權益乘數。權益乘數將在本章第五節中介紹。

根據表10－1的資料,該企業所有者權益比率為:

上年所有者權益比率 $= \dfrac{1,160}{1,600} \times 100\% = 72.5\%$

本年所有者權益比率 $= \dfrac{1,320}{1,850} \times 100\% = 71.4\%$

(三)負債對所有者權益比率

負債對所有者權益比率是負債總額與所有者權益總額的比率。它表示所有者權益對債權人權益的保障程度。計算公式是:

$$負債對所有者權益比率 = \dfrac{負債總額}{所有者權益總額} \times 100\%$$

該指標越小,說明企業長期償債能力越強,債權人權益的保障程度越高,承擔的風險越小。

根據表10－1的資料,該企業負債對所有者權益比率為:

上年負債對所有者權益比率 $= \dfrac{280+160}{1\,160} \times 100\% = 37.9\%$

本年負債對所有者權益比率 $= \dfrac{330+200}{1\,320} \times 100\% = 40.2\%$

(四)利息保障倍數

利息保障倍數是指企業一定時期的利息費用和利潤總額與利息費用之比。它反映企業償付負債利息的能力,用以評價債權人投資的風險程度。計算公式是:

$$利息保障倍數 = \dfrac{利潤總額 + 利息費用}{利息費用}$$

利息保障倍數越大,企業償付利息費用的能力越強,債權人權益越有保障。利息保障倍數的具體衡量標準要根據歷史經驗結合行業特點來判斷。一般認為,利息保障倍數大於3時,說明企業付息就有了保證。這一比率越小,說明企業無法向債權人支付利息,意味著企業負債過大或盈利太低,企業陷入財務困境。

根據表 10-2 的資料,並假設該企業財務費用都是利息費用,則利息保障倍數為:

上年利息保障倍數 $= \dfrac{332+16}{16} = 21.13(倍)$

本年利息保障倍數 $= \dfrac{382+25}{25} = 16.28(倍)$

第三節　營運能力分析

營運能力是指企業控制的各種資產的管理效率。資產週轉期是營運能力的直接體現,資產結構也從一個側面反映了營運活動的效率和因營運而導致的資源配置狀況。因此,營運能力分析既要從資產週轉期的角度,通過應收帳款週轉率、存貨週轉率和總資產週轉率,來評價企業經營活動量的大小和資產利用效率的高低,也要從資產結構的角度,通過考察企業流動資產占總資產的比重、資產構成比率以及固定比率,來分析企業資產構成的合理性。

一、資產週轉能力分析

(一)應收帳款週轉率

應收帳款週轉率是指企業一定時期的賒銷收入淨額與應收帳款平均餘額之比,反映了企業應收帳款的週轉速度。應收帳款週轉率通常有兩種表示方法,一種是應收帳款週轉次數,另一種是應收帳款週轉天數。計算公式是:

$$應收帳款週轉次數 = \dfrac{賒銷收入淨額}{應收帳款平均餘額}$$

$$應收帳款週轉天數 = \dfrac{應收帳款平均餘額 \times 計算期}{賒銷收入淨額}$$

式中,賒銷收入淨額是產品銷售收入減去現金銷售收入再減去銷售退回、銷售折讓和銷售折扣后的差額。應收帳款平均餘額按照期初應收帳款加上期末應收帳款再除以2求得。

顯然,應收帳款週轉次數和週轉天數是相逆互補關係。在一定時期內應收帳款週轉次數越多,週轉一次所用的天數就越少,說明應收帳款收回的速度越快,資產營運效率越高。這不僅有利於企業及時收回貨款,減少發生壞帳損失的可能性,而且有利於提高資產的流動性,增強企業的短期償債能力。所以,應收帳款週轉率可以看成是流動比率的補充,它反映了企業的短期償債能力。從財務的觀點看,通過應收帳款週轉天數與原定賒銷期限的比較,還可以評價購買單位的信用程度和企業信用政策的合理性。

根據表 10-1、表 10-2 的資料,假設該企業上年和本年銷售收入中,賒銷部分占 45%,未發生銷售退回、銷售折讓和銷售折扣。由於本年度應收帳款平均餘額為

100.5 萬元[(96+105)/2=100.5]，則該企業應收帳款週轉率為：

$$應收帳款週轉次數 = \frac{1,650 \times 45\%}{100.5} = 7.4(次)$$

$$應收帳款週轉天數 = \frac{100.5 \times 360}{1,650 \times 45\%} = 48.7(天)$$

該企業應收帳款一年可週轉7.4次，每週轉一次需要48.7天。對此，應結合企業歷史資料和同行業平均水平做出評價。為了加速應收帳款的週轉，企業應制定合理的信用政策，包括：運用科學的信用標準，來判斷和評價客戶的信用情況；提供適當的信用條件（包括信用期限和現金折扣），鼓勵客戶盡快支付款項；採用靈活的收帳策略，加速應收帳款的收回。

(二)存貨週轉率

存貨週轉率是指企業一定時期的銷貨成本與存貨平均餘額的比率，反映了企業存貨的週轉速度。計算公式是：

$$存貨週轉率 = \frac{銷貨成本}{平均存貨}$$

存貨週轉率表明的是在一定時期內存貨週轉的次數。銷貨能力的大小也可用存貨週轉天數來表示。計算公式是：

$$存貨週轉天數 = \frac{平均存貨 \times 計算期}{銷貨成本}$$

企業的存貨週轉率與企業的獲利能力直接相關，一般來說，存貨週轉次數越多，週轉天數越短，存貨週轉就越快，企業獲利就越多。反之，存貨週轉次數越少，週轉天數越多，則說明企業存貨不適銷對路，呆滯積壓，既影響企業的資金運行，又影響企業的獲利能力。

根據表10-1、表10-2的資料，由於本年度存貨平均餘額為368萬元[(320+416)/2=368]，則該企業存貨週轉率為：

$$存貨週轉次數 = \frac{976}{368} = 2.65(次)$$

$$存貨週轉天數 = \frac{368 \times 360}{976} = 135.7(天)$$

(三)總資產週轉率

總資產週轉率是產品銷售收入淨額與資產平均總額之比。它反映企業總資產的利用效率。計算公式是：

$$總資產週轉率 = \frac{產品銷售收入淨額}{資產平均總額}$$

式中，產品銷售收入淨額是產品銷售收入減去銷售退回、銷售折讓、銷售折扣後的差額；資產平均總額是期初資產總額與期末資產總額之和除以2。

根據表 10-1、表 10-2 的資料,由於本年度資產平均總額為 1,725 [(1 600 + 1 850)/ 2 = 1,725],則該企業總資產週轉率為:

$$總資產週轉率 = \frac{1,650}{1,725} = 0.96(次)$$

二、企業資產結構分析

(一)流動資產占總資產的比重

流動資產占總資產的比重是流動資產與總資產之比。它反映企業資產總額中流動資產所占的份額。計算公式是:

$$\frac{流動資產占}{總資產的比重} = \frac{流動資產總額}{資產總額} \times 100\%$$

在總資產中,流動資產週轉速度最快。所以,提高流動資產占總資產的比重,可以加速總資產的週轉速度。

根據表 10-1 的資料,該企業流動資產占總資產的比重為:

$$\frac{上年流動資產占}{總資產的比重} = \frac{568}{1,600} \times 100\% = 35.5\%$$

$$\frac{本年流動資產占}{總資產的比重} = \frac{644}{1,850} \times 100\% = 34.8\%$$

(二)資產構成比率

資產構成比率是固定資產淨值與流動資產總額的比值,表示固定資產是流動資產的多少倍,反映了企業固定資產和流動資產的相互關係。計算公式是:

$$資產構成比率 = \frac{固定資產淨值}{流動資產總額}$$

現代企業經營趨勢是自動化程度越來越高,固定資產比重不斷增加。由於固定資產自身的特點,週轉的速度較慢,而且會引起大量的不變費用。因此,資產構成比率的高低在很大程度上會影響企業總資產的週轉速度。資產構成比率的高低要根據企業所處的行業特點,結合企業產品的生產和銷售情況進行評價。

根據表 10-1 的資料,該企業資產構成比率為:

$$上年資產構成比率 = \frac{960}{568} = 1.69(倍)$$

$$本年資產構成比率 = \frac{1,130}{644} = 1.75(倍)$$

(三)固定比率

固定比率是指固定資產淨值與所有者權益的比率,反映所有者權益的固定化程度。計算公式是:

$$固定比率 = \frac{固定資產淨值}{所有者權益} \times 100\%$$

所有者權益是企業長期的穩定的資本,無還債的后顧之憂,而投資到固定資產上的資金被長期固定化。所以,企業投入到固定資產上的資金應當與所有者權益保持一致。如果將流動負債這一類的短期債務資金投入到固定資產上,是很不安全的。固定比率反映了固定資產與所有者權益之間的平衡程度。

根據表 10 – 1 的資料,該企業固定比率為:

上年固定比率 = $\frac{960}{1,160} \times 100\% = 82.8\%$

本年固定比率 = $\frac{1,130}{1,320} \times 100\% = 85.6\%$

第四節　盈利能力分析

盈利能力是指由於營業活動和投資活動產生收益的能力。盈利能力是綜合財務與經營能力的中心;償債能力從外部籌資上保證和影響盈利能力,是企業盈利能力的條件;營運能力是從企業內部經營上保證和影響盈利能力,構成了盈利能力的基礎。因此,會計報表分析必須同時兼顧企業的盈利能力、償債能力和營運能力。盈利能力分析包括企業的盈利水平分析、社會貢獻能力分析、資本保值增值能力分析以及上市公司稅后利潤分析。

一、企業盈利水平分析

企業盈利水平分析是通過銷售利潤率、成本費用利潤率、總資產報酬率、資本收益率和淨資產利潤率指標來進行的。

(一) 銷售利潤率

銷售利潤率是企業產品銷售利潤與產品銷售收入淨額的比率。它反映企業銷售收入的獲利能力。計算公式是:

$$銷售利潤率 = \frac{產品銷售利潤}{產品銷售收入淨額} \times 100\%$$

根據表 10 – 2 的資料,該企業銷售利潤率為:

上年銷售利潤率 = $\frac{368}{1,440} \times 100\% = 25.6\%$

本年銷售利潤率 = $\frac{428}{1,650} \times 100\% = 25.9\%$

(二) 成本費用利潤率

成本費用利潤率是企業利潤總額與企業成本費用總額的比率。它反映企業成本費用的獲利能力。計算公式是:

$$成本費用利潤率 = \frac{利潤總額}{成本費用總額} \times 100\%$$

根據表 10-2 的資料,該企業成本費用利潤率為:

上年成本費用利潤率 $= \dfrac{322}{856+130+64+16} \times 100\% = 30.2\%$

本年成本費用利潤率 $= \dfrac{382}{976+150+80+25} \times 100\% = 31.03\%$

(三) 總資產報酬率

總資產報酬率是企業利潤總額和利息支出與資產平均總額的比率。它反映了企業總資產的獲利能力。計算公式如下:

$$總資產報酬率 = \dfrac{利潤總額 + 利息支出}{資產平均總額} \times 100\%$$

根據表 10-2 的資料,該企業總資產報酬率為:

總資產報酬率 $= \dfrac{382+25}{1\,725} \times 100\% = 23.6\%$

(四) 資本收益率

資本收益率是企業當期實現的淨利潤與資本金平均總額的比率。它反映企業投資者投入資本金的獲利能力。計算公式是:

$$資本收益率 = \dfrac{淨利潤}{資本金平均總額} \times 100\%$$

一般來說,企業資本收益率越高越好。資本收益率越高,說明企業越容易從資本市場上籌集到資金。如果資本收益率低於銀行利率,則企業籌集資金就會面臨困難。

根據表 10-1 和表 10-2 的資料,該企業資本金平均總額 = 960 萬元[(960 + 960)/2 = 960],則資本收益率為:

資本收益率 $= \dfrac{256}{960} \times 100\% = 26.67\%$

(五) 淨資產利潤率

淨資產利潤率是企業淨利潤與淨資產平均總額的比率。它反映企業所有者權益的獲利能力。它是投資者特別關注的一個指標。計算公式是:

$$淨資產利潤率 = \dfrac{淨利潤}{淨資產平均總額} \times 100\%$$

根據表 10-1 和表 10-2 的資料,由於該企業淨資產平均總額 = 1 240 萬元[(1,160+1 320)/2 = 1 240],則淨資產利潤率為:

淨資產利潤率 $= \dfrac{256}{1,240} \times 100\% = 20.6\%$

二、社會貢獻能力分析

社會貢獻能力分析是通過企業社會貢獻率和社會累積率指標進行的。

(一)社會貢獻率

社會貢獻率是企業社會貢獻總額與資產平均總額的比率,反映企業運用全部資產為國家和社會創造或支付價值的能力,即企業貢獻程度的大小。計算公式是:

$$社會貢獻率 = \frac{企業社會貢獻總額}{資產平均總額} \times 100\%$$

式中,企業社會貢獻總額是指企業為國家和社會創造或支付的價值總額,包括工資(含獎金、津貼等工資性收入)、勞保退休統籌、其他社會福利支出、利息支出、應交增值稅及附加、應交所得稅、淨利潤等。

社會貢獻率越大,說明企業對國家和社會的貢獻越多。

(二)社會累積率

社會累積率是上繳國家財政總額與企業社會貢獻總額的比率,反映了在企業的社會貢獻總額中,有多少用於上繳國家財政進行社會累積。計算公式是:

$$社會累積率 = \frac{上繳國家財政總額}{社會貢獻總額} \times 100\%$$

根據表 10-1 和表 10-2 的資料,並假設企業工資、勞保退休統籌、其他社會福利支出、利息支出、應交增值稅及附加、應交所得稅、淨利潤等社會貢獻總額為 868 萬元,其中,上繳國家財政總額為 158 萬元,則企業社會貢獻率和社會累積率分別為:

$$社會貢獻率 = \frac{868}{1,725} \times 100\% = 50.3\%$$

$$社會累積率 = \frac{158}{868} \times 100\% = 18.2\%$$

三、資本保值增值能力分析

資本保值增值能力分析是通過資本保值增值率指標來進行的。資本保值增值率是企業期末所有者權益與期初所有者權益的比率。計算公式是:

$$資本保值增值率 = \frac{期末所有者權益}{期初所有者權益} \times 100\%$$

如果資本保值增值率等於 100%,說明資本保值;資本保值增值率大於 100%,說明資本增值。

根據表 10-1 的資料,該企業資本保值增值率為:

$$資本保值增值率 = \frac{1,320}{1,160} \times 100\% = 113.8\%$$

四、上市公司稅后利潤分析

上市公司稅后利潤分析是通過每股收益、每股股利和市盈率指標來進行的。

(一)每股收益

每股收益是指普通股每股淨收益,它是企業一定時期的淨利潤與發行在外的普通

股股數之比。每股收益是投資者做出投資決策的重要依據。計算公式是：

$$普通股每股收益 = \frac{稅後利潤 - 優先股股利}{普通股股數}$$

一般而言，每股收益越高，反映普通股每股可獲得的利潤越多，每股增值的可能性也越大。

(二)每股股利

每股股利是公司普通股股利總額與發行在外的普通股股數之比，反映股票的盈利潛力。計算公式是：

$$每股股利 = \frac{股利總額}{流通股數}$$

每股股利的多少取決於企業的盈利狀況和股利分配政策的不同選擇。

(三)市盈率

市盈率是普通股每股市場價格與每股收益的比率。它表示投資者為了獲得每一元的利潤所願意支付的價格，反映股票的盈利能力。計算公式是：

$$市盈率 = \frac{每股市場價格}{每股收益}$$

一般而言，市盈率越高，表明股票的獲利潛力越大，與之相對應的投資風險也越大。市盈率的高低要結合企業性質、行業特點進行分析。

第五節　財務綜合評價

一、綜合財務指數評價系統

綜合財務指數評價系統是通過計算綜合財務指數，對企業財務狀況進行綜合評價的一種方法。綜合財務指數評價系統的一般程序和方法是：

(一)正確選擇財務指標

為了評價債權人所關注的資產負債水平和償債能力，應選擇流動比率、資產負債率、應收帳款週轉率和存貨週轉率。

為了評價投資者所關注的盈利能力和資本保值增值能力，應選擇銷售利潤率、總資產報酬率、資本收益率和資本保值增值率。

為了評價國家和社會所關注的社會貢獻能力，應選擇社會貢獻率和社會累積率。

(二)確定財務指標的標準值

標準值的選擇應當先合理。可供選擇的標準數有本期計劃數、某期實際數、同類企業平均數、行業平均數以及國際通用的標準數。

(三) 計算財務指標個別指數

財務指標的個別指數是分析期某項財務指標的實際數與標準數之間的比值。在計算個別指數時,要注意正指標和逆指標的不同處理方法。正指標數值越高越好,逆指標有的越低越好,有的則高於或低於標準值都不好。財務指標的計分規則如表 10-3 所示。

表 10-3　　　　　　　　　財務指標的計分規則

指　標	正指標	逆指標					
		資本負債率(%)			流動比率(倍)		
標準值	100	50			2		
實際值(X)	$X<100$	$X \geqslant 100$	$X<50$	$X=50$	$X>50$	$X<2$	$X=2$	$X>2$
得　分	$\dfrac{X}{100}$	1	$\dfrac{X}{50}$	1	$\dfrac{1-X}{50}$	$\dfrac{X}{2}$	1	$\dfrac{1-X}{2}$

(四) 確定財務指標的權數

綜合財務指數不是財務指標個別指數的簡單算術平均數,而是一個加權平均數。因此,計算綜合財務指數應正確確定各項財務指標的權數。權數的大小主要根據各項指標的重要性程度而定,指標越重要,其權數就越大;反之,其權數就越小。中國財政部對財務指標規定的權數是:流動比率 10、資產負債率 10、應收帳款週轉率 5、存貨週轉率 5、銷售利潤率 20、總資產報酬率 12、資本收益率 8、資本保值增值率 10、社會貢獻率 12、社會累積率 8。

(五) 計算綜合財務指數

綜合財務指數是以個別指數為基數,以該項指標的重要性程度為權數,加權計算出來的平均數。計算公式是:

$$綜合財務指數 = \sum (財務指標個別指數 \times 該項指標的權數)$$

(六) 進行綜合財務評價

將綜合財務指數與其他時期、同行業中的其他企業進行比較,確定企業所處的財務景況。

【例 10-2】現舉例說明中國綜合財務指數評價系統的評價程序和方法。如表 10-4 所示。

表 10－4　　　　　　　　　綜合財務指數計算表

財務指標	標準值	實際值	個別指數(%)	權數(%)	綜合財務指數(%)
	①	②	③＝②/①	④	⑤＝③×④
流動比率(倍)	2	1.95	0.975	10	9.75
資產負債率(%)	50	28.60	0.572	10	5.72
應收帳款週轉率(次)	4.5	7.40	1	5	5
存貨週轉率(次)	5	2.65	0.53	5	2.65
銷售利潤率(%)	22	25.94	1	20	20
總資產報酬率(%)	20	23.60	1	12	12
資本收益率(%)	20	26.67	1	8	8
資本保值增值率(%)	110	113.80	1	10	10
社會貢獻率(%)	28	31.50	1	12	12
社會累積率(%)	10	9.50	0.95	8	7.6
綜合財務指數	—	—	—	100	92.72

綜合財務指數評價系統的正確運用，必須解決好兩個問題：一是標準值的正確確定；二是權數的合理選擇。

二、杜邦財務指標分析系統

杜邦財務指標分析系統是利用各種主要財務比率之間的相互關係，來綜合評價企業的財務能力。這種方法是由美國杜邦公司最早採用的，所以又稱為杜邦分析法。

杜邦財務指標分析系統有幾組重要的財務比率關係：

$$淨資產利潤率 = 總資產報酬率 \times 權益乘數$$

其中：
$$總資產報酬率 = 銷售利潤率 \times 總資產週轉率$$

$$權益乘數 = \frac{1}{所有者權益比率}$$

根據上述財務比率關係，利用資產負債表和損益表，可以從綜合的角度全面揭示企業的財務狀況和經營成果。

【例 10－3】現舉例說明杜邦財務指標分析系統的運用。

資料和分析過程如圖 10－1 所示。請注意，舉例中舍去了資產平均總額、淨資產平均總額的計算等因素，這可以使我們的舉例更加簡明。

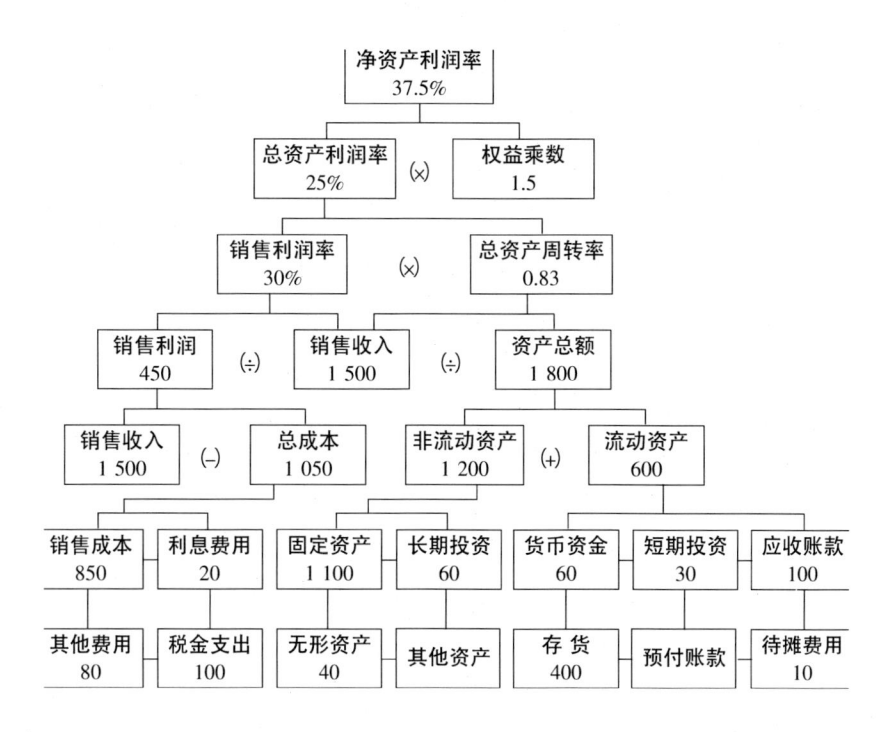

```
                    ┌──────────────┐
                    │ 净资产利润率 │
                    │    37.5%     │
                    └──────────────┘
                ┌───────────┐   ┌──────────┐
                │总资产利润率│(×)│ 权益乘数 │
                │    25%    │   │   1.5    │
                └───────────┘   └──────────┘
            ┌──────────┐   ┌────────────┐
            │销售利润率│(×)│总资产周转率│
            │   30%    │   │   0.83     │
            └──────────┘   └────────────┘
        ┌────────┐   ┌────────┐   ┌────────┐
        │销售利润│(÷)│销售收入│(÷)│资产总额│
        │  450   │   │ 1 500  │   │ 1 800  │
        └────────┘   └────────┘   └────────┘
     ┌────────┐ ┌────────┐   ┌────────┐ ┌────────┐
     │销售收入│(−)│ 总成本 │   │非流动资产│(+)│流动资产│
     │ 1 500  │ │ 1 050  │   │ 1 200  │ │  600   │
     └────────┘ └────────┘   └────────┘ └────────┘
  ┌──────┐┌──────┐┌──────┐┌──────┐┌──────┐┌──────┐┌──────┐
  │销售成本││利息费用││固定资产││长期投资││货币资金││短期投资││应收账款│
  │ 850  ││  20  ││1 100 ││  60  ││  60  ││  30  ││ 100  │
  └──────┘└──────┘└──────┘└──────┘└──────┘└──────┘└──────┘
  ┌──────┐┌──────┐┌──────┐┌──────┐┌──────┐┌──────┐┌──────┐
  │其他费用││税金支出││无形资产││其他资产││ 存货 ││预付账款││待摊费用│
  │  80  ││ 100  ││  40  ││      ││ 400  ││      ││  10  │
  └──────┘└──────┘└──────┘└──────┘└──────┘└──────┘└──────┘
```

圖 10-1 杜邦財務指標分析系統

上述分析表明：

（1）淨資產利潤率是綜合性最強的財務比率，是杜邦財務指標分析系統的核心。淨資產收益率取決於總資產報酬率的高低和權益乘數的大小。

（2）總資產報酬率反映了企業生產經營活動的效率，其高低取決於企業銷售的獲利能力和總資產的週轉能力。提高總資產報酬率不僅要求企業面向市場，加強銷售，而且要求企業努力提高資產營運效率，加速資產的週轉。

（3）權益乘數反映了企業資本結構的合理性，企業資本結構狀況對淨資產利潤率有著直接的影響。

＊＊＊＊本章學習要點＊＊＊＊

1. 會計報表分析是以企業會計報表信息為主要依據，運用專門的分析方法，對企業財務狀況和經營成果進行解釋和評價，以便於投資者、債權人、管理者以及其他信息用戶做出正確的經濟決策。從本質上看，會計報表分析是對會計信息的一種加工利用。

會計報表分析的主體不同,分析的目的也不同,從而決定了分析的側重點也不同。會計報表分析一般就是分析企業的償債能力、營運能力、盈利能力和綜合財務能力。

會計報表分析的方法有比較分析法、比率分析法和趨勢分析法。其中,比較分析法是基礎,比率分析法是核心,趨勢分析法是比較分析法和比率分析法的一種擴展。

會計報表分析依據的資料主要是企業編制的財務報告。此外,還需要結合運用企業的日常核算資料、計劃資料、同行業先進企業的資料以及調查研究資料。

2. 償債能力分析包括短期償債能力分析和長期償債能力分析。短期償債能力分析的重點是債務本金能否及時償還。這種分析需借助於流動比率和速動比率進行。長期償債能力分析不僅要借助於資產負債率來考察債務本金的支持程度,而且還要利用損益表借助於利息保障倍數來判斷債務利息的償付能力。

3. 營運能力分析包括資產週轉能力分析和資產結構分析。資產週轉期是營運能力的直接體現,資產結構也從一個側面反映了營運活動的效率和因營運而導致的資源配置狀況。因此,營運能力分析既要從資產週轉期的角度來評價企業經營活動量的大小和資產利用效率的高低,而且要從資產結構的角度來分析企業資產構成的合理性。

4. 盈利能力是綜合財務與經營能力的中心。償債能力從外部籌資環境上保證和影響盈利能力,是保證盈利能力的條件,營運能力是從企業內部經營上保證和影響盈利能力,構成盈利能力的基礎。因此,會計報表分析必須同時兼顧企業的盈利能力、償債能力和營運能力。盈利能力分析包括盈利水平分析、社會貢獻能力分析、資本保值增值能力分析以及上市公司稅後利潤分析。

5. 財務綜合評價由綜合財務指數評價系統和杜邦財務指標分析系統構成。

綜合財務指數評價系統是通過計算綜合財務指數,對企業財務狀況進行綜合評價的一種方法。綜合財務指數評價系統的一般程序和方法是:正確選擇財務指標;確定財務指標的標準值;計算財務指標個別指數;確定財務指標的權數;計算綜合財務指數;運用綜合財務指數進行評價。

杜邦財務指標分析系統是利用各種主要財務比率之間的相互關係,來綜合評價企業的財務能力。杜邦財務指標分析系統有幾組重要的財務比率關係。根據這些財務比率關係,利用資產負債表和損益表,可以從綜合的角度全面揭示企業的財務狀況和經營成果。

＊＊＊＊本章復習思考題＊＊＊＊

1. 試述會計報表分析的主體、目的、內容、方法和資料。
2. 為什麼會計報表分析必須同時分析企業的償債能力、營運能力和盈利能力?
3. 怎樣理解「會計報表分析是對會計信息的一種加工利用」?
4. 試述償債能力分析的內容和指標。

5. 試述營運能力分析的內容和指標。
6. 試述盈利能力分析的內容和指標。
7. 試述綜合財務指數評價系統的程序和方法。
8. 試述杜邦財務指標分析系統的基本原理。

第十一章
會計規劃

學習目標

會計應當利用會計信息及其他相關信息,對企業未來生產經營活動進行合理的運籌規劃,規劃未來是會計信息加工利用系統的重要職能。本章主要闡述會計信息綜合加工利用的基礎觀念——成本性態,引入邊際貢獻概念,進行損益平衡分析。學習本章的目標是:

(1)準確理解成本性態的含義,充分認識變動成本和固定成本的特點,著重掌握混合成本的分解方法。

(2)重點掌握邊際貢獻的含義、計算方法和性質。

(3)在理解損益平衡分析實質的基礎上,重點掌握保本保利分析、安全邊際分析和營業槓桿分析的基本原理及其應用。

第一節　成本性態分析

企業經營的原動力是利潤,增加利潤取決於收入和成本兩個因素。競爭市場的不確定性使得收入因素不易控制,而企業內部的成本因素則顯得相對可控,成本控製自然成為企業內部管理的核心。

一、成本性態

成本性態是指成本總額與業務量的依存關係,企業的成本費用按這種依存性可分為變動成本和固定成本兩大類。這裡,業務量是一個廣義的概念,可以是生產量、銷售量,也可以是勞務量、工時量等。如與生產工人工資支出相應的業務量可以是實物產量、勞動工時,與推銷人員工資支出相應的業務量可以是銷售量或銷售額。研究成本總額與業務量的這種依存關係,有助於從數額上掌握成本升降與業務量的聯繫,便於規劃和控制企業生產經營活動。按成本性態將成本費用劃分為變動成本和固定成本,這種分類是會計信息綜合加工利用的各種技術方法的應用前提。成本分類如表 11–1 所示。

表 11-1　　　　　　　　　　　成本分類

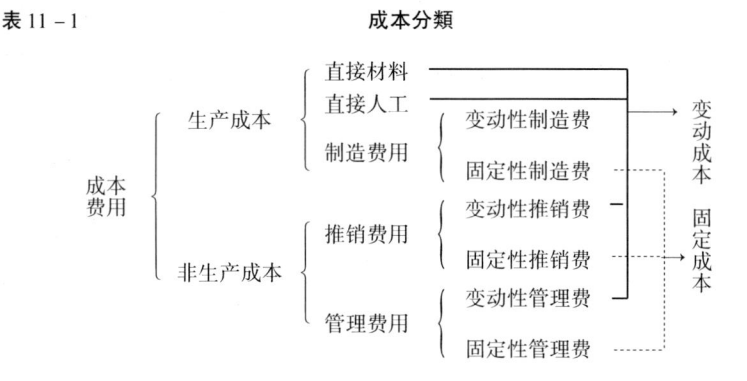

```
                    ┌ 直接材料 ─────────────┐
           ┌ 生產成本 ┤ 直接人工 ─────────────┤
           │        │         ┌ 變動性製造費 ─┼→ 變
           │        └ 製造費用 ┤               │  動
  成本     │                  └ 固定性製造費 ─┤  成
  費用    ─┤                                   │  本
           │         ┌ 推銷費用 ┌ 變動性推銷費 ─┘
           │         │         └ 固定性推銷費 ─┐  固
           └ 非生產成本┤                        │  定
                     │         ┌ 變動性管理費 ─┤  成
                     └ 管理費用 ┤               │  本
                               └ 固定性管理費 ─┘
```

（一）變動成本

變動成本是成本總額隨著業務量的變動而成正比例變動的成本，如直接材料、直接人工等。在製造企業中，一般來講，屬於變動成本的項目涉及：直接材料、直接人工、變動製造費、變動推銷費、變動管理費等。變動成本項目的判斷應結合實際業務量，例如直接人工項目，如果業務量是生產量，則計件工資制下支出的直接人工才為變動成本，而計時工資制下的直接人工則不是變動成本。

【例 11-1】東道家具廠生產某類課桌，該課桌每套需要 4 米木料，外購單價為每米 5 元，該木料的外購成本與其對應的業務量(課桌)的變動關係如表 11-2 所示。

表 11-2　　　　　　　木料外購成本　　　　　　　　　單位：元

課桌產量(套)	木料單價	木料單耗額	木料總支出
300	5	4	6,000
360	5	4	7,200
390	5	4	7,800
420	5	4	8,400

本例中，木料外購總成本隨著課桌產量的增減而成正比例變動，是一項變動成本，木料的單耗額就是其單位變動成本。一般來說，產品生產中的直接材料耗用、直接人工支出、包裝材料、零配件以及銷售佣金等都屬於變動成本。變動成本具有如下特點：

（1）成本總額的正比例變動性，它一般會隨業務量的增減而成正比例變動。上例中，木料外購總成本隨課桌產量成正比例變動，課桌產量由 300 套上升到 360 套，增長 20% 時，成本總額也由 6,000 元上升到 7,200 元，增長了 20%。成本總額與業務量兩者的增減幅度相同，呈線性關係變動。

（2）單位成本的固定性，它一般不隨業務量的變動而變動。上例中，作為單位變動成本的木料單位耗用金額是不變的，均保持每套 20 元。

變動成本的性態模型如圖 11-1 和圖 11-2 所示。對於變動成本來說，由於業務量的增長會使變動成本總額成正比例增加，這種成本的上升是正常的。因此，變動成

本水平是通過單位變動成本表達的。降低變動成本的著眼點在於降低單位變動成本。

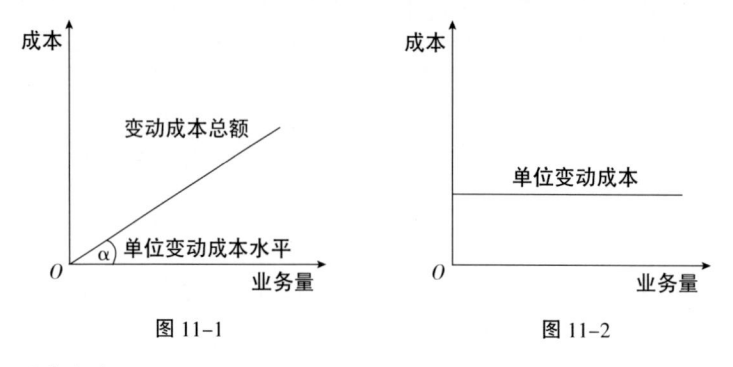

图 11-1

图 11-2

(二)固定成本

固定成本是成本總額不隨業務量的變動而變動的成本,如折舊費、廣告費、財產保險費等。在製造企業中,一般來講,屬於固定成本的項目涉及:固定製造費、固定推銷費、固定管理費等。固定成本項目的判斷結合實際業務量,例如折舊費項目,如果業務量是生產量或生產工時,則年限法下的折舊費是固定成本,而工作量法下的折舊費屬於變動成本。

【例11-2】某公司為對產品 A 進行質檢而雇用一個質檢員,該質檢員每月可檢驗 500 件 A 產品的質量,月工資 600 元。只要 A 產品每月需檢驗的數量不超過 500 件,該質檢員工資 600 元均保持不變,是一項固定成本。

一般而言,製造費用中的折舊費、租賃費、保險費、間接人員工資項目,管理費用中的辦公費、差旅費、企業管理人員工資等,推銷費用中的廣告費、運輸費、銷售機構費等都屬於固定成本。固定成本具有如下特點:

(1) 成本總額的固定性,它一般不隨業務量的增減而變動。上例中,不管一個月內 A 產品的產量是 100 件還是 200 件,只要不超過 500 件,質檢工資均為 600 元固定不變。

(2) 單位成本的反比例變動性,它一般會隨業務量增減成反比例變動。上例中,如果本月質檢 A 產品 200 件,單位質檢工資費為 3 元;如果本月質檢 A 產品 300 件,單位質檢工資費為 2 元。質檢量上升了 50%,單位成本下降了 33%。

降低固定成本的著眼點,在於降低固定成本總額。固定成本的性態模型如圖 11-3 和圖 11-4 所示。為了進一步加強對固定成本的管理,根據固定成本的不同表現,它還可以進一步分為兩類:

图 11-3　　　　　　　　　　图 11-4

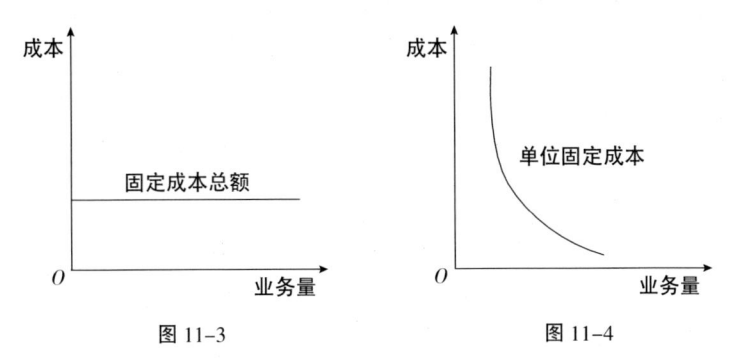

（1）約束性固定成本。約束性固定成本也稱為經營能力成本，是指企業為了進行生產經營活動而必須承擔的最低限度的、通過企業管理當局的決策行動不能決定其是否開支的成本。例如，伴隨某一方案的實施或生產經營活動的開展而必須支付的最起碼數額的設備折舊費、管理人員工資等就屬於這一類性質的固定成本。

（2）選擇性固定成本。選擇性固定成本是指企業管理當局的決策行動可以決定其是否開支、開支多少的固定成本。例如，廣告費、研究開發費、培訓費等一般屬於此類固定成本。該類固定成本在生產經營中不一定要必須開支才能維護企業的生產經營活動，它開支與否完全取決於管理當局的決策行為。

（三）總成本模型

企業的總成本按照成本性態分類，就必然分解成變動成本和固定成本兩大部分。因此，企業總成本可用公式表述如下：

總成本 = 固定成本總額 + 變動成本總額 = 固定成本總額 + 單位變動成本 × 產銷業務量

根據固定成本和變動成本的特點，固定成本總額和單位變動成本是固定不變的，表現為常數。設總成本為 y，固定成本總額為 a，單位變動成本為 b，業務量為 x，則上述公式可表述為：

$$y = a + bx$$

上式是一個直線方程式，將此直線關係式在坐標圖上反映，可得出總成本性態模型如圖 11-5 所示。在圖 11-5 中，與橫軸平行的直線為固定成本線，總成本線與固定成本線相夾的角度 β 代表單位變動成本水平。

圖 11-5　總成本模型

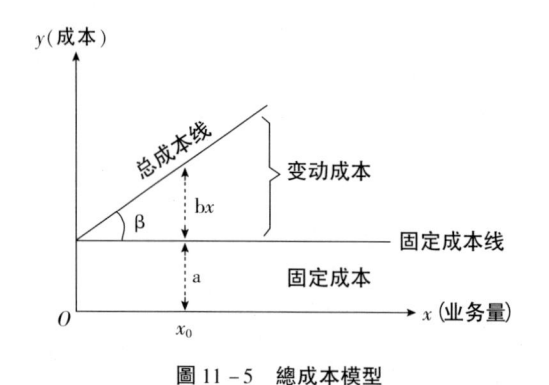

二、混合成本

在實際工作中,往往有許多成本項目很難被明確地區分為變動成本或固定成本,這些成本統稱為混合成本。混合成本是指兼有變動成本和固定成本性質,成本總額和單位成本都隨業務量的變動而變動的成本。例如,企業所屬汽車隊所發生的「運輸費」項目中,既含有定期交納的養路費、保險費等,也含有隨行駛里程而增減變動的汽油費、零部件損耗費,前者屬於固定成本性質,后者則屬於變動成本性質,因此總運輸費項目就是一種混合成本。事實上,在會計的成本核算項目中,除直接材料和直接人工外,製造費用、推銷費用、管理費用均屬於混合成本。

為了對企業的經濟活動進行計劃和控製,加強成本管理,就有必要將企業的所有成本按成本性態劃分為固定成本和變動成本兩大類。這樣,就要對混合成本進行分解,以區分其總成本中固定部分和變動部分。

分解混合成本的方法很多,如合同檢查法、技術測定法、歷史成本分析法等,但最常用的方法是歷史成本分析法中的高低點法。高低點法是根據一定時期相關範圍內業務量最高點和最低點所對應的混合成本數額,來推算混合成本中固定部分和變動部分的分解方法。

高低點法的基本原理是:在相關範圍內,固定成本是不發生變化的,那麼,業務量最高點所對應的混合成本與業務最低點所對應的混合成本之間的差額,就必然是變動成本增減額。從業務量最高點或最低點所對應的混合成本總額中扣除變動成本,其餘額即為固定成本。由於混合成本中既含有固定成本,又含有變動成本,因此其模型與總成本習性模型是相同的。事實上,企業總成本也就是一種混合成本。因此,混合成本公式表達為:

$$y = a + bx$$

根據高低點法的基本原理,結合混合成本的公式,在採用高低點對混合成本進行分解時,其步驟為:

第一步,先求單位變動成本。根據高低點法原理,在高低業務量範圍內的混合成本差額,即為變動成本增減差額。有:

$$\Delta y = b \cdot \Delta x$$

$$單位變動成本 b = \frac{\Delta y}{\Delta x}$$

第二步,再求固定成本總額。將單位變動成本 b 的數額任意代入業務量最高點或最低點下的混合成本公式,即可求出固定成本總額數據。即有:

$$固定成本總額 a = y - b \cdot x$$

【例11-3】長明機器廠某車間2013年1~6月的機器設備生產臺時和動力費用如表11-3所示。

表11-3　　　　　　　　　生產臺時與動力費用表

月　份	生產臺時(臺時)	動力費用(元)
1	6,000	72,000
2	5,000	78,000
3	7,000	75,000
4	5,500	70,000
5	7,500	81,000
6	8,000	90,000
合　計	39,000	466,000

根據高低點法,在表11-3的歷史資料中,首先找出業務量(生產臺時)的最高點為6月份的8,000臺時,最低點2月份的5,000臺時;然後再找出它們所對應的混合成本數據,6月份為90,000元,2月份為78,000元。因此:

$$單位變動成本 b = \frac{90,000 - 78,000}{8,000 - 5,000} = 4(元/小時)$$

固定成本 a = 90,000 - 4 × 8,000

或　固定成本 = 78,000 - 4 × 5,000 = 58,000(元)

計算結果表明,該公司每月的固定動力費用為58,000元,超過58,000元的部分是變動成本。

三、邊際貢獻(Contribution Margin)

(一)邊際貢獻的計算

即使產銷業務量為零,企業成本總額也不一定為零,這是因為企業總是存在著為保持其生產能力而發生最低限度的經營能力成本。反之,企業所生產和銷售產品所取得的收入除了彌補為生產和銷售產品而產生的成本外,還要彌補這些最低限度的經營能力成本。從這個意義上說,在產品上所取得的盈利和企業的最后利潤是不一致的。

邊際貢獻,又稱貢獻毛益,是產品銷售收入超過變動成本以后的餘額,反映了產品的初步盈利能力和數額。邊際貢獻的基本關係式為:

$$單位邊際貢獻 = 銷售單價 - 單位變動成本$$
$$邊際貢獻總額 = 銷售收入總額 - 變動成本總額 = 銷售量 \times 單位邊際貢獻$$
$$邊際貢獻率 = \frac{邊際貢獻總額}{銷售收入總額} = \frac{單位邊際貢獻}{銷售單價} = 1 - 變動成本率$$

【例11-4】某電視機廠去年銷售電視機1,500臺,單位售價為每臺2,300元。該電視機的有關成本資料為:①直接材料950,000元;②直接人工440,000元;③製造費用500,000元,其中,變動製造費150,000元,固定製造費350,000元;④管理費用400,000元,其中,變動管理費60,000元,固定管理費340,000元;⑤推銷費用430,000元,其中,變動推銷費320,000元,固定推銷費110,000元。根據該資料,可將邊際貢獻的幾個基本指標計算如下:

變動成本總額 = 950,000 + 440,000 + 150,000 + 60,000
　　　　　　　+ 320,000 = 1,920,000(元)
邊際貢獻總額 = 1,500 × 2,300 - 1,920,000 = 1,530,000(元)
單位邊際貢獻 = 1,530,000 ÷ 1,500 = 1,020(元)

$$邊際貢獻率 = \frac{1,530,000}{1,500 \times 2,300} = 44.35\%$$

或　　$$邊際貢獻率 = \frac{1,020}{2,300} = 44.35\%$$

(二)邊際貢獻的性質

邊際貢獻是一種盈利指標,但它並不是企業的最終利潤。單位邊際貢獻或邊際貢獻率反映了各種產品的初步盈利能力,邊際貢獻總額反映了各種產品的初步盈利能力對企業最終利潤所做的貢獻。

根據成本性態,企業的成本劃分為變動成本和固定成本兩大類。固定成本與產銷業務量無關,在相關範圍內保持不變;變動成本隨產品生產或銷售而發生,隨產銷業務量增長而增長。因此,可以說變動成本與各種具體產品相關,是為各種產品生產或銷售而發生的;固定成本與各種具體產品無關,是為企業整體而發生的。例如,生產某種產品耗用的原材料是為這種特定產品而發生的,但生產該產品的機器設備也可以用於生產其他產品,在產品不生產時也照常發生,是一種企業共同成本。要使某產品取得盈利,就要求這種產品上的銷售收入大於這種產品上的變動成本。所以,只要這種產品的單位收入即單價大於單位變動成本,這種產品就取得了初步盈利。該品產銷業務量越大,這種初步盈利數額就越高。因此,某產品的單價超過單位變動成本的數額即單位邊際貢獻,反映了這種產品的初步盈利能力。

某種產品的初步盈利數額即邊際貢獻數額是用來補償固定成本的,企業的固定成本最終也要通過一定的標準分攤給各種產品來承擔。各種產品的邊際貢獻如果能全部補償所分攤的固定成本,就會給企業帶來最終利潤;反之,如果補償不夠,將產生虧

損。因此,各種產品的邊際貢獻總額是各種產品對企業最終利潤所做貢獻大小的標誌。

綜上所述,產品的邊際貢獻指標反映了產品的初步盈利能力和對企業最終利潤所做的貢獻。該指標的這種性質告訴我們,不能以各產品的最終利潤數額來衡量產品的盈利水平,即使是產品的售價低於其平均單位成本,只要售價能大於單位變動成本,則這種產品就提供了邊際貢獻,具有一定的初步盈利能力。

第二節 損益平衡分析

損益平衡分析,又稱量本利分析,是通過數學分析和圖示分析等形式對銷售數量、銷售單價、變動成本、固定成本等因素與利潤指標的內在聯繫進行研究,以協助企業管理當局進行項目規劃和期間計劃的預測分析方法。

一、基本原理

企業的日常經營管理工作通常以生產銷售業務量為起點,以利潤為終點目標,影響利潤的銷售額與成本額因素均與業務量相關,因此,銷售單價、成本、業務量諸因素與利潤的關係表現在下述基本關係式中:

$$利潤 = 銷售收入 - 銷售成本 - 期間費用$$
$$= 邊際貢獻 - 固定成本$$
$$= 銷售量 \times (單價 - 單位變動成本) - 固定成本$$

企業利潤主要受銷售收入和銷售成本兩大因素影響。銷售收入取決於產品銷售價格和銷售數量兩個因素,銷售成本按成本性態則分為變動成本和固定成本。因此,當企業產銷一種產品時,影響企業利潤的因素涉及銷售價格、銷售數量、變動成本和固定成本四個方面。如果企業產銷多種產品,影響利潤的因素除上述四個因素之外還包括產品結構因素,即各種產品銷量或金額占總的產銷量或金額的比重。

二、損益平衡基本分析

(一)保本及保本點

保本是指企業當期銷售收入與當期成本費用剛好相等、不虧不盈時的狀態。保本的基本公式為:

$$銷售收入 = 銷售成本 + 期間費用 = 變動成本 + 固定成本$$

由於邊際貢獻是用來補償固定成本的,補償后的餘額為最終利潤,因此在盈虧平衡、利潤為零時,可得出另一個保本基本公式:

$$邊際貢獻 = 固定成本$$

保本點，是指達到盈虧平衡狀況的業務量，即企業當期銷售收入與當期成本費用相等、不虧不盈時的銷售數量或銷售金額。測算保本點的方法一般有公式法和圖示法兩種，如果用公式法測算，則根據第二個保本公式得出：

$$銷售量 \times (單價 - 單位變動成本) = 固定成本$$

$$保本銷售量 = \frac{固定成本}{單價 - 單位變動成本} = \frac{固定成本}{單位邊際貢獻}$$

銷售金額是銷售數量與單價的乘積，因此，從上式可以得出保本點銷售金額測算公式為：

$$保本銷售額 = 保本銷售量 \times 銷售單價 = \frac{固定成本}{邊際貢獻率}$$

(二) 保利點

實現保本僅僅是企業經營的基礎，企業經營的最終目的在於為社會提供優質產品的同時獲取最大限度利潤。如果企業在經營活動開始之前就根據有關收支狀況確定了目標利潤，那麼，就可以計算確定為實現目標利潤而必須達到的銷售數量和銷售金額，即測算保利點。公式如下：

$$實現目標利潤的銷售數量 = \frac{固定成本 + 目標利潤}{銷售單價 - 單位變動成本} = \frac{固定成本 + 目標利潤}{單位邊際貢獻}$$

$$實現目標利潤的銷售金額 = \frac{固定成本 + 目標利潤}{邊際貢獻率} = \frac{固定成本 + 目標利潤}{1 - 變動成本率}$$

三、安全邊際分析

安全邊際是指企業實際(或預算)銷售業務量與保本銷售業務量之間的差額，它有兩種表現形式：一種是絕對數，即安全邊際；另一種是相對數，即安全邊際率。

保本點是企業經營成本允許下降的下限，經營者總是希望企業在保本的基礎上獲取更大的利潤。於是，在經營活動開始之前，根據企業具體條件，通過分析，制訂出實現目標利潤的銷售業務量，形成安全邊際。

$$安全邊際量 = 預算(或實際)銷售數量 - 保本點銷售數量$$

$$安全邊際額 = 預算(或實際)銷售金額 - 保本點銷售金額$$

$$安全邊際率 = \frac{安全邊際量(或安全邊際額)}{預算(或實際)銷售量(或銷售額)}$$

安全邊際體現了企業生產經營風險的大小，它是企業未來銷售數量或金額達不到目標銷售數量或金額時允許下降的最大限度。安全邊際允許下降的限度越寬，經營風險就越小。

保本點銷售量所提供的邊際貢獻為企業收回了固定成本，而安全邊際所提供的邊際貢獻則為企業提供了淨利潤。也就是說，超過保本點所取得的邊際貢獻就是最終利潤，這種關係如下：

銷售利潤額 = 安全邊際額 × 邊際貢獻率
銷售利潤率 = 安全邊際率 × 邊際貢獻率

從上面的關係可以看出,要提高企業的銷售利潤水平,途徑之一是擴大現有銷售水平,提高安全邊際率,途徑之二是降低變動成本水平,提高邊際貢獻率。

四、營業槓桿分析

(一)基本原理

成本費用劃分為固定成本和變動成本兩部分,當產銷業務量發生利潤一方面直接隨產銷量變動而變動,另一方面產銷量變動導致單位產品固定成本的變動,又間接影響利潤額的變動。這樣,利潤會以更大幅度變動。

營業槓桿是指由於固定成本的存在,從而使企業利潤的變動幅度大於產銷量的變動幅度的現象。企業固定成本和變動成本之間的比例稱為成本結構,由於成本結構的不同,就會產生不同程度的營業槓桿現象。如果只有變動成本而沒有固定成本,也就不存在成本結構,自然也不會產生營業槓桿現象。因此,對於同一產銷業務量而言,固定成本越高,營業槓桿越大。

【例11-5】假設甲公司和乙公司都生產同樣一種產品,兩個公司目前有關資料如表11-4所示。根據表11-4資料,假若兩個公司的銷售數量都同時增加20%,在其他因素不變的條件下,編表計算兩個公司的利潤如表11-5所示。

表11-4　　　　　　　　　　產品資料表

項　目	甲公司	乙公司
銷售數量(臺)	2,000	2,000
銷售單價(元)	80	80
單位變動成本(元)	30	45
固定成本(元)	60,000	30,000

表11-5　　　　　　　　　　損益表　　　　　　　　　　單位:元

項　目	甲公司 基年	甲公司 增長20%	乙公司 基年	乙公司 增長20%
銷售收入	160,000	192,000	160,000	192,000
減:變動成本	60,000	72,000	90,000	108,000
邊際貢獻	100,000	120,000	70,000	84,000
減:固定成本	60,000	60,000	30,000	30,000
淨收益	40,000	60,000	40,000	54,000

根據表11-4可知,兩公司的成本結構是不一樣的,甲公司表現為固定成本高,單位變動成本低,而乙公司則表現為固定成本低,單位變動成本高。

兩個公司銷售數量均為2,000臺時,兩公司的淨收益相等。若將兩公司的銷售數量同時增加20%,則淨收益情況就會發生變動,此時,甲公司淨收益增長了50%,乙公司淨收益增長了35%,甲公司幅度大於乙公司幅度。原因在於:甲公司的成本結構表現為固定成本總額高,單位變動成本低,通過銷售數量的增加降低單位固定成本,進而較大幅度提高單位利潤水平,從而增加淨利益;而乙公司由於成本結構為固定成本總額低,單位變動成本高,因此,通過銷售數量的增加降低單位固定成本進而增加單位利潤的幅度低於甲公司,利潤增長幅度自然也就低於甲公司。

(二)營業槓桿的計算

將企業的產銷業務量固定在一個水平上,可計算出企業的營業槓桿大小程度。營業槓桿的大小程度是通過營業槓桿系數表達的。營業槓桿系數簡稱為DOL(Degree of Operating Leverage),從其概念出發,它是企業利潤變動幅度相對於銷售量變動幅度的倍數程度。即有:

$$營業槓桿系數\ DOL = \frac{淨收益變動率}{銷售量變動率}$$

以表11-5的資料為例,在銷售量為2,000臺的水平上有:

(1)甲公司

$$淨收益變動率 = \frac{(60,000 - 40,000)}{40,000} = 50\%$$

$$營業槓桿系數\ DOL = \frac{50\%}{20\%} = 2.5$$

(2)乙公司

$$淨收益變動率 = \frac{(54,000 - 40,000)}{40,000} = 35\%$$

$$營業槓桿系數\ DOL = \frac{35\%}{20\%} = 1.75$$

在實務中,從上述營業槓桿系數的定義式出發,還可以根據下式直接計算營業槓桿系數:

$$營業槓桿系數\ DOL = \frac{基期邊際貢獻}{基期淨收益}$$

根據表11-5資料,當銷售量為2,000臺時,甲、乙兩公司的營業槓桿系數計算如下:

$$甲公司營業槓桿系數\ DOL = \frac{100,000}{40,000} = 2.5$$

$$乙公司營業槓桿系數\ DOL = \frac{70,000}{40,000} = 1.75$$

這一結果表明,當銷售額每增長10%時,甲公司的淨收益將增長25%,而乙公司的淨收益將增長17.5%。由於甲公司的營業槓桿大於乙公司的營業槓桿,因此,產銷量變動對甲公司淨收益的影響大於對乙公司淨收益的影響。

(三)營業槓桿的作用

通過對營業槓桿產生的原因及性質的分析,在企業內部管理中我們可以利用營業槓桿的這些性質特點來加強日常經營管理,具體作用如下:

(1)衡量企業經營風險。營業槓桿系數大小反映了產銷量變動對利潤的影響程度,槓桿作用程度越大,說明產銷量變動對利潤的影響比較敏感,只要增加較少的產銷量,就能增加較多的利潤。反之,當產銷量稍有下降時,利潤會以更大幅度降低。因此,營業槓桿程度大小體現了企業風險程度。這種原理與安全邊際體現經營風險的原理是一致的,在既定的成本結構下,銷售額水平越接近保本點,槓桿系數逐漸增大,安全邊際也逐漸縮小。

(2)幫助企業調整成本結構。營業槓桿作用程度越大,儘管經營風險越高,但企業獲利可能性也越高。一旦銷售水平稍有上升,就會使利潤上升幅度更大。因此,當產品供不應求、市場銷售狀況景氣時,企業應選擇資本密集型生產方式,採用固定成本高的成本結構,充分利用營業槓桿效用。反之,當產品供過於求、市場銷售狀況不景氣,特別是接近保本點銷售時,企業應選擇人工密集型生產方式,採用單位變動成本高的成本結構,盡量避免營業槓桿的副作用。

(3)預測未來的營業利潤和業務量水平。在已知營業槓桿的條件下,若預知未來規劃期的銷售量,則可直接迅速計算出未來規劃期的淨收益,而無須通過預計損益表編表測算。即有:

$$計劃期淨收益 = 基期淨收益 \times (1 + 銷售變動率 \times 營業槓桿系數)$$

【例11-6】仍以表11-5中甲公司資料為例,該公司基期淨收益為40,000元,營業槓桿系數為2.5,基期的銷售量為2,000臺。現在,若預測到該公司在明年銷售量可達2,500臺,比基年增長25%,則:

明年淨利潤 = 40,000 × (1 + 25% × 2.5) = 6,500(元)

在已知營業槓桿的條件下,為達到一定的目標利潤,則可直接規劃出為確保目標利潤實現必須達到的銷售量。

$$銷售變動率 = \frac{計劃期淨收益 - 基期淨收益}{基期淨收益 \times 營業槓桿系數}$$

【例11-7】根據例11-5資料,假定甲公司將明年的目標利潤確定為55,000元,在其他相關條件不變時,明年的銷售量應為:

$$銷售變動率 = \frac{55,000 - 40,000}{40,000 \times 2.5} = 15\%$$

明年銷售量 = 2,000 × (1 + 15%) = 2,300(臺)

＊＊＊＊本章學習要點＊＊＊＊

1. 成本性態是成本總額與業務量的依存關係，按成本性態分類，企業的成本費用可以重新劃分為變動成本和固定成本。按成本性態劃分成本，有助於會計信息的進一步加工利用。

2. 固定成本和變動成本的性態特點各不相同，單位變動成本和固定成本總額分別代表兩類成本的成本水平高低。

3. 企業大部分成本項目都是混合成本，需要按一定方法分解。混合成本分解的常用方法是高低點法。高低點法的基本原理是：在相關範圍內，兩個業務量下總成本的差額必定是變動成本增減額，從而求出變動成本水平。

4. 邊際貢獻是產品銷售收入抵減變動成本后的餘額，反映了產品初步盈利水平而不是企業盈利水平。確定邊際貢獻的目的，在於判斷產品是否盈利，有利於短期經營決策。

5. 量本利分析的實質在於分析業務量、單價、成本水平等因素的變化對利潤的影響，便於企業進行利潤規劃。量本利分析的一般內容有保本保利分析、安全邊際分析、營業槓桿分析。

6. 安全邊際是企業現有銷售業務量水平超過保本銷售業務量水平的差額，它反映了企業經營風險的大小。安全邊際具有一個很重要的特點，即安全邊際帶來的邊際貢獻就是企業的利潤，利用這個特點，可以更為靈活地規劃企業利潤。

7. 營業槓桿是對產銷業務量因素的變動對利潤的影響的衡量，它產生的原因是由於固定成本的存在。固定成本水平越高，營業槓桿效應越大。通過營業槓桿的分析，有利於衡量經營風險、調整成本結構、規劃企業利潤。

＊＊＊＊本章復習思考題＊＊＊＊

1. 成本性態為什麼是會計信息綜合加工利用的基礎觀念？
2. 試述變動成本、固定成本、混合成本的特點。
3. 試述高低點法的基本原理。
4. 邊際貢獻為什麼反映了產品的初步盈利能力？
5. 反映企業經營風險的指標有哪些？
6. 為什麼會產生營業槓桿效應？
7. 企業如何規劃營業槓桿水平？

第十二章
會計決策

學習目標

管理的重心在於經營,經營的重心在於決策。決策是否正確,直接關係到企業的興衰成敗。本章主要闡述企業短期經營決策和長期投資決策的基本原理、決策方法及其應用。學習本章的目標是:

(1)瞭解短期經營的特點,重點掌握並熟練應用差量分析法和量本利分析法。

(2)準確理解現金流量原理和貨幣時間價值原理,重點掌握長期投資決策的各種主要方法。

第一節 短期經營決策

短期經營決策對企業效益的影響在一年以內,決策的主要目的是企業的現有資源得到最充分的利用。經營決策一般不涉及對長期資產的投資,所需資金一般靠內部籌措。短期決策的內容與企業日常生產經營活動密切相關,包括企業的生產、銷售、財務、組織等方面的決策。

一、短期經營決策的特點

(一)決策性質:戰術性決策

短期經營決策的內容通常不涉及企業生產能力的擴大問題,主要是現有生產能力和資源的有效利用。影響決策的有關因素的變化情況通常是確定的或基本確定的,許多決策問題如產品生產、材料採購耗用等都是重複性的。絕大多數短期經營決策的實施並不會影響企業的整體經營戰略方向。

(二)決策者:中基層管理人員

作為一種戰術性決策,短期經營決策所涉及的資金一般是日常營運資金,資金需要量少,資金回收時間短,資金運轉風險小。由於所需資金一般靠企業內部日常週轉籌措,這種決策通常由企業內部各職能部門(如生產車間、銷售部門、採購部門)進行

並組織實施。而長期投資決策由於投入資金量大,對企業影響的時間長,對企業的發展舉足輕重,這種決策通常由企業高層管理人員來行使決策權。

(三)決策目標:期間利潤

一般來說,在企業管理中,現金流量信息比期間利潤信息更重要。但由於短期經營決策涉及的時間較短,流動資金一般在一年內可以變現或回收,無法變現的可能性小。同時,本年內期間利潤與現金流量有差異,也主要是由於超過一年以上期間內的長期應計項目(如折舊費用)等造成的,這種差異是長期投資決策所應解決的問題。即使期間利潤與現金流量有差異,本年利潤也是現金流量的主要來源。因此,短期經營決策,應當以利潤最大為決策目標。

二、差量分析法

(一)基本原理

差量分析法是通過兩個備選方案的差量收入與差量成本的比較,從而確定最優方案的決策方法,這裡「差量收入」是指兩個備選方案的預期相關收入的差異數。「差量成本」是指兩個備選方案的預期相關成本的差異數。

【例 12-1】紅星廠使用一臺設備生產甲產品或生產乙產品,該設備的最大生產能量為 30,000 工時,兩種產品的有關資料如表 12-1 所示。要求:採用差量分析,做出紅星廠應生產何種產品的決策。

表 12-1　　　　　　　　　　產品資料表

項　目	甲產品	乙產品
銷售單價(元)	20	30
單位變動成本(元)	11	18
單位產品定額工時(工時)	6	10
固定成本總額(元)	20,000	

無論生產甲產品或乙產品,固定成本總額 20,000 元都是相同不變的,在決策分析中屬於非相關成本,不必考慮。

(1)按設備最大生產能量,分別計算甲產品或乙產品的最大產量:

$$甲產品最大產量 = \frac{最大生產能量工時}{甲產品每件工時} = \frac{30,000}{6} = 5,000(件)$$

$$乙產品最大產量 = \frac{最大生產能量工時}{乙產品每件工時} = \frac{30,000}{10} = 3,000(件)$$

(2)分別計算兩方案的差量收入與差量成本,並進行比較:

差量收入 = (5,000×20) - (3,000×30) = 10,000(元)

差量成本 = (5,000×11) - (3,000×18) = 1,000(元)

差量利潤 = 10,000 - 1,000 = 9,000(元)

(3)計算結果差量利潤為9,000元,說明差量收入大於差量成本,即前一方案(生產甲產品)比后一方案(生產乙產品)較優。

在短期決策中,往往存在大量不改變企業現有生產能力的方案。這些方案的選取並不影響固定成本的數額,固定成本屬於非相關成本。這樣,當各備選方案固定成本相等時,我們可以直接比較各方案的邊際貢獻大小來進行決策。

(二)產品停轉決策

許多企業由於各方面原因,總有某些產品的收入不能彌補其產品成本而出現虧損。當不能轉產其他產品時,如果僅僅根據財務會計的完全成本資料,出現虧損就決定停產,可能會做出錯誤的決策。一般而論,不管現有產品是否停產或轉產,企業的固定成本總是不變的。如果虧損產品為整個企業提供了邊際貢獻,停產該產品就降低了整個企業的邊際貢獻總額,也降低了整個企業彌補固定成本創造盈利的能力。是否應該停產虧損產品,其關鍵在於該產品有無邊際貢獻。只要虧損產品有邊際貢獻,就不應當停產。如果停產虧損產品所閒置出來的生產能力不能生產能提供更多邊際貢獻的產品,那麼該虧損產品也不應當轉產。

【例12-2】假定某廠原生產 A、B、C 三種產品,年終結算全廠共實現利潤160,000元,有關資料如表12-2所示。

表12-2　　　　　　　　　　產品損益表

項　目	A產品	B產品	C產品	合　計
銷售量	1,000 套	2,000 張	3,000 張	—
銷售單價	500 元	200 元	180 元	—
單位變動成本	200 元	120 元	150 元	—
銷售收入(元)	500,000	400,000	540,000	1,440,000
變動成本(元)	200,000	240,000	450,000	890,000
固定成本(元)	100,000	130,000	160,000	390,000
利潤(元)	200,000	30,000	(70,000)	160,000

要求:(1)為該廠做出虧損 C 產品是否應停產的決策分析。

(2)假設該廠 C 產品停產后,閒置生產能力可用來生產 D 產品,經預測可生產2,000 件,售價150 元,單位變動成本90 元,是否應轉產?

虧損產品是否停產或轉產,一般不涉及企業生產能力的變動,原有固定成本無論企業轉產或停產,總是要發生的,可以不予考慮,只需看虧損產品是否提供邊際貢獻,若虧損產品有邊際貢獻就不應停產。轉產決策中,只要新產品提供的邊際貢獻總額大於被轉產品的邊際貢獻總額,即可轉產,否則應維持原生產。

本例中,虧損的 C 產品有邊際貢獻 90,000 元,三種產品總邊際貢獻為550,000元。如果停產 C 產品,則該廠邊際貢獻總額將降為460,000元,而該廠固定成本總額

390,000元是固定不變的,則全廠的固定成本將由 A 和 B 兩種產品負擔,導致全廠利潤為70,000元。相反,不停產 C 產品可使全廠盈利160,000元。所以不應停產。

若轉產生產 D 產品,則根據已知資料,D 產品單位邊際貢獻為 60 元,生產2,000件可提供 120,000 元的邊際貢獻,超過了 C 產品現有的邊際貢獻,應當轉產。轉產后,企業邊際貢獻總額增加 30,000 元,利潤總額也將增加 30,000 元。

在實際工作中,有些企業對虧損產品停產后,不是轉產,而是將停產后閒置的廠房、機器設備出租。在這種情況下,只要租金淨收入大於虧損產品提供的邊際貢獻總額,出租方案就可行。

(三)進一步加工決策

有些產品加工成半成品后,既可直接出售,也可進一步加工成產成品后出售。完工產成品的售價會高於半成品,但繼續加工要追加一定的變動成本和固定成本。對這類決策問題,一般採用差量分析法決策,分析原理如下:

(1)半成品在進一步加工前所發生的全部成本,無論變動成本或固定成本,在決策分析時,都屬非相關成本,無須加以考慮。

(2)決策的關鍵是看半成品進一步加工增加的收入是否超過進一步加工中追加的成本。若增加收入大於追加成本,則以進一步加工為優。反之,若增加收入小於追加成本,則應當即出售,不應再加工。

【例12-3】某紡織廠以棉花 A 為原料可生產出棉紗 B。棉紗 B 售價為每錠8元,每年產銷量為 90,000 錠,單位變動生產成本為每錠 5 元,固定成本總額為200,000元。如果進一步把棉紗 B 加工成棉布 C,棉布 C 售價為每米 25 元。在棉紗 B 的進一步加工過程中,每錠棉紗 B 需投入直接人工 1.6 元,每米棉布 C 的產出需變動製造費 2.3 元,另外還需購置一臺織機,每年折舊費為60,000元。每 2 米棉布 C 的產出需 5 錠棉紗 B。問:應否對棉紗做進一步加工?

根據上述資料,對棉紗 B 的處理有兩種方案:一是直接出售;另一是進一步加工為棉布 C 后出售。如果進一步加工成棉布 C,則:

棉布 C 產量 =90,000 錠棉紗 ×2/5 =36,000(米)

差量收入 =(36,000×25) - (90,000×8) =180,000(元)

差量成本 =90,000×1.6 + 36,000×2.3 + 60,000 =286,800(元)

差量利潤 =180,000 - 286,800 = - 106,800(元)

計算結果表明,如果進一步加工成棉布 C 后出售,利潤會比直接出售棉紗 B 減少106,800 元,應直接出售棉紗 B。

(四)特殊價格訂貨決策

特殊價格訂貨決策是指企業利用暫時閒置的生產能力接受臨時訂貨,這些臨時訂貨的定價往往特別低,接近甚至低於產品的工廠成本。此時若用工廠成本作為定價基礎,這些訂貨往往是不會接受的。

(1)當企業利用閒置的剩餘生產能力而不會影響現有的正常銷售時,可根據特殊

訂貨的單價是否大於單位變動成本來進行決策。因為原有固定成本不變,只要追加收入大於追加成本,就可產生追加利潤。

【例12-4】紅光電子廠生產電視機,全月生產能力為700臺。每臺變動生產成本為900元,每月全廠的固定成本總額為28萬元。每臺電視機售價為2,000元,本月電視機產銷400臺,本廠還有多餘生產能力。現有外地某一商家要求追加訂貨100臺,但每臺僅出價1,500元,經瞭解接受這筆訂貨不會影響正常銷售。要求:做出是否接受該項訂貨的決策。

企業現有利潤額 = $400 \times (2,000 - 900) - 280,000 = 160,000$(元)

現有產品單位成本 = $900 + \dfrac{280,000}{400} = 1,600$(元)

上述計算說明企業正常銷售量已補償了全部固定成本,儘管追加訂貨單價小於產品單位成本,但訂貨價1,500元大於電視機的單位變動成本900元,所以應接受。它會使企業多實現60,000元利潤。

所增加的利潤 = $100 \times (1,500 - 900) = +60,000$(元)

接受訂貨后利潤額 = $400 \times 2,000 + 100 \times 1,500 - 500 \times 900 - 280,000$
$= 220,000$(元)

(2)如果接受特殊訂貨,會影響企業的正常銷售,則只有當特殊訂貨的價格大於單位變動成本與單位機會成本之和時,才能接受特殊訂貨。即:

$$特殊訂貨價格 > 單位變動成本 + 單位機會成本$$

其中: $單位機會成本 = \dfrac{因接受特殊訂貨而造成的損失}{特殊訂貨數量}$

【例12-5】仍用例12-4電視機廠的資料,該廠現在還剩300臺電視機的生產能力。現有兩個客戶前來洽談訂貨:客戶甲訂貨500臺,每臺出價1,420元;客戶乙訂貨250臺,每臺出價為1,350元。經過調查和預測:如果接受客戶甲的訂貨會使企業的正常產銷量減少200臺;接受客戶乙的訂貨會使企業的正常產銷量中100臺也要降價到每臺1350元。要求:計算分析是否接受該項特殊訂貨。

(1)若接受甲客戶訂貨,而甲客戶出價每臺1,420元,則:

單位機會成本 = $\dfrac{200 \times (2,000 - 900)}{500} = 440$(元)

最低價格限度 = $900 + 440 = 1,340$(元) < 定價1,420(元)

可增加的利潤 = $500 \times (1,420 - 1,340) = 40,000$(元)

(2)若接受乙客戶訂貨,而乙客戶出價每臺1,350元,則:

單位機會成本 = $\dfrac{100 \times (2,000 - 1,350)}{250} = 260$(元)

最低價格限度 = $900 + 260 = 1,160$(元) < 定價1,350(元)

可增加的利潤 = $250 \times (1,350 - 1,160) = 47,500$(元)

從上述計算可知,甲、乙兩客戶的要求都是可以接受的。接受乙客戶的訂貨要求

能取得更好的效果,可以多增加利潤 7,500 元。

三、量本利分析法

(一) 基本原理

量本利分析法是根據各個備選方案的成本、業務量與利潤三者之間的相互依存關係原理來確定何種方案最優的決策方法。量本利分析法的關鍵在於確定「成本分界點」。所謂「成本分界點」,就是兩個備選方案預期相關成本總額相同情況下的業務量。找到了成本分界點,就可以確定在什麼業務量範圍內哪個方案較優。

【例 12－6】某建築工地需用推土機一輛,現有兩個方案供選擇:一是外購,需花費 180,000 元,估計可使用 6 年,每年需支付維修保養費 8,000 元,使用期滿有殘值 30,000 元;二是向租賃公司租用,每天租金為 250 元。另外,推土機每天營運成本為 100 元。問:選擇哪個方案最優?

本例的關鍵是要確定推土機一年的使用天數,因為使用天數不同,兩種方案的成本就不同。很明顯:若全年使用推土機的天數少,則租用合算;若全年使用的天數多,則購買合算。現假定全年使用 x 天時購買與租賃兩方案達到總成本相等,則:

購買方案使用總成本 $= (\frac{180,000 - 30,000}{6} + 8,000) + 100x = 33,000 + 100x$

租賃方案使用總成本 $= (250 + 100)x = 350x$

令　　$33,000 + 100x = 350x$

得　　$x = 132$ (天)

結論為:當全年使用推土機天數為 132 天時,購買或租賃均可;當全年使用推土機天數不足 132 天時,應選擇租賃方案;當全年使用推土機大於 132 天時,應選擇購買方案。

(二) 加工設備選擇決策

企業同一種產品或零件,採用不同設備進行加工,成本懸殊較大。採用先進設備進行加工,單位變動成本可能較低,但固定成本較高;如果用簡易設備,單位變動成本可能較高,但固定成本較低。因此,這類決策必須和產品的加工批量聯繫起來分析,決策的關鍵是「成本分界點」。

【例 12－7】長安機器廠在生產某種型號的齒輪時,可以用普通銑床、萬能銑床和數控銑床三種設備進行加工,這三種銑床加工該齒輪的有關成本資料見表 12－3,問:應採用哪種設備加工?

表 12－3　　　　　　　　　　齒輪加工成本表　　　　　　　　　　單位:元

機床名稱	每個齒輪加工費	每批齒輪的調整準備費
普通銑床	8	300
萬能銑床	4	600
數控銑床	2	1,200

設：x_1 為普通銑床與萬能銑床的成本分界點；x_2 為萬能銑床與數控銑床的成本分界點；x_3 為普通銑床與數控銑床的成本分界點。有如下方程：

$$\begin{cases} 300 + 8x_1 = 600 + 4x_1 \\ 600 + 4x_2 = 1200 + 2x_2 \\ 1200 + 2x_3 = 300 + 8x_3 \end{cases}$$

得：

$$\begin{cases} x_1 = 75(個) \\ x_2 = 300(個) \\ x_3 = 150(個) \end{cases}$$

根據以上計算和圖 12-1 可知：齒輪加工批量小於 75 個時，採用普通銑床成本最低；當齒輪加工批量大於 75 個但小於 300 個時，採用萬能銑床的成本最低；若齒輪加工批量超過 300 個，則採用數控銑床最優。

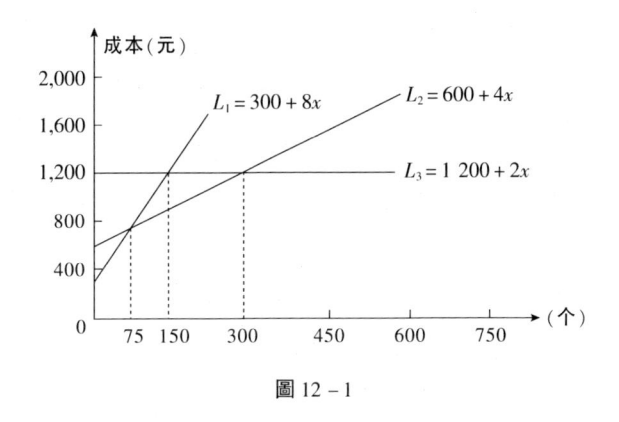

圖 12-1

(三) 自製或外購決策

在企業生產經營中，時常會遇到某些零件是自製還是外購更加經濟一些的決策問題。如因企業的業務發展，設備能力跟不上，需要停止部分零件的生產改為外購；也可能因為由於企業的生產任務不足，為了充分利用企業的剩餘生產能力，將原來外購的零部件改為自製；或者由於產品設計改變，對某些零部件需要重新確定是自製還是外購。對這類問題進行決策分析時應注意：

(1) 一般採用差量分析法進行決策。由於自製或外購的預期收入總是相同的，進行差量分析時，無須計算差量收入，只需把自製零件所需的成本(包括直接材料、直接人工和變動製造費用等)與外購買價進行比較，然后選擇成本最低的方案。零件不論是自製或外購，共同性固定成本總要發生，並不因方案而異。在一般情況下，共同性的固定成本屬非相關成本。

(2) 如果在自製中，需要增添專屬固定成本，而且零件需求量是不確定的，這時需要運用量本利分析法求得成本分界點進行決策。

【例 12-8】假定某攝像機廠,每年需要微型電動機 30,000 個,如果向外購買,市場批發價為 12 元。該廠現有剩餘生產能力,可以自製。經會計部門核算每個電動機的自製單位成本為 14 元,另外需購置專屬設備一臺,每年增加專屬固定成本 10,000 元。單位自製成本構成為:

直接材料	8
直接人工	2
變動製造費用	1.5
固定製造費用	2.5
單位自製成本	14(元)

要求:為該廠做出微型電機是應自製或外購的決策。

由於該廠有剩餘的生產能力可以利用,它原來的固定成本不會因自製而增加,也不會因外購而減少。所以微型電機的自製成本不應包括固定製造費用在內,但應考慮專屬固定成本 10,000 元。用差量分析法計算如下:

自製方案預期總成本 = (8 + 2 + 1.5) × 30,000 + 10,000 = 355,000(元)
外購方案預期總成本 = 3,0000 × 12 = 360,000(元)
差量成本 = 355,000 - 360,000 = -5,000(元)

自製比外購節約 5,000 元成本,即能為企業增加 5,000 元利潤,應選擇自製方案。這種情況也可用量本利分析法,求出自製與外購的成本分界點進行決策。設 x 為微型電機自製下外購的成本分界點。根據資料可得出:

$11.5x + 10,000 = 12x$

$x = 20,000$ 個

因該廠微電機需用量為 30,000 個,大於兩方案的成本分界點 20,000 個,所以應當自製。

第二節 長期投資決策

長期投資決策對企業經濟效益的影響時間在一年以上,一般都涉及企業的發展方向及規模等重大問題。如廠房設備的新建與更新決策、設計方案選擇與工藝改革決策、企業剩餘資金投向決策。這類決策一般都具有使用資金量多、對企業發展影響時間長的特點。

一、現金流量

(一)現金流量是長期投資的決策目標

投資項目從籌建、設計、施工到正式投產使用、報廢為止的整個期間內發生的現金收支,形成了該項目的現金流量。現金流入量與現金流出量相抵後的餘額,稱為淨現

金流量(Net Cash Flow,簡稱 NCF)。這裡所謂的現金既指紙幣、硬幣、支票、銀行存款等貨幣性資產,也指投資方案需要投入或收回的相關非貨幣性資產(如原材料、設備等)的重置成本或變現價值。

對於長期投資決策來說,其決策目標是投資方案的現金淨流量而不是期間利潤。只有投資方案的現金流入量大於現金流出量,該方案才是可行的投資方案。這是因為:

(1)現金流量以收付實現制為基礎,是長期決策的基本要求。儘管期間利潤代表方案的盈利水平,但期間利潤是權責發生制下當期收入與當期費用配比的結果。當期收入可能是實際現金收入,也可能是應收項目;當期費用可能是實際現金支出,也可能是攤提項目。權責發生制是以應收和應付作為收入實現與費用發生的標誌的,並未考慮現金收支的實際時間。長期投資項目的會計期間超過了一年,它是該項目的整個壽命期間,從超過一年的長期來看,不再存在權責發生制下的跨期分配作用,而應考慮收付實現制下的現金實際收付。

(2)長期決策中,現金流動狀況比盈虧狀況更為重要。一個投資項目能否進行,取決於有無實際現金進行支付,而不是取決於在一定期間內有無利潤。企業當期利潤很大,並不一定有足夠的現金進行支付。進一步來看,長期投資項目的回收期較長,若以沒有實際收到現金的收入作為利潤組成部分,那麼這種利潤往往是靠不住的,具有較大的風險。所以,現金一旦被支付後,即使沒有作為本期的成本費用,也不能用於別的目的。只有當現金真正收回後,才能用於其他項目的再投資。因此,在長期投資決策中不採用風險較大的期間利潤作為決策目標,而重視現金流量的分析。

(3)期間利潤的計算主觀性較強。期間利潤是收入與費用配比結果,而收入和費用的確認和計量並沒有統一客觀的標準。如收入受確認時間的影響,有時應收帳款確認為收入,而預收帳款又不作為收入,有時收到現金不作為收入,而未收到現金又作為收入等。同樣,費用既受應付制的影響,又受存貨計價方法、間接費用分攤方法、折舊計算方法等的影響。因此,收入和費用的確認標準和計量方法具有較大的主觀隨意性,不同會計人員、不同業務場合、不同會計方法下同一項目計量的收入與費用數額並不一定相等。而現金流量以現金實際收到或支付作為確認標準,所以,現金流量作為長期項目的決策標準比較客觀,不受人為選擇的影響。

(二)現金流量的項目內容

投資項目從整個經濟壽命週期來看,大致可以分為三個時點階段:初始階段、營業階段、終結階段。現金流量的各個項目也歸屬於各個時點階段之中。

(1)初始階段。初始階段的現金流量主要是現金流出量,即在該投資項目上的原始投資,它包括固定資產投資和墊支投入的營運資金。其中,墊支營運資金是指投資項目形成或擴大了生產能力後,需要在流動資產上追加投資,即追加投入日常營運資金。另外,如果投資項目的籌建費、開辦費較高,也應作為初始階段的現金流量計入遞延資產。在一般情況下,初始階段中固定資產的原始投資通常在年內一次性投入(如

購買設備),如果原始投資不是一次性投入(如工程建造),則應把投資額歸屬於不同投入年份之中。

(2)營業階段。營業階段是投資項目的主要階段,該階段既有現金流入量,也有現金流出量。現金流入量主要是各年營業收入,現金流出量主要是各年付現營運成本。另外,對於在營業的某一年發生的大修理支出來說,如果本年內攤銷完畢,應直接作為該年現金流出量;如果跨年攤銷,則本年作為現金流出量,攤銷年份作為攤銷回收額。對於在營業的某一年發生的改良支出來說,是一種投資,應作為該年的現金流出量,以后年份通過折舊收回。

(3)終結階段。終結階段的現金流量主要是現金流入量,包括固定資產變價淨收入和墊支營運資金收回。其中,固定資產變價淨收入是指固定資產出售價款或殘值收入扣除清理費用后的淨額,也可以按清理淨損益加上帳面淨值計算。

(三)營業現金淨流量的測算

在投資壽命期初始階段、營業階段、終結階段三個階段中,營業階段的現金流量的發生重複頻繁、內容複雜,是現金流量測算的重點。

營業現金淨流量是指由於投資方案實施后各期銷售產品所增加的營業收入,扣除為生產這些產品所發生的付現營運成本後的現金淨流量。在實務中,由於財務會計提供的往往是當期銷售收入與銷售成本配比后的營業利潤數據,因此營業現金淨流量項目一般通過當期營業利潤加上非付現成本求得。其中非付現成本主要指計入當期營業成本的折舊費、無形及遞延資產攤銷費、大修理跨期攤銷費等,它們都是對長期資產投資的收回。至於當期的其他非付現成本,以及賒銷等非現金流入的銷售收入,由於應收應付、待攤預提等對應項目的年末餘額不大,而且可以相互抵消,因而一般不予考慮。這樣:

營業現金流量(NCF) = 營業收入 – 付現成本 = 營業利潤 + 非付現成本

式中,非付現成本主要是固定資產年折舊費用。如果有其他數額較大的跨年攤銷費用,如跨年攤銷的大修理攤銷費用、改良工程折舊攤銷費用、籌建開辦費攤銷費用等,也作為非付現成本予以考慮。

所得稅是企業的一種現金流出量,因此企業更關心的是稅后現金流量。考慮稅后收入、稅后成本,以及非付現成本抵稅對現金流量的影響后,企業在投資項目正常營運階段所獲得的營業現金流量可按下列兩式之一進行測算:

營業 NCF = 營業收入 – 付現成本 – 所得稅
　　　　　= 營業利潤 + 非付現成本 – 所得稅
　　　　　= 稅后淨利 + 非付現成本
營業 NCF = 稅后收入 – 稅后成本 + 非付現成本抵稅
　　　　　= 收入 × (1 – 稅率) – 付現成本(1 – 稅率) + 非付現成本 × 稅率

二、貨幣時間價值

(一) 基本性質

貨幣的時間價值也稱投資的時間價值,是指貨幣擁有者放棄現在使用貨幣的機會而進行投資,隨著投資時間的推移而得到的最低增值。時間越長,增值越多。例如,現在將 100 元錢存入銀行,年存款利率 10%,則一年後連本帶利可得 110 元。多得到的 10 元錢便是投資人放棄使用貨幣的機會而得到的投資報酬,這種報酬就是貨幣的時間價值。對於被投資人來說,由於取得了投資人所投入資本的使用權而必須付出代價,稱之為資本成本。貨幣時間價值與資本成本是一組對稱的概念。

貨幣時間價值是按投資時間長短而計算的投資報酬,這種投資報酬是投資在各個項目上都能取得的起碼報酬。所以,貨幣時間價值的本質是沒有投資風險條件下的社會平均資本成本率,即社會平均利潤率。社會平均利潤率是一種最低投資報酬率,一般來說,銀行平均利率、政府公債國債利率基本上都是無風險利率,是貨幣時間價值的表現形式。

(二) 一般終值與現值

一定量的貨幣資本在不同時點上的經濟價值是不相等的,這就需要把不同時間上的貨幣量換算成同一時間基礎上的數額,才能進行差異對比,從而產生了終值與現值概念。

終值(Future Value),是某一特定金額按規定利率折算的未來價值。現值(Present Value),是某一特定金額按規定利率折算的現在價值。投資決策中,由於涉及時間長,終值與現值均按複利計息方法計算。所採用的折算利率是最低投資報酬率,一般是銀行或國債利率。假定:P 代表現值,即本金;F 代表終值,即本利和;i 為利率;n 為時期。則:

$$終值\ F = F_0(1+i)^n$$
$$現值\ P = F/(1+i)^n = F(1+i)^{-n}$$

上述終值現值計算公式中,$(1+i)^n$ 稱為一般終值系數,表示 1 元的複利終值,用符號 (F,i,n) 表示。「一般終值系數表」(見附表一)列示了各個複利期 n 和利率 i 下,以 1 元為基數的複利終值系數。同樣,$(1+i)^{-n}$ 稱為一般現值系數,表示 1 元的複利現值,用符號 (P,i,n) 表示。「一般現值系數表」(見附表二)列示了各個複利期 n 和利率 i 下,以 1 元為基數的複利現值系數。

【例 12-9】現在將 2 000 元錢存入銀行,年利率 10%,每年複利一次,5 年後能夠得到多少金額?

在一般終值系數表上查到 $i=10\%$,$n=5$ 的終值系數 $(F,10\%,5)=1.610$,5 年後該款項為:

$$F = 2,000 \times 1.610 = 3,220(元)$$

【例 12-10】設年利率為 10%,每年複利一次,5 年後收到 1,000元,目前應存入多

少金額？

在一般現值系數表上查到 $i=10\%$，$n=5$ 的現值系數 $(P,10\%,5)=0.621$。目前應存入款項為：

$P=1,000 \times 0.621 = 621(元)$

【例12－11】設年利率為8%，每季度複利一次，3年后收到2,000元，要求計算這2,000元的複利現值是多少。

本例中，年利率為8%，季度利率為2%，複利期數為12。在一般現值系數表上查得利率2%，時期12 的現值系數 $(P,2\%,12)=0.789$，所以，複利現值為：

$P=2,000 \times 0.789 = 1,578(元)$

(三)年金終值與現值

年金(Annuity)，是指每隔相同時期收到或支付相同數量的一筆金額，例如定期領取的等額養老金、分期等額付款等，都屬於年金形式。與其他現金收支方式相比，年金的特點在於：年金涉及的每個時期的間隔相同，每期的現金收入或支出的金額相同。

按收付款的時間不同，年金可分為幾種形式：收付在每期期末的年金，稱為普通年金；收付在每期期初的年金，稱為預付年金；收付在第一期期末以後才發生的年金，稱為遞延年金；無限期定額收付的年金，稱為永續年金。

1. 普通年金(Ordinary Annuity)

(1) 普通年金終值。普通年金的終值是一定期間內每期期末收到或支付的相等款項的複利終值之和。以 F_A 表示普通年金終值，A 代表每期的收付款項，普通年金複利終值的計算公式為：

$$F_A = A + A(1+i)^1 + A(1+i)^2 + \cdots + A(1+i)^{n-1}$$

上式經過整理后，則為：

$$F_A = A \cdot \frac{(1+i)^n - 1}{i}$$

式中，$[(1+i)^n - 1]/i$ 稱為年金終值系數。「年金終值系數表」(附表三)排列出在不同利率和時期下，每期收入或支出1元的年金終值系數，用符號 (F_A,i,n) 表示。

【例12－12】昌達公司準備購買一臺精密儀器，採用分期付款方式，每年支付200,000元，4年付清，銀行存款利率為8%，昌達公司購買這臺儀器將花費多少錢？

表面上看，購買這臺儀器只花費 800,000 元 (200,000×4 年)。但公司不購買這臺儀器，而將款項存入銀行，則可獲得一筆利息收入。但購買儀器后，公司失去了每年可得的這部分存款利息。所以，失去的利息額應計入購買儀器的花費中去。查年金終值系數表，利率8%，時期4 的系數 $(F_A,8\%,4)=4.506$，所以，花費總額為：

$F_A = 200,000 \times 4.506 = 901,200(元)$

(2) 普通年金現值。普通年金的現值是一定期間內每期期末收到或支付相等款項的複利現值之和。以 P_A 表示普通年金現值，普通年金複利現值的計算公式為：

$$P_A = A(1+i)^{-1} + A(1+i)^{-2} + \cdots + A(1+i)^{-n}$$

上式經過整理后,則為:

$$P_A = A \cdot \frac{1-(1+i)^{-n}}{i}$$

式中,$[1-(1+i)^{-n}]/i$ 稱為年金現值系數。「年金現值系數表」(附表四)排列出不在同利率和時期下,每期收入或支出1元的年金現值系數,用符號(P_A, i, n)表示。

【例 12-13】雲華公司準備購買一臺機床,現有兩個方案可供選擇:一是向甲廠購買分3年付款,每年末支付100,000元;一是向乙廠購買,需當即一次性付款250,000元。當時的銀行年利率為10%,問:雲華公司應採用哪一個方案?

在進行方案決策前,應將兩個方案的現金流出量做一比較,這就要求把兩個方案的現金流出量都折算成現值,使其具有可比性。向乙廠購買,當即一次性付款250,000元,這已是現值。只需將向甲廠購買所需支付的款項折算成現值即可。查年金現值系數表,利率10%,時期3的年金現值系數(P_A,10%,3)=2.487,向甲廠分期付款的年金現值為:

$P_A = 10,000 \times 2.487 = 248,700(元)$

計算表明:向甲廠分期付款的現值為248,700元,向乙廠一次性付款的現值為250,000元。公司應向甲廠購買機床。

2. 遞延年金(Deferred Annuity)

遞延年金是指第一次收付在第一期期末以后才發生的年金,遞延年金的收付形式如圖12-2所示。該圖中,前 m 期沒有發生收付業務,稱為遞延期;后面 n 期發生等額的收付款項,稱為收付期。遞延年金的終值大小,與遞延期 m 無關,計算方法與普通年金終值相同。即:

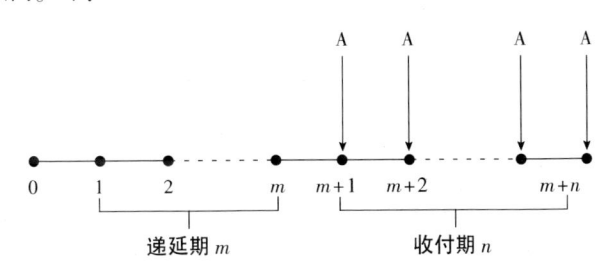

圖 12-2　遞延年金收付狀況

遞延 F_A = 普通 F_A = $A \times (F_A, i, n)$

遞延年金的現值有兩種計算方式:一種方式是假定整個($m+n$)期都發生了年金收付,先求共($m+n$)期的年金現值;然后再扣除實際未發生年金支付的遞延期共 m 期的年金現值;另一種方式,是先求支付期共 n 期的年金在遞延期末第 m 期的現值,再將該現值調整到第0年(即目前)的現值。所以:

$$\text{遞延} P_A = \text{共}(m+n)\text{期年金現值} - \text{共} m \text{期年金現值}$$
$$= A \times [(P_A, i, m+n) - (P_A, i, m)]$$

或　　　$\text{遞延} P = \text{共} n \text{期年金現值} \times \text{第} m \text{期一般現值係數}$
$$= A \times (P_A, i, n) \times (P, i, m)$$

【例12-14】某企業準備第3年后每年年末存入銀行5,000元,利率12%。

問:(1)第8年年末能收回多少款項?

(2)該款相當於目前一次性存入多少金額?

遞延年金終值 $= 5,000 \times (F_A, 12\%, 5) = 5,000 \times 6.353 = 31,765(元)$

遞延年金現值 $= 50,000 \times [(P_A, 12\%, 8) - (P_A, 12\%, 3)]$
$ = 5,000 \times (4.968 - 2.402)$
$ = 12,830(元)$

或　遞延年金現值 $= 5,000 \times (P_A, 12\%, 8) \times (P, 12\%, 3)$
$ = 5,000 \times 3.605 \times 0.712$
$ = 12,834(元)$

三、投資決策常用方法

(一)淨現值法(NPV法)

投資項目的未來現金淨流量的現值與原始投資額現值之間的差額,稱為淨現值(Net Present Value),計算式為:

$$\text{淨現值} = \text{未來現金淨流量現值} - \text{原始投資額現值}$$

任何企業或個人進行投資,總是希望投資項目的未來現金流入量超過現金流出量,從而獲得投資報酬。但長期投資中現金流出量和現金流入量的時間和數量是不相同的,這就需要將現金流出量和現金流入量都按預定的貼現率折算成現值,再將兩者的現值進行比較,其差額即投資方案的淨現值。淨現值法預定的貼現率是投資者所期望的最低投資報酬率,即資本成本率。

淨現值為正,方案可行,說明方案的實際投資報酬率高於資本成本率;淨現值為負,方案不可取,說明方案的實際投資報酬率低於資本成本率。當淨現值為零時,說明方案的投資報酬率剛好抵償資本成本。所以,淨現值的經濟含義是投資方案超過資本成本(即貼現)后的剩餘收益。其他條件相同時,淨現值越大,方案越好。

【例12-15】多菱公司計劃購買一臺新型機器,以代替原來的舊機器。新機器購價為60,000元,購入時支付60%,餘款下年付清。機器使用年限6年,報廢后估計有殘值3,000元。使用新機器后,公司每年新增利潤8,000元。當時的銀行存款年利率為12%。要求:用淨現值法分析多菱公司能否購買新機器?

(1)機器購入使用后:

$$\text{每年折舊費} = \frac{60,000 - 3,000}{6} = 9,500(元)$$

每年營業 NCF ＝利潤＋折舊＝8,000＋9,500＝17,500(元)
(2)未來現金淨流量現值：
每年 NCF 現值＝17,500×4.111(P_A,12%,6)＝71,942.50(元)
第一年利息費現值＝60,000×40%×12%×0.893(P,12%,1)＝2,571.84(元)
殘值收入現值＝3,000×0.507(P,12%,6)＝1,521(元)
未來現金淨流量現值合計＝70,891.66(元)
(3)原始投資額現值：
目前支付額現值＝60,000×60%＝36,000(元)
下年支付額現值＝60,000×40%×0.893(P,12%,1)＝21,432(元)
原始投資額現值合計＝57,432(元)
(4)淨現值＝70,891.66－57,432＝13,459.66(元)
該方案淨現值為 13,459.66 元,說明方案的投資報酬率大於資本成本率 12%,方案可行。

【例 12－16】某企業現有舊設備一臺,準備予以更新,貼現率為 15%,所得稅率為 40%。有關資料如表 12－4 所示,直線法折舊。要求：做出設備是否更新的決策。

表 12－4　　　　　　　　　　新舊設備資料表　　　　　　　　　　單位：元

項　目	舊設備	新設備
原　價	35,000	43,200
稅法使用年限(年)	10	9
已經使用年限(年)	4	0
尚可使用年限(年)	8	8
稅法帳面殘值	5,000	9,000
最終報廢殘值	1,500	13,200
目前變現價值	20,000	43,200
每年折舊費	3,000	3,800
每年營運成本	10,500	8,000
大修理支出	8,400(第二年)	6,800(第五年)
墊支營運資金	13,000	14,000

(1)對於新設備而言,每年折舊費為 3,800 元(共 8 年),每年營運成本為 8,000 元。因此：

8 年中稅后營業 NCF ＝－8,000×(1－40%)＋3,800×40%＝－3,280(元)

新設備第 8 年提前報廢時殘值收入為 13,200 元,帳面殘值＝12,800(43,200－3,800×8 年)元,因此：

稅后殘值收入＝13,200－(13,200－12,800)×40%＝13,040(元)

淨現值＝－3,280(P,15%,5)＋(13,040＋14,000)(P,15%,8)－

$$6,800 \times (1-40\%)(P,15\%,5) - (43,200+14,000)$$
$$= -65,103.04(元)$$

(2) 對於舊設備而言，每年折舊費為 3,000 元（共 6 年），每年營運成本為 10,500 元，因此：

前 6 年稅後營業 NCF $= -10,500 \times (1-40\%) + 3,000 \times 40\% = -5,100(元)$

後 2 年稅後營業 NCF $= -10,500 \times (1-40\%) = -6,300(元)$

舊設備目前變現價值為 20,000 元，目前帳面淨值為 23,000 元（35,000 - 3,000 × 4 年），帳面損失為 3,000 元，可抵稅 1,200 元（3,000 × 40%）。同樣，舊設備第 8 年超齡報廢時殘值收入 1,500 元，帳面殘值 5,000 元，報廢損失 3,500 元，可抵稅 1,400 元，即（3,500 × 40%）。因此：

舊設備投資額 $= 20,000 - (20,000 - 23,000) \times 40\% = 21,200(元)$

稅後殘值收入 $= 1,500 - (1,500 - 5,000) \times 40\% = 1,600(元)$

淨現值 $= -5,100(P_A,15\%,6) - 6,300(P_A,15\%,2)(P,15\%,6) +$
$\qquad (1,600+1,300)(P,15\%,8) - 8,400 \times (1-40\%)(P,15\%,2) -$
$\qquad (21,200+13,000)$
$\qquad = -56,959.76(元)$

上述計算表明，繼續使用舊設備的淨現值為 -56,959.76 元，高於購買新設備的淨現值 -65,103.04 元，使用舊設備可節約現金流出 8,143.28 元，應採用舊設備方案。本例中有幾個特殊問題應注意：

(1) 新機床購入后，並未擴大企業營業收入，計算的淨現值均為負值。

(2) 期初墊支營運資金時，儘管是現金流出，但不是本期成本費用，不存在納稅調整問題。期末營運資金收回時，存貨等資產按帳面價值出售，無出售淨收益，也不存在納稅調整問題。如果營運資金收回時，存貨等資產變價收入與帳面價值不一致，需要進行納稅調整。

(3) 購入新設備的同時處理舊設備，變價收入為 20,000 元，抵稅利益 1,200 元，共計 21,200 元。舊設備出售時的現金利益 21,200 元是購買新設備的現金流入；反之，它構成了繼續使用舊設備所喪失的現金利益，也就構成了舊設備的潛在投資。

(二) 內涵報酬率法（IRR 法）

內涵報酬率（Internal Rate of Return）是指對投資方案的每年現金淨流量進行貼現，使所得的現值恰好與原始投資額現值相等，從而使淨現值等於零時的貼現率。

在計算方案的淨現值時，以預期投資報酬率作為貼現率計算，淨現值的計算結果往往是大於零或小於零，這就說明方案實際可能達到的投資報酬率大於或小於預期投資報酬率，而當淨現值為零時，說明兩種報酬率相一致。根據這個原理，內涵報酬率法就是要計算出使淨現值等於零時的貼現率，這個貼現率就是投資方案的實際可能達到的投資報酬率。

1. 每年現金淨流量相等

每年現金淨流量相等是一種年金形式,按年金形式計算出未來現金淨流量現值,並令淨現值為零,即每年現金淨流量×年金現值系數－投資額現值＝0。

計算出淨現值為零時的年金現值系數(P_A, i, n)後,通過查年金現值表即可找出相應的貼現率 i,該貼現率就是方案的內涵報酬率。

需要指出的是:如果計算出來的年金現值系數不能正好等於年金現值系數表中的數字,就無法確定貼現率是多少。在這種情況下,需要採用插補法來進行計算。

【例 12 – 17】某企業準備實施一 A 方案,投資 60,000 元,可使用 10 年,每年現金淨流量為 15,000 元。要求:計算 A 方案的內涵報酬率。

年金現值系數 $P_A = \dfrac{60,000}{15,000} = 4.000$

查年金現值表上時期 10 的橫行中,沒有 4.000 的折算系數,只有與 4.000 相鄰近的兩個折算系數 4.192 和 3.923,它們對應的利率分別為 20% 和 22%。由於 4.000 是介於 4.192 和 3.923 之間的,由此可以推論,系數 4.000 所對應的利率亦介於 20% 和 22% 之間。為了更精確地計算出 A 方案的內涵報酬率,可採用插補法加以計算。方法如下:

將計算出來的年金現值折算系數 4.000 需要計算的貼現率 i 以及從表中查得的與 4.000 相鄰的兩個系數及其對應的利率,分別列示如下:

20%	i	22%
4.192	4.000	3.923

4.192 － 4.000 ＝ 0.192

4.192 － 3.923 ＝ 0.269

$i = 20\% + \dfrac{0.192}{0.269} \times (22\% - 20\%) = 21.43\%$

計算結果表明,年金現值折算系數為 4.000 時的貼現率應為 21.43%,也就是 A 方案的內涵報酬率為 21.43%。

2. 每年現金淨流量不相等

如果投資方案的每年現金淨流量不相等,是非年金形式,不能採用查年金現值表的方法來直接計算內涵報酬率,而需採用逐次測試法。

逐次測試法的具體做法是:根據已知的有關資料,先估計一個貼現率,來試算未來現金淨流量的現值,並用這個現值與投資額現值相比較;如淨現值大於零,為正數,表示估計的貼現率低於方案實際可能達到的投資報酬率,需要重估一個較高的貼現率進行試算;如果淨現值小於零,為負數,表示估計的貼現率高於方案實際可能達到的報酬率,需要重估一個較低的貼現率進行試算。如此反覆試算,直到淨現值等於零或基本接近於零。這時所估計的貼現率就是希望求得的內涵報酬率。

【例 12 – 18】某公司有一投資方案,需一次性投資 120,000 元,使用年限為 4 年,每年現金流入量分別為 30,000 元、40,000 元、50,000 元、35,000 元。要求:計算該投

資方案的內涵報酬率並據以評價該方案是否可行。

因方案的每年現金流入量不同,需逐次測試計算方案的內涵報酬率,計算過程如表 12-5 所示。

表 12-5　　　　　　　　　　　逐次測試表　　　　　　　　　　　單位:元

年份	每年現金流入量	第一次測試 8%		第二次測試 12%		第三次測試 10%	
		貼現系數	現值	貼現系數	現值	貼現系數	現值
1	30,000	0.926	27,780	0.893	26,790	0.909	27,270
2	40,000	0.857	34,280	0.797	31,880	0.826	33,040
3	50,000	0.794	39,700	0.712	35,600	0.751	37,550
4	35,000	0.735	25,725	0.636	22,260	0.683	23,905
現金流入量現值合計			127,485		116,530		121,765
減:投資額現值			120,000		120,000		120,000
淨現值			7,485		(3,470)		1,765

在第一次測試中,利率 8%,淨現值為正數,說明估計的貼現率低了。第二次測試,利率 12%,淨現值為負數,說明估計的貼現率高了。第三次測試,利率 10%,淨現值仍為正數,但已較接近於零,因而可以估算,方案的內涵報酬率在 10% 至 12% 之間。

進一步運用插補法,則:

10%　　　　　　　　　i　　　　　　　　　12%
1,765　　　　　　　　0　　　　　　　　　(3,470)

1,765 − 0 = 1,765

1,765 − (3,470) = 5,235

$i = 10\% + \dfrac{1,765}{5,235} \times (12\% - 10\%) = 10.67\%$

計算結果表明,當淨現值為零時的貼現率,也就是方案的內涵報酬率為 10.67%。

(三)回收期法(PP 法)

回收期(Payback Period)是指投資項目的未來現金淨流量與原始投資額相等時所經歷的時間,即原始投資額通過未來現金流量回收所需的時間。

投資者希望投入的資本能以某種方式盡快地收回來,如果收回的時間越長,所擔風險就越大。因而,投資方案回收期的長短是投資者十分關心的問題,也是評價方案優劣的標準之一。用回收期法評價方案時,回收期越短越好。

會計回收期可以不考慮貨幣的時間價值,直接用投資引起的未來現金淨流量累積到原始投資額時所經歷的時間作為回收期。

(1)每年現金淨流量相等時。這種情況是一種年金形式,因此:

$$會計回收期 = \dfrac{原始投資額}{每年現金淨流量}$$

【例 12-19】大威礦山機械廠準備從甲、乙兩種機床中選購一種機床。甲機床購價為 42,000 元,投入使用后,每年現金流量為 7,000 元;乙機床購價為 42,400 元,投入使用后,每年現金流量為 8,000 元。要求:用回收期法決策該廠應選購哪種機床?

甲機床回收期 $= \dfrac{42,000}{7,000} = 6(年)$

乙機床回收期 $= \dfrac{42,400}{8,000} = 5.3(年)$

計算結果表明,乙機床的回收期比甲機床短,該工廠應購買乙機床。

(2)每年現金淨流量不相等時。在這種情況下,應把每年的現金淨流量逐年加總,根據累計現金流量來確定回收期。

【例 12-20】光建公司有一投資項目,需投資 250,000 元,使用年限為 5 年,每年的現金流量不相等,有關資料如表 12-6 所示。要求:計算該投資項目的回收期。

表 12-6　　　　　　　　　現金流量表　　　　　　　　　單位:元

年　份	現金淨流量	累計淨流量
1	50,000	50,000
2	62,000	112,000
3	85,000	197,000
4	120,000	317,000
5	150,000	467,000

從表 12-6 的累計現金淨流量一欄中可見,該投資項目的回收期在第三年與第四年之間。為了計算較為準確的回收期,採用以下方法計算:

回收期 $= 3 + \dfrac{250,000 - 197,000}{120,000} = 3.44(年)$

＊＊＊＊本章學習要點＊＊＊＊

1. 短期經營決策的決策目標是期間利潤,主要運用差量分析法和量本利分析法進行決策。短期經營決策的決策類型主要有產品停轉決策、產品加工決策、特殊訂貨決策、加工設備選擇決策、零件自製或外購決策等。

2. 差量分析法的關鍵在於剔除各方案間的非相關收入、非相關成本,才能找出正確的差量利潤進行決策。當各方案的固定成本相等時,可直接比較邊際貢獻的差額進行決策。當各方案的業務量相等時,可直接比較單位收入、單位成本、單位利潤進行決策。

3. 量本利分析法的關鍵是找到各方案成本總額相等時的成本分界點,其應用前

提是各方案間收入沒有差別,即差量收入為零。找到成本分界點后,還需要進一步確定在不同業務量範圍內的最優方案。量本利分析法也需要剔除非相關的成本因素,以免得出錯誤的決策結論。

4. 長期投資決策的決策目標是現金流量,因為現金流量是收付實現制的產物,比較客觀。現金流量按投資項目的初始、營業、終結三個階段分別進行分類歸集,其中營業階段的營業現金流量是現金流量測算的重點。不論哪個階段,測算現金流量時都要充分考慮所得稅對現金流量的影響。

5. 貨幣時間價值是一種最低投資報酬,即社會平均利潤率。貨幣時間價值分為終值和現值兩種價值表現形式。計算終值或現值的目的,在於把不同時點上的現金流量換算為同一時點可比的現金流量。按現金流量的收支分佈狀況不同,現金流量的換算分為一般收支形式和年金收支形式。遞延年金是會計實務中經常存在的一種年金形式。

6. 投資決策常用方法有淨現值法、內涵報酬率法和回收期法。淨現值的實質是投資方案超過資本成本后的剩餘收益,淨現值為正,方案可行。內涵報酬率的實質是淨現值為零時的貼現率,內涵報酬率大於資本成本率,方案可行。回收期是投資額全部回收所需要的時間,回收期越短,方案越好。

＊＊＊＊本章復習思考題＊＊＊＊

1. 試述短期經營決策的特點。
2. 試述差量分析法、量本利分析法的原理。
3. 虧損產品是否應停產?
4. 如何進行產品是否進一步加工的決策?
5. 如何進行特殊價格訂貨決策?
6. 零部件自製或外購有何決策特點?
7. 試述長期投資決策的決策目標。
8. 投資項目的現金流量有哪些?
9. 如何測算營業現金流量?
10. 試述貨幣時間價值的性質與內容。
11. 試述淨現值法和內涵報酬率法的基本原理。

第十三章
會計控製

學習目標

會計控製是會計參與生產經營過程管理的重要表現。本章主要闡述生產經營過程中成本管理和組織管理問題，包括標準成本制度和責任會計制度。學習本章的目標是：

（1）正確理解標準成本會計制度的實質，一般掌握標準成本的制訂，重點掌握成本差異分析原理。

（2）一般掌握責任會計控製的基本原理，重點掌握成本中心、利潤中心和投資中心的特點和業績考核。

第一節　標準成本控製

製造成本的高低將直接影響企業當期的銷售成本水平，也決定著企業當期損益的大小。因此，對製造成本的控製就一直成為成本控製乃至整個企業管理工作的重心。

一、標準成本會計

成本的控製有效與否取決於能否科學地開展事前的成本預測、事中的成本控製和事后的成本考核評價。標準成本會計是指按事先制訂的產品標準成本，將其與產品實際成本相比較，揭示實際成本脫離標準成本的差異，並對差異進行分析，從而加強成本控製的會計制度。一套完整的標準成本會計制度的基本內容應當包括以下三大方面：

（一）制訂標準成本

在生產經營活動開始之前，在對影響成本的經濟活動進行科學預測和決策的基礎上，制訂出每一種產品所要發生的直接材料、直接人工和製造費用的標準數額，以此作為今后控製實際支出的目標。制訂標準成本屬於事前控製的範疇。

（二）差異計算與分析

差異計算是通過會計核算，記錄一定期間內生產產品所發生的實際成本數額，將

實際數與標準數對比,找出各成本項目的成本差異。差異分析是在差異計算基礎上,對每項產品差異的性質和產生原因作具體分析,從而判斷成本差異的責任承擔者,作為考核與評價的依據。差異計算與分析屬於事中和事後控制的範疇。

(三)差異帳務處理

一個完整的標準會計成本,應建立一套完善的會計核算系統,在這個系統內,不僅要記錄每種產品各項目的標準成本數,同時還要將所計算出的成本差異數按照一定的方式記入有關帳戶內。進行差異記錄的作用主要在於:一方面使管理者瞭解各自所負責的差異的性質及其數額大小;另一方面可以在一定時期結束時將標準數與差異數結合,從而確定產品的實際產品成本,以正確計算損益。

二、標準成本的制訂

標準成本是事先經過調查研究、技術測定和分析而制訂的,在目前生產技術水平和正常生產經營的條件下生產某產品應當發生的成本。標準成本是控制成本開支、衡量實際成本水平、評價工作成績的尺度。

(一)一般制訂方法

西方企業的標準成本會計,一般只針對產品生產成本中的直接材料、直接人工和製造費用三大項目進行,至於管理費用、銷售費用等期間費用,則採用編制費用預算的方式進行控制,一般不對其制訂標準成本。在制訂標準成本時,儘管三大項目具體內容及性質不同,但它們的基本形式相同,都是以「數量標準」乘以「價格標準」構成的。公式為:

$$\frac{單位產品}{標準成本} = \frac{單位產品耗}{用數量標準} \times \frac{單位產品}{價格標準}$$

一般來說,數量標準主要應由工程技術部門研究確定。價格標準主要應由會計部門會同有關採購、工程技術、銷售、人事或工會等部門共同制訂,最後由企業管理當局審批同意後執行。

(二)直接材料標準成本

直接材料標準成本是指每生產一單位產品應耗用材料成本的標準數額,它包括直接材料用量標準和直接材料價格標準。制訂方法為:

1. 用量標準

用量標準指在現有的生產技術條件下生產單位產品應耗用的材料數量。它的內容一般包括必要的加工餘量、必要的損耗、不可避免的廢料等。如果同是用多種材料,應分別按各種材料制訂。

2. 價格標準

價格標準由採購部門與財會部門共同根據材料供貨單位價格與運輸距離、方式等因素加以確定,它的內容一般包括買價、運雜費、正常損耗等。同樣,如果為多種材料,應按每一種材料分別確定。

當分別確定了材料的數量標準和價格標準后,就可以按下列公式制訂直接材料的標準成本:

$$直接材料標準成本 = 材料標準單耗 \times 材料標準單價$$

【例13-1】明飛公司生產A產品需材料甲,經過工程技術人員測算,生產單位A產品正常耗用甲材料24千克,生產過程允許損耗4千克,允許報廢2千克。甲材料系外購取得,外購單價預計為每千克4元,運輸費為每千克0.8元,裝卸及搬運費為每千克0.2元。則生產單位A產品耗用甲材料的標準成本制訂如下:

材料標準單耗 = 24 + 4 + 2 = 30(千克)

材料標準單價 = 4 + 0.8 + 0.2 = 5(元)

A產品材料標準成本 = 30(千克) × 5(元) = 150(元)

(三)直接人工標準成本

直接人工標準成本是指每生產單位產品所耗用的人工成本標準數額,它包括直接人工效率標準(用量標準)和直接人工工資率標準(價格標準)兩部分。制訂方法為:

1. 用量標準

這是指生產單位產品所需要的工作時間,由生產技術部門根據歷史資料或通過技術測定方式來確定。用量標準一般包括對產品直接加工所用的時間、必要的間歇和停止時間,以及在不可避免的廢品上耗費的時間等。實際制訂時,先按產品的加工步驟分別計算,然后再按產品分別加以匯總。

2. 價格標準

如果企業實行計時工資制,它就是每一工時應分配的標準工資。如果企業實行計件工資制,它就是每一工時的標準計件單價。在西方企業,人工價格一般由工廠與工會協商簽訂合同,按合同執行,合同期內變化是不大的。

分別確定了直接人工效率標準和直接人工工資率標準后,就可按下列公式確定直接人工標準成本:

$$直接人工標準成本 = 直接人工效率標準 \times 直接人工工資率標準$$
$$= 工時標準單耗 \times 標準工資率$$

【例13-2】依照例13-1的資料,假定明飛公司生產A產品每件基本生產時間為7.6小時,允許休息時間為0.8小時,必要的整理時間為1.2小時,允許停工時間為1.4小時,允許的廢品時間為1小時。每小時平均基本工資為4元,補貼為1元。按所給資料,生產A產品的標準人工成本制訂如下:

標準工時單耗 = 7.6 + 0.8 + 1.2 + 1.4 + 1 = 12(小時)

標準工資率 = 4 + 1 = 5(元)

A產品人工標準成本 = 12(小時) × 10(元) = 120(元)

(四)製造費用標準成本

製造費用是指某產品在生產過程中發生的,除直接材料和直接人工以外的其他有

關費用。對單位產品製造費用制訂標準成本,應當注意的是:

(1)要將製造費用各項目按它們與生產能量的關係劃分為變動製造費和固定製造費兩大類。變動製造費是因本期製造產品而引起的,其總額隨生產量變動而成正比例變動的費用。固定製造費用是維護一定生產能量而發生的,其總額並不隨本期生產量的變動而變動的費用。

(2)製造費用是一個綜合性費用項目,直接給每一單位產品制訂出製造費用各個項目的標準成本是不切實際的。一般在每個會計期開始之前,根據計劃期間的預計生產數量確定製造費用各項目的預算數,通過彈性預算和固定預算方式加以確定。

(3)制訂單位產品製造費用的標準成本,也必須從兩個方面加以確定:①數量標準。這是指生產單位產品需用直接人工小時(或機器臺時)。與確定直接人工的用量標準一樣,製造費用的數量標準也是由生產技術部門根據歷史資料或通過技術測定來確定。②價格標準。這是指製造費用的分配率標準,即單位生產能力應負擔的固定製造費用或變動製造費用標準。它由兩個因素決定:第一,「生產能量」,這是指企業在充分利用現有生產能力后預算期可達到的最高生產量;第二,「製造費用預算」,在預算年度開始前分別按固定製造費用和變動製造費用編制。

$$\frac{製造費用標準分配率} = \frac{變動(固定)製造費用預算總額}{生產能力工時}$$

$$\frac{製造費用標準成本} = 單位產品直接人工的標準工時 \times 變動(固定)製造費標準分配率$$

【例13-3】依照例13-2,假定明飛公司在現有生產能力充分發揮的條件下,全年生產A產品的生產能量預算為65,000工時。公司預計全年將發生製造費用總額1,365,000元,其中變動製造費用固定預算總額為520,000元,固定製造費用彈性預算總額為845,000元。製造費用分配率(價格標準)及標準成本計算如下:

變動製造費標準分配率=520,000÷65,000=8(元/工時)
固定製造費標準分配率=845,000÷65,000=13(元/工時)
A產品變動製造費標準成本=12小時×8元=96(元)
A產品固定製造費標準成本=12小時×13元=156(元)

在分別對直接材料、直接人工和製造費用制訂出標準成本后,將它們加以匯總形成了單位產品的標準成本。

【例13-4】明飛公司根據各項目的標準成本,編制出生產A產品的單位成本預算(標準成本卡)如表13-1所示。

表 13－1　　　　　　　　　標準成本卡（A 產品）　　　　　　　單位：元

項　目	數量標準	價格標準	標準成本
直接材料	30 千克	5	150
直接人工	12 小時	10	120
變動製造費	12 小時	8	96
固定製造費	12 小時	13	156
合　計	—	—	522 元

三、成本差異計算與分析

（一）差異分析原理

成本差異是產品的實際成本由於各種原因而與預定的標準成本之間的差額。成本差異包括直接材料成本差異、直接人工成本差異和製造費用三個部分，製造費用差異又可分為變動製造費用差異和固定製造費用差異兩部分。成本差異計算與分析就是將上述四大項目實際與標準的差額計算出來，並深入分析差異產生的原因和責任歸屬，為控制差異指明方向。

實際成本超過標準成本的差異稱為不利差異（用 U 表示）或稱逆差、超支差異，用正數表示；實際成本低於標準成本的差異稱為有利差異（用 F 表示），或稱順差、節約差異，用負數表示。

【例 13－5】假定明飛公司本月實際生產 A 產品 4,800 件，其實際單位成本與總成本如表 13－2 所示，結合例 13－4 的標準成本數據，編制出成本差異表如表 13－3 所示。

表 13－2　　　　　　　　　實際成本單（A 產品）　　　　　　　單位：元/件

項　目	單位數量	單位價格	單位成本
直接材料	24 千克	6	144
直接人工	14 小時	10.5	147
變動製造費	14 小時	7	98
固定製造費	14 小時	11	154
合　計	—	—	543

表 13－3　　　　　　　　總成本差異表（A 產品）　　　　　產品數量：4,800 件

項　目	標準總成本（元）	實際總成本（元）	成本差異
直接材料	720,000	691,200	－28 800（F）
直接人工	576,000	705,600	＋129 600（U）
變動製造費	460,800	470,400	＋9,600（U）
固定製造費	748,800	739,200	－9 600（F）
合　計	2 505 600	2,606,400	＋100,800（U）

對於企業管理當局來說,差異是一種信號,反映出企業在各方面取得的成績或存在的問題。要弄清差異產生的原因,還必須對差異進一步進行計算。儘管直接材料、直接人工、製造費用具有各自的差異特點,但都可以把它們的具體差異歸結為「用量差異」與「價格差異」兩大類,每類差異的計算原理和方法基本相同。為了掌握各類差異的具體計算,可以將成本差異的通用模式歸納如下:

由: $\begin{cases}①標準用量 \times 標準價格 \\ ②實際用量 \times 標準價格 \\ ③實際用量 \times 實際價格\end{cases}$

得: 用量差異 = ② – ①
　　　　　 = 實際用量 × 標準價格 – 標準用量 × 標準價格
　　　　　 = (實際用量 – 標準用量) × 標準價格

　　 價格差異 = ③ – ②
　　　　　 = 標準用量 × 實際價格 – 實際用量 × 標準價格
　　　　　 = 實際用量 × (實際價格 – 標準價格)

　　 總　差　異 = ③ – ①
　　　　　 = 實際用量 × 實際價格 – 標準用量 × 標準價格
　　　　　 = 用量差異 + 價格差異

通過上述差異計算的通用模式可以看出,差異計算分析的做法是:用量差異的計算是建立在標準價格基礎之上,價格差異的計算是建立在實際用量基礎之上。

(二) 直接材料成本差異分析

直接材料成本差異是生產一定產品產量的直接材料實際成本與標準成本之間的差額,直接材料成本差異由材料用量差異與材料價格差異兩部分構成。根據成本差異的通用分析模式,可以演變出直接材料成本差異計算公式如下:

　　材料用量差異 = (實際用量 – 標準用量) × 標準單價
　　材料價格差異 = (實際單價 – 標準單價) × 實際用量
　　材料成本總差異 = (實際單價 × 實際用量) – (標準單價 × 標準用量)
　　　　　　　　 = 材料用量差異 + 材料價格差異

【例 13 – 6】根據例 13 – 4 和例 13 – 5 的資料,明飛公司生產 A 產品耗用甲材料的成本差異計算如下:

　　材料用量差異 = (4,800 × 24 – 4,800 × 30) × 5 = – 144,000(元)(有利差異)
　　材料價格差異 = (6 – 5) × 4,800 × 24 = + 115,200(元)(不利差異)
　　材料成本總差異 = 691,200 – 720,000 = – 28,800(元)(有利差異)
或　材料成本總差異 = (– 144,000) + 115,200 = – 28,800(元)(有利差異)

(三) 直接人工成本差異

直接人工成本差異是生產一定產量產品的直接人工實際成本與標準成本之間的差額,直接人工成本差異由人工效率差異(用量差異)和工資率差異(價格差異)兩部

分構成。根據成本差異的通用分析模式,可以演變出直接人工成本差異計算公式如下:

人工效率差異 =(實際工時－標準工時)×標準工資率
工資率差異 =(實際工資率－標準工資率)×實際工時
人工成本總差異 =(實際工資率×實際工時)－(標準工資率×標準工時)

或　　人工成本總差異 = 人工效率差異 + 人工工資率差異

【例13－7】根據例13－4和例13－5的資料,明飛公司生產A產品耗用直接人工的成本差異計算如下:

人工效率差異 =(4,800×14－4,800×12)×10 = +96,000(元)(不利差異)
工資率差異 =(10.5－10)×4,800×14 = +33 600(元)(不利差異)
人工成本總差異 = 705,600－576,000 = +129,600(元)(不利差異)

或　人工成本總差異 = 96,000＋33,600 = +129,600(元)(不利差異)

(四)變動製造費用差異

變動製造費用差異是生產一定產量產品的實際變動製造費用與標準變動製造費用之間的差額。變動製造費用的用量差異又稱為變動製造費用效率差異,變動製造費用的價格差異又稱為變動製造費開支差異。根據差異分析的通用模式,可以演變出變動製造費用差異計算公式如下:

變動製造費效率差異 =(實際工時－標準工時)×標準分配率
變動製造費開支差異 =(實際分配率－標準分配率)×實際工時
變動製造費總差異 =(實際分配率×實際工時)－(標準分配率×標準工時)

或　變動製造費總差異 = 變動製造費效率差異 + 變動製造費用量差異

【例13－8】根據例13－4和例13－5的資料,明飛公司生產A產品耗用變動製造費用的差異計算如下:

變動製造費效率差異 =(4,800×14－4,800×12)×8
　　　　　　　　　= +76 800(元)(不利差異)
變動製造費開支差異 =(7－8)×4,800×14 = －67,200(元)(有利差異)
變動製造費用總差異 = 470,400－460,800 = +9,600(元)(不利差異)

或　變動製造費用總差異 = 76,800＋(－67,200) = +9,600(元)(不利差異)

(五)固定製造費用差異

固定製造費用差異是一定期間的實際製造費用與標準固定製造費用之間的差額。固定製造費用差異仍然由用量差異和價格差異兩方面構成。在具體計算時,將固定製造費用差異分為效率差異(用量差異)、能量差異(數量差異)和開支差異(價格差異)三大部分。

固定製造費用的效率差異是反映由於單位生產時間(效率)變動而造成的差異;固定製造費用的能量差異是由於實際生產數量與計劃生產總能量之間的差異造成的;固定製造費用的開支差異是反映固定製造費用實際開支數額與預算開支數額之間的

差異。

　　對固定製造費用進行差異計算，之所以不能像變動製造費用那樣簡單區分為「效率差異」和「開支差異」，而必須涉及「能量差異」，是因為固定製造費用開支的性質與生產能力的形成和正常維護聯繫的。生產活動水平在一定範圍內發生變動，並不會對固定製造費用的數額產生多大影響。在產量的相關範圍內，固定製造費用總額不會隨產量變動而變動，所以固定製造費用標準分配率是按生產能量作為分母計算。實際產量與生產能量經常不一致；實際產量小於生產能量，則會使生產能力的利用程度達不到預算水平，固定製造費用相對超支；相反，實際產量大於生產能量，則會使生產能力的利用程度超過預定的水平，固定製造費用相對節約。

　　由於實際中企業一般生產多種產品，故生產能量與實際產量都是以工時計量的。根據成本差異計算通用模式的基本原理，可以建立固定製造費用差異的計算公式如下：

$$\text{固定製造費能量差異} = \text{生產能量工時} \times \text{標準分配率} - \text{實際工時} \times \text{標準分配率}$$
$$= (\text{生產能量工時} - \text{實際耗用工時}) \times \text{標準分配率}$$

$$\text{固定製造費效率差異} = \text{實際工時} \times \text{標準分配率} - \text{標準工時} \times \text{標準分配率}$$
$$= (\text{實際耗用工時} - \text{標準耗用工時}) \times \text{標準分配率}$$

$$\text{固定製造費開支差異} = \text{實際工時} \times \text{實際分配率} - \text{生產能量工時} \times \text{標準分配率}$$
$$= \text{固定製造費實際總額} - \text{固定製造費預算總額}$$

$$\text{固定製造費總差異} = \text{實際工時} \times \text{實際分配率} - \text{標準工時} \times \text{標準分配率}$$

或

$$\text{固定製造費總差異} = \text{固定製造費能量差異} + \text{固定製造費效率差異} + \text{固定製造費開支差異}$$

【例13-9】根據例13-3和例13-5的資料，明飛公司生產A產品耗用固定製造費用的差異計算如下：

$$\text{固定製造費能量差異} = (65,000 - 4,800 \times 14) \times 13$$
$$= -28\,600(元)(有利差異)$$

$$\text{固定製造費效率差異} = (4,800 \times 14 - 4,800 \times 12) \times 13$$
$$= +124,800(元)(不利差異)$$

$$\text{固定製造費開支差異} = (4,800 \times 14 \times 11) - (65,000 \times 13)$$
$$= 739,200 - 845,000$$
$$= -105,800(元)(有利差異)$$

$$\text{固定製造費用總差異} = 739,200 - 748,800 = -9,600(元)(有利差異)$$

或　$$\text{固定製造費用總差異} = (-28,600) + 124,800 + (-105,800)$$
$$= -9,600(元)(有利差異)$$

第二節　責任成本控製

　　責任會計是 20 世紀初以來，在發達的西方國家中，企業為了加強內部控製管理，達到企業管理的目標而建立起來的一種內部會計控製制度。經過幾十年的發展，它已包括責任中心劃分、責任預算編制、責任核算與考核等較為完備的內容。

一、責任會計基本原理

（一）責任會計原則

　　責任會計制度是會計信息加工利用系統的子系統，它是在分權管理的條件下，為適應經濟責任制的要求，在劃分責任中心的基礎上，對各責任中心的經濟活動實施控製的一種嚴密的內容控製制度。責任會計制度的建立，在不同類型的企業中，往往由於具體情況的不同，其具體做法可能各有所異，但責任會計制度的基本原則是一致的，主要有以下幾條：

　　1. 可控性原則

　　責任會計的實質就是把會計資料同責任單位緊密聯繫起來的信息控製系統，這一內部控製制度的貫徹執行，要求各責任單位必須突出其相對獨立的地位，避免出現職責不清、功過難分的局面。因此，在建立責任會計制度時，首先明確劃分各責任單位的職責範圍，使他們在真正能行使控製權的區域內承擔經濟責任。每個責任單位只能對其可控的成本、收入、利潤和資金負責，在責任預算和業績報告中，也只應包括他們能控製的因素，對於他們不能控製的因素則應排除在外，或只作為參考資料列示。

　　2. 目標一致性原則

　　責任會計是企業內部的一種控製制度，有效的控製系統應通過責任單位的上下級之間目標的一致性來促使下屬單位自覺地實現上級規定的目標。因此，目標一致性原則是評價企業責任制度是否有效的重要標準。在責任會計中，目標一致性原則主要是依靠選擇恰當的考核和評價的指標來體現。這就是說，首先為每個責任單位編制責任預算時，就必須要求它們與企業的整體目標相一致，然後通過一系列的控製步驟，促使各個責任單位自覺自願地實現目標。應該注意的是：單一性指標會導致上下級目標的不一致，因此，考評指標的綜合性與完整性是責任會計中的重要問題。

　　3. 責、權、利相結合的原則

　　在責任會計中，每個責任單位的責任者必須有責有權，並為每個責任單位制訂出對實績與成果進行考評的標準。另外，在制訂考評標準時，要應用行為科學的基本原理，通過對人的行為的激勵，充分調動各個責任單位的工作積極性。責任是責任中心對實現企業整體目標的承諾，是衡量責任中心業績的標準；權力是履行責任、完成工作的前提條件；利益是調動責任中心及責任者積極性的動力。責、權、利三者應相輔相

成、緊密結合。

4. 反饋性原則

在責任會計中,要求對責任預算的執行情況有一套健全的跟蹤系統和反饋系統,使各個責任單位不僅能保持良好、完善的記錄和報告制度,及時掌握預算的執行情況,而且要通過實際數與預算數的對比、分析,迅速運用各自的權力,控製和調節他們的經濟活動,以保證預定目標和任務的實現。

(二)責任會計制度工作內容

責任會計制度的特點是以各個責任單位(責任中心)為對象來組織會計工作,它包括以下四個方面的基本工作內容:

1. 劃分責任中心

根據責、權、利相統一的原則,將企業內部的各個部門、單位乃至個人,按其職責範圍,劃分為若干責任中心,規定每個責任中心的控製範圍和承擔的責任,使各個責任中心能分別在成本、收入、投資等有關方面對其上級單位負責。

2. 編制責任預算

各個責任中心的經濟活動及其目標必須與企業整體利潤和目標一致,因此必須根據企業的總預算編制各個責任中心的責任預算。這樣才能使各個責任中心及其責任者有明確的責任事項,才便於對各個責任中心的經濟活動進行控製和考核。

3. 責任核算與分析

責任會計根據各個責任中心的成本、收入、利潤、投資額等預算資料和責任指標,收集和整理責任中心的實際資料並與同期預算資料進行對比,對各項差異進行計算和分析。在分析時,要注意貫徹「例外管理原則」,對較大的重要差異要特別注意。同時,責任會計人員還應經常將各個責任中心的實際脫離預算的不利差異數及其差異分析報告、反饋給各個責任中心,使之能隨時加強事中控製。

4. 責任考核與評價

在預算期末,應編制各責任中心的業績報告,比較實際與預算的差異,反映各責任中心的業績。上級管理部門應分析產生差異的原因及其責任歸屬,採用一系列評價指標綜合評價各責任中心的業績。對各責任中心所採用的評價指標及考核標準,應根據責任中心的權責範圍來制訂。

(三)責任中心

責任中心是指有專人負責的、具有明確的責任和權限並享有內部經濟利益的企業內部責任單位。這個責任單位可以是個人、班組、工段、車間(或部門)、分廠(分公司)乃至總廠(總公司)。

責任中心是責、權、利相結合的責任單位,是責任會計的基本形式。劃分責任中心可以在企業現有組織結構基礎上進行,但兩者的劃分標準不同。企業的組織結構按管理職能劃分為若干部門和單位,如財會部門、銷售部門、生產車間等。每個部門和單位都只行使一個專門的管理職能,這是一種「管理職能」式的劃分。責任中心則是按照

經濟責任劃分的。凡可單獨進行管理,分別明確責任,並可對其業績加以評價和考核的任何一個單位,都可建立責任中心,此所謂「經濟責任」式劃分。具體來講,成為責任中心的條件是:第一,在企業的經營活動中,具有相對獨立的地位,能獨立承擔一定的經濟責任;第二,擁有一定的管理和控制能力,在經濟活動中能獨立地執行和完成上級所指定的任務;第三,上級管理部門能間接控制下屬中心的管理活動,使之與企業管理總目標相協調。

按照責任中心管理人員所能控制的區域和承擔責任的範圍,責任中心可以分為三大類:成本中心、利潤中心、投資中心。

二、成本中心

(一)成本中心的建立

成本中心(或費用中心),是指只需對成本(費用)進行控製的責任單位。在這些責任中心裡,通常只考核其成本(費用)而不考核其收入,故這些中心的管理人員只需對它們所能控制的成本(費用)負責。

成本中心的適用範圍廣,凡是發生成本並能控制成本的責任單位,都可建立成本中心。例如,在企業內部,公司、分廠、車間(或部門)、工段、班組乃至個人都可建立成本中心。一個大的成本中心可以由其內部的若干小成本中心組成。在企業的內部,一些單位並不直接從事產品生產,而只提供一些專門性的服務,如財務部門、人事部門、經理辦公室等,這些單位是非生產單位。非生產單位開展工作也要發生一定的費用支出,將這些非生產單位劃定為費用考核單位即是費用中心。直接從事產品生產而形成的成本中心為狹義成本中心,若在此基礎上增加不從事產品生產的費用中心,則稱為廣義的成本中心。

(二)成本中心的業績考核

成本中心的職責就是控製本中心所發生的成本費用,因此,成本中心的考核內容是責任成本。管理部門對每個成本中心事前都要編制責任預算,在責任預算中根據各成本中心的業務情況和職責範圍,明確規定其目標(或預算)責任成本,在一定階段後,將各成本中心的實際發生數與目標責任成本進行比較,計算出差異額和差異率,據此作為考核與獎罰的依據。計算公式為:

$$成本差異額 = 實際成本 - 目標(預算)成本$$

$$成本差異率 = \frac{成本差異額}{目標(預算)成本} \times 100\%$$

【例13-10】華興公司下屬兩個成本中心,各自的責任成本預算為:A中心計劃產量5,000件,單位成本120元;B中心計劃產量6,000件,單位成本70元。經各成本中心核算可得,該企業兩個成本中心的某月內的實際成本為:A中心實際產量6,500件,單位成本100元;B中心實際產量5,000件,單位成本80元。則:

A中心成本差異額 = 6,500 × 100 - 6,500 × 120 = -130,000(元)

$$A \text{ 中心成本差異率} = \frac{-130,000}{6,500 \times 120} = -16.67\%$$

$$B \text{ 中心成本差異額} = 5,000 \times 80 - 5,000 \times 70 = +50,000(元)$$

$$B \text{ 中心成本差異率} = \frac{50,000}{5,000 \times 70} = +14.29\%$$

計算結果表明：A 中心出現有利差異,對成本控製取得了一定成績；B 中心出現了不利差異,成本控製存在問題。應當注意的是：在根據上述差異對成本中心進行考核時,如果實際業務量與預算業務量不一致時,就應當按彈性預算的方法調整預算指標,然后再計算上述差異。這樣,才能使預算與實際的比較具有可比性,使考核與評價建立在公正、合理的基礎上。

（三）責任成本

要考核責任中心的成本,首先要研究如何劃分成本控製的經濟責任。哪些成本應該由這個責任中心負責,哪些成本不該由該中心負責,這就涉及成本的可控製性問題。一般來說,可控成本應具備如下條件：

（1）成本中心能預計發生何種性質的成本費用；

（2）成本中心能有效計量這些成本費用的數額；

（3）成本中心在發現該項成本費用發生偏差時,有權加以糾正。

應當注意,成本的可控性是隨條件變化的,在具體判斷一項支出的可控與否時,在遵循上述的前提下,還應根據實際情況做出具體的分析。如所發生的一項成本,對於某一種責任中心可能是不可控的,而對於另一個責任中心則可能是可控的；對於基層的責任中心可能是不可控成本,但對於較高層的責任中心來說就是可控的。又如,某些成本從較短時期內來看可能是不可控的,屬於不可控成本,但若從較長時期來看,該項支出又可能是可控成本。例如,現有固定資產的折舊費,在設備原價和折舊方法既定的條件下,在該設備繼續使用的時期內,對於具體使用的部門而言無法改變它,屬於不可控成本。但當它不能繼續使用,需要新設備來更替時,則新設備的折舊取決於設備更新決策選用的設備價值及其有效使用年限,從這時來看,新設備的折舊又是可控的。

綜上所述,任何成本中心的責任成本都是可控的,不可控成本不屬於該中心的責任成本。就基層的成本中心(如個人或班組)來說,它的可控成本項目之和即為該中心的責任成本。最基層以上的成本中心,它的責任成本則要包括兩個部分：一是該中心本身的可控成本；另一部分則是下屬單位轉上來的責任成本。

責任會計制度以責任中心為對象開展工作,責任會計核算、控製和考核的成本是責任中心的責任成本。傳統財務會計是以產品為對象來核算成本,所核算的成本稱之為產品成本。產品成本和責任成本兩個概念,既相互區別又相互聯繫。兩者的主要聯繫是：從一定時期來看,企業的產品成本和責任成本總額相等,只是費用歸屬的劃分不同而已。另外,責任中心的責任成本最終仍要分攤到各種產品成本中去。兩者的主要區別在於：

第一，成本計算對象不同。成本計算對象是指成本計算中為歸集和分配費用而確定的承擔費用的客體，產品成本是以產品為對象來進行計算、確定成本的，而責任成本是以責任中心為對象從事成本的核算、控制和考核的。

第二，成本核算的原則不同。產品成本核算的原則是「誰受益、誰承擔」，即哪種產品耗用的費用或應當分攤的費用，就由哪種產品承擔；責任成本核算的原則是「誰負責、誰承擔」，即哪個責任中心控制的成本費用，就記在該責任中心的帳上。

第三，成本核算的主要目的不同。核算產品成本的主要目的是計算生產一定數量的產品所發生的成本費用，以便與產品成本計劃對比，為管理當局提供決策的依據；核算責任成本的主要目的則是累積責任中心的成本費用發生情況，並與責任預算對照，以便責任中心經理人員和企業管理當局對成本費用的發生情況控制和考核。

三、利潤中心

(一)利潤中心的建立

利潤中心是指要求同時對成本、收入和利潤進行控制的責任單位。利潤中心的管理人員既要對成本負責，又要對收入和利潤負責。

在企業中，利潤中心視同一個獨立核算單位，它不僅要控制成本費用的支出，而且要負責生產經營和提供勞務的收入，從而對本中心的利潤負責。利潤中心比成本中心具有更大的權力，同時也負有更大的責任。利潤中心的收入按範圍劃分，主要有來自企業外部的收入和來自企業內部的收入。一個利潤中心如果可以直接向企業外部銷售產品和提供勞務，從而取得收入，這種利潤中心就叫作自然的利潤中心。如果只能按照企業規定的內部轉移價格向企業內部的其他單位出售產品或提供勞務，從而取得收入，這種利潤中心就稱為人為的利潤中心。

利潤中心適用於企業中具有收入來源，能計算出利潤的中層以上的責任單位，如分廠、公司等。有些車間，如修理車間或封閉式的生產車間，只要條件具備，也可以建立利潤中心。有些部門如銷售部門，其業務性質與銷售收入密切聯繫，也可以根據企業具體情況建立利潤中心。企業內部各成本中心在相互提供產品或勞務時，如能制訂出合適的內部轉移價格，亦可轉化為利潤中心。

利潤中心應對成本、收入和利潤負責，是相對獨立的經濟核算單位，它與其他責任單位和企業整體均有經濟利害關係。在建立利潤中心時，應考慮一些因素，如在同一企業中，至少有兩個或兩個以上具備建立利潤中心條件的責任單位，才能建立利潤中心，這樣有利於企業制訂責、權、利的標準並實施考核。利潤中心一切收支均應進行核算，為此，應制訂各個責任中心(尤其是人為的利潤中心)之間出售產品或提供勞務的恰當的內部轉移價格。

(二)利潤中心的業績考核

利潤中心的產品可能是物質產品，也可能是各種類型的勞務。為了計算、評價與考核它們的經濟效益，對利潤中心的評價與考核的重點是邊際貢獻。

對於利潤中心不同的考核要求來說,利潤指標的表現形式也不盡相同。邊際貢獻是衡量一個部門利潤業績的良好指標。但為了對利潤中心業績進行合理評價,邊際貢獻可以進一步轉化為如下考核指標:

產品邊際貢獻 = 產品銷售收入 − 產品變動成本
可控邊際貢獻 = 產品邊際貢獻 − 部門可控固定成本
部門邊際貢獻 = 可控邊際貢獻 − 部門不可控固定成本
部門利潤 = 部門邊際貢獻 − 部門分攤的管理費用

在上述指標中,產品邊際貢獻是用來考核產品盈利水平的指標。部門經理至少可以控製本部門內某些固定成本,可控邊際貢獻是用來考核分部利潤中心負責人經營業績的指標。部門邊際貢獻指標適合於評價分部利潤中心本身的經營貢獻業績,是決定該部門取捨的重要指標。管理費用與分部利潤中心本身的活動並無直接因果關係,管理費用的分攤方法也是任意的,因而部門利潤指標並不適合於考核分部利潤中心的經營業績。所以,利潤中心的考核指標主要是產品邊際貢獻、可控邊際貢獻和部門邊際貢獻。

計算可控邊際貢獻和部門邊際貢獻的關鍵,是區分部門可控固定成本與不可控固定成本。一般來說,區分標準是看部門經營是否有權處理發生固定成本的那些資產,具體標準按責任成本可控性的三條標準來衡量。

四、投資中心

(一)投資中心的建立

投資中心是要求同時對成本、收入和投資進行控製的責任單位。也就是說,投資中心的經理人員不僅要對成本和收入負責,而且還要對投資效益負責。

投資中心是責任中心的最高層次,它具有較大的決策權,也承擔較大的經濟責任。它不僅具有利潤中心的一切權力,而且還具有資金使用調配的權力,對資金的使用效果負責。在投資中心,管理人員除有日常經營活動的收支決策權外,還有擴大生產規模、開發新產品等方面的投資決策權。從這個意義看,投資中心已類同於一個獨立的企業組織。可以說,投資中心是經濟責任制最完整的體現。

投資中心適用於企業中較高層次的單位,如分廠、分公司等。這些單位一般都具有相當的生產規模,都有較大的經營管理權限和獨立生產經營的物力、人力等條件,因而都可以建立投資中心。由於投資中心要對投資的經濟效益負責,故應擁有充分的經營決策權和投資決策權。除非有特殊情況,公司管理當局對投資中心一般不宜多加干預。

(二)投資中心的業績考核

投資中心的設置是企業分權化管理的重要表現,它既可以減輕企業總部的投資和經營決策壓力,又可提高資金的使用效益。對投資中心進行考核,不僅要考核其收入、支出和盈利情況,更重要的是要結合投資額考核投資效益,這是投資中心考核的重點。

應當注意的是,對投資中心進行管理,一方面,要給各中心充分的投資決策權,充分考慮中心自身的經濟利益,另一方面,不能因強調和注重投資中心自身的利益而損害削弱企業整體的利益。在對投資中心投資進行考核時,主要採用的指標有投資報酬率和剩餘收益。

1. 投資報酬率指標

投資報酬率(ROI)是一個相對數指標,它是企業投資中心實現的利潤與所使用的資產之比,是一項綜合反映投資中心在一定時期內投資效益的質量指標。它的計算公式為:

$$投資報酬率 = \frac{營業利潤}{營業資產} \times 100\% \qquad ①$$

式中的營業利潤是扣除利息和所得稅之前的息稅前利潤,營業資產是指投資中心為進行生產經營活動而占用的全部資產,包括流動資產、固定資產、其他資產等,投資中心擁有的但尚未使用的土地、已出租的廠房設備等不包括在營業資產內。營業資產的數額按當年投資中心的期初數和期末數的平均餘額計算。

為了對投資報酬率指標作進一步深入分析,可以從多角度將該指標分解,其中,運用最廣泛的一種方式如下:

$$投資報酬率 = \frac{營業利潤}{銷售收入} \times \frac{銷售收入}{營業資產} = 銷售利潤率 \times 資產週轉率 \qquad ②$$

【例13-11】華興公司下屬投資中心甲,本年有關資料如下:

銷售收入	200,000元
營業利潤	20,000元
營業資產(年初餘額)	120,000元
營業資產(年末餘額)	80,000元

根據上述資料,代入公式②可得:

$$投資報酬率 = \frac{20,000}{200,000} \times \frac{200,000}{(120,000+80,000)/2} = 10\% \times 2 = 20\%$$

用公式②來評價投資中心的經營業績,是美國杜邦公司首創,因而也稱為「杜邦財務分析法」。該公式表明,投資報酬率指標的高低直接受銷售利潤率和投資週轉率這兩個具體指標的影響。也就是說,一個投資中心要提高投資報酬率,就要設法提高銷售利潤率和投資週轉率。具體來講,措施主要有三方面:

(1)增加銷售收入。銷售收入的多少取決於銷售數量和銷售價格兩個因素。但應注意的是:銷售數量的上升,並不意味著銷售額的上升。只有銷售收入增加,才能增加利潤,提高投資報酬率。

【例13-12】依照例13-11資料,若在銷售收入增長5%的同時,營業利潤在原來基礎上增長8%,計算如下:

$$投資報酬率 = \frac{20,000 \times (1+8\%)}{200,000 \times (1+5\%)} \times \frac{200,000 \times (1+5\%)}{(120,000+80,000)/2} = 21.6\%$$

計算結果表明,現在的投資報酬率比原來增加了 1.6%(21.6% - 20%)。

(2)降低成本。努力降低成本是提高投資報酬率的一項十分有效的途徑。因為在銷售收入、投資額等因素不變時,降低成本就意味著增加利潤。降低成本的方法主要是加強成本控製,特別是對固定成本的選擇性控製,同時,也應當盡可能降低單位變動成本。

【例13 - 13】假定在例 13 - 11 資料基礎上,投資中心甲經過努力,降低成本 10,000元,在銷售收入和營業資產不變時,計算如下:

$$\text{投資報酬率} = \frac{(20,000 + 10,000)}{200,000} \times \frac{200,000}{(120,000 + 80,000)/2} \times 100\% = 30\%$$

計算結果表明,現在的投資報酬率比原來提高了 10%(30% - 20%)。

(3)減少營業資產。在銷售收入營業利潤不變時,減少營業資產也可以達到提高報酬率的效果。減少營業資產的方法有:將過時滯銷的商品存貨盡快處理以減少庫存商品數量,盡快收回應收帳款等。

投資報酬率指標比較全面綜合,反映了各責任中心的全部經營成果和管理水平。同時,也有利於各中心、各企業的業績比較,適用於投資規模不同的投資中心業績比較。投資報酬率指標也具有一定局限性,主要表現在當一個投資中心的投資報酬率高於公司整體的投資報酬率時,該投資中心就不願意接受可以提高公司整體的投資報酬率,但可能降低該投資中心投資報酬率的進一步投資項目,造成整體利益和局部利益的衝突。

【例13 - 14】依據例 13 - 11 的資料,已知華興公司下屬投資中心甲投資報酬率為 20%,現假設華興公司總投資報酬率為 12%。目前,華興公司準備在投資中心甲內實施一項新投資,該投資項目投資額為 100,000 元。該項目實施后經預計每年可創利潤 150,00 元。但投資中心甲拒絕接受這一項目,其原因見表 13 - 4 中的計算。

表 13 - 4　　　　　　　　　　投資報酬率測算表

項　　目	新方案實施前	新項目	新項目實施后
營業資產(元)	100,000	100,000	200,000
營業利潤(元)	20,000	15,000	35,000
投資報酬率	20%	15%	17.5%

計算結果表明,儘管新項目本身的投資報酬率(15%)高於華興公司的投資報酬率(12%),實施后有利於公司的整體效益提高,但由於該項目投資報酬率低於投資中心甲的投資報酬率(20%),實施后會使中心的投資報酬率下降到 17.5%,所以,該中心不願意接受這新投資項目。

2. 剩餘收益指標

剩餘收益指標(PI)是一個絕對數指標,它是指預期獲得的營業利潤與平均營業資產按最低投資報酬率計算的營業利潤之間的差額。它是反映投資中心的投資效果

的一項指標。該指標計算公式如下：

$$剩餘收益 = 營業利潤 - (平均營業資產 \times 最低投資報酬率)$$

公式中所扣減的實際上是各個投資中心使用資金需要向總公司支付的資本成本。這筆資本成本雖然不必用現金交付，但應當從各個投資中心的營業利潤中扣除。總公司考核各個投資中心的投資效益，是根據扣減了資本成本以後的營業利潤數來確定其業績。

【例13-15】依據例13-11的資料，假定華興公司的最低投資報酬率為8%，則投資中心甲的剩餘收益計算如下：

$$剩餘收益 = 20,000 - \frac{(120,000 + 80,000)}{2} \times 8\% = 12,000(元)$$

20世紀50年代末，美國通用電器公司首先採用了剩餘收益指標來考核所屬投資中心的投資效果，取得了較理想的效果。該公司在實際運用時還根據不同的資產和投資採用不同的最低投資報酬率來計算。例如，對於風險較大的投資、固定資產的購置等，就使用高一點的最低投資報酬率，使各個投資中心對增加固定資產持慎重態度；而對於增加流動資金等投資，則使用較低一點的最低投資報酬率，因為這種資金容易收回，風險也較小，尺度可放寬一些。

由於以剩餘收益作為評價指標時，所採用的最低投資報酬率的高低對剩餘收益結果影響很大，因此一般以公司整體平均投資報酬率作為基準的最低投資報酬率。

採用剩餘收益指標來考核各個投資中心的投資效果，也有利於防止投資中心的本位主義，使它們能接受對整個企業有利的新投資項目，從而使得整體利益和局部利益得到有機統一。

【例13-16】根據例13-15再結合例13-14的相關資料，編制成表13-5：

表13-5　　　　　　　　　　剩餘收益的計算　　　　　　　　　　單位：元

	新方案實施前	新項目	接受新項目後
平均營業資產	100000	100,000	200,000
營業利潤	20,000	15,000	35,000
最低投資報酬率	8%	8%	8%
減：資金利息	8,000	8,000	16,000
剩餘收益	12,000	7,000	19,000

表13-5的結果表明，如果採用剩餘收益指標來考核投資中心甲，那麼，該投資中心必然樂於接受這個投資額為100,000元的新項目，因為接受後會使該中心的剩餘收益從原來的12,000元增加到19,000元，這對投資中心甲來講是有利的，同時對整個企業來講也是有利的。

剩餘收益指標也有不足之處，表現在：①如果各個投資中心的投資規模不同，僅用它來考核比較各投資中心的投資效益，就會得出錯誤的結論，這是因為該指標是一個

絕對數。②計算剩餘收益,必須首先確定最低投資報酬率,它是一個主觀確定的百分率,運用時如果掌握不好,會挫傷投資中心的積極性。

投資報酬率和剩餘收益指標具有明顯的互補性,在實際運用時,可以將兩指標結合使用,以正確地考核投資中心的資金使用效益。

＊＊＊＊本章學習要點＊＊＊＊

1. 成本控製是企業內部管理的重心,標準成本會計是加強成本控製的會計制度體系,它包括制訂標準成本、成本差異計算與分析、成本差異帳務處理三大部分,前兩部分是標準成本會計制度的核心。

2. 有標準成本的成本項目包括直接材料、直接人工、製造費用,即產品生產成本。三大成本項目的標準成本都是由用量標準和價格標準組成。標準成本的制訂就是要根據三大成本項目的各自特點,分別制訂不同的用量標準和價格標準。製造費用標準成本的制訂有其自身的特點:首先,應分別區分變動性製造費和固定性製造費制訂標準成本;其次,製造費用標準成本的用量標準一般為直接人工小時或機器臺時;再次,製造費用標準成本的價格標準,即標準分配率,應按生產能力水平和相應的費用預算額計算,才能促使生產能力充分利用,降低單位成本水平。

3. 成本差異計算與分析的基本原理在於按照用量因素和價格因素的次序,用連環替代的方法逐次測算各因素變動對成本的影響。其中,用量差異按標準價格計算,價格差異按實際用量計算。直接材料、直接人工、變動製造費同屬於變動成本,其成本差異的測算基本一致。固定製造費屬於固定成本,成本差異的測算要考慮生產能量是否充分利用,除效率差異和開支差異外,還包括能量差異。

4. 責任會計是在建立責任中心的基礎上,對各類責任中心的生產經營活動按責任會計原則進行內部控製的組織管理制度。責任會計制度包括劃分責任中心、編制責任預算、責任核算與分析、責任考核與評價等四部分工作內容。

5. 責任中心有成本中心、利潤中心、投資中心三大類型,三大中心的責、權、利的要求均不一致,各有特點。成本中心責任範圍小,控製權力少,經濟效益低,而投資中心與之相反。成本中心業績考核重點是責任成本,考核指標是責任成本降低額和降低率。利潤中心業績考核重點是邊際貢獻,考核指標是產品邊際貢獻、可控邊際貢獻和部門邊際貢獻。投資中心業績考核重點是投資效益,考核指標是投資報酬率和剩餘收益。

6. 責任成本就是可控成本。要成為可控成本,必須具備可控成本的三條可控性條件。責任成本與產品成本並不是同一概念,它們在成本計算對象、成本核算原則、成本核算目的等方面有較大的區別。

＊＊＊＊本章復習思考題＊＊＊＊

1. 標準成本會計系統包括哪些內容？
2. 如何制訂標準成本？
3. 製造費用標準成本的制訂有何特點？
4. 試述成本差異分析的原理與方法。
5. 試述固定製造費成本差異分析的原理。
6. 試述責任會計制度的基本原則。
7. 如何建立責任會計制度？
8. 試述三類責任中心的特點。
9. 如何對三類責任中心進行業績考核？
10. 怎樣確認責任成本？
11. 責任成本與產品成本的關係如何？
12. 如何正確考核投資中心的資金使用效益？

附　表

附表一　一般終值系數表　$(F,i,n)=(1+i)^n$
附表二　一般現值系數表　$(P,i,n)=(1+i)^{-n}$
附表三　年金終值系數表　$(F_A,i,n)=[(1+i)^n-1]/i$
附表四　年金現值系數表　$(P_A,i,n)=[1-(1+i)^{-n}]/i$

附表一

一般終值系數表　　$(F, i, n) = (1+i)^n$

n	1%	2%	3%	4%	5%	6%	7%
1	1.010	1.020	1.030	1.040	1.050	1.060	1.070
2	1.020	1.040	1.061	1.082	1.102	1.124	1.145
3	1.030	1.061	1.093	1.125	1.153	1.191	1.225
4	1.041	1.082	1.126	1.170	1.216	1.262	1.311
5	1.051	1.104	1.159	1.217	1.276	1.338	1.403
6	1.062	1.126	1.194	1.265	1.340	1.419	1.501
7	1.072	1.149	1.230	1.316	1.407	1.504	1.606
8	1.083	1.172	1.267	1.369	1.477	1.594	1.718
9	1.094	1.195	1.305	1.423	1.551	1.689	1.838
10	1.105	1.219	1.344	1.480	1.628	1.719	1.967
11	1.116	1.243	1.384	1.539	1.710	1.898	2.105
12	1.127	1.268	1.426	1.601	1.796	2.012	2.252
13	1.138	1.294	1.469	1.665	1.886	2.133	2.410
14	1.149	1.319	1.513	1.732	1.980	2.261	2.579
15	1.161	1.346	1.558	1.801	2.079	2.397	2.759
16	1.173	1.373	1.605	1.873	2.183	2.540	2.952
17	1.184	1.400	1.653	1.948	2.292	2.693	3.159
18	1.196	1.428	1.702	2.026	2.407	2.854	3.380
19	1.208	1.457	1.754	2.107	2.527	3.026	2.617
20	1.220	1.486	1.806	2.191	2.653	3.207	3.870
21	1.232	1.515	1.860	2.278	2.786	3.399	4.141
22	1.244	1.545	1.916	2.369	2.925	3.603	4.430
23	1.257	1.576	1.973	2.464	3.072	3.819	4.741
24	1.269	1.608	2.032	2.563	3.225	4.048	5.072
25	1.282	1.640	2.094	2.665	3.386	4.292	5.427
26	1.295	1.673	2.156	2.772	3.555	4.549	5.807
27	1.308	1.706	2.221	2.883	3.733	4.822	6.213
28	1.321	1.741	2.287	2.998	3.920	5.111	6.648
29	1.334	1.775	2.356	3.118	4.116	5.418	7.114
30	1.348	1.811	2.427	3.243	4.321	5.743	7.612
31	1.361	1.847	2.500	3.373	4.538	6.082	8.145
32	1.374	1.884	2.575	3.508	4.764	6.453	8.715
33	1.388	1.922	2.652	3.648	5.003	6.840	9.325
34	1.402	1.960	2.731	3.794	5.253	7.251	9.978
35	1.416	1.999	2.813	3.946	5.516	7.686	10.677
40	1.488	2.208	3.262	4.801	7.039	10.285	14.974
50	1.644	2.692	4.383	7.106	11.467	18.420	29.457

附表一(續)

n	8%	9%	10%	11%	12%	13%	14%
1	1.080	1.090	1.100	1.110	1.120	1.130	1.140
2	1.166	1.188	1.210	1.232	1.254	1.277	1.300
3	1.260	1.295	1.331	1.368	1.405	1.443	1.482
4	1.360	1.412	1.464	1.518	1.574	1.630	1.689
5	1.469	1.539	1.611	1.685	1.762	1.842	1.925
6	1.587	1.677	1.772	1.870	1.974	2.082	2.195
7	1.714	1.828	1.949	2.076	2.211	2.353	2.502
8	1.851	1.993	2.144	2.305	2.476	2.658	2.853
9	1.999	2.172	2.358	2.558	2.773	3.004	3.252
10	2.159	2.367	2.594	2.839	3.106	3.395	3.707
11	2.332	2.580	2.853	3.152	3.479	3.836	4.226
12	2.518	2.813	3.138	3.498	3.896	4.335	4.818
13	2.720	3.066	3.452	3.883	4.363	4.898	5.492
14	2.937	3.342	3.797	4.310	4.887	5.535	6.261
15	3.172	3.642	4.177	4.785	5.474	6.254	7.138
16	3.426	3.970	4.595	5.311	6.130	7.067	8.137
17	3.700	4.328	5.054	5.895	6.866	7.986	9.276
18	3.996	4.717	5.560	6.544	7.690	9.024	10.575
19	4.316	5.142	6.116	7.263	8.613	10.197	12.056
20	4.661	5.604	6.727	8.062	9.646	11.523	13.743
21	5.034	6.108	7.400	8.949	10.804	13.021	15.668
22	5.436	6.658	8.140	9.934	12.100	14.714	17.861
23	5.871	7.257	8.954	11.026	13.552	16.627	20.362
24	6.341	7.911	9.849	12.239	15.179	18.788	23.212
25	6.848	8.623	10.834	13.585	17.000	21.231	26.462
26	7.396	9.399	11.918	15.080	19.040	23.991	30.167
27	7.988	10.245	13.109	16.739	21.325	27.109	34.390
28	8.627	11.167	14.420	18.580	23.884	30.633	39.204
29	9.317	12.172	15.863	20.624	26.750	34.616	44.693
30	10.062	13.268	17.449	22.892	29.960	39.116	50.950
31	10.867	14.461	19.194	25.410	33.555	44.201	58.083
32	11.737	15.763	21.113	28.206	37.582	49.947	66.215
33	12.676	17.182	23.225	31.308	42.092	56.440	75.485
34	13.690	18.728	25.547	34.752	47.143	63.777	86.053
35	14.785	20.413	28.102	38.575	52.800	72.069	98.100
40	21.725	31.409	45.259	65.001	93.051	132.782	188.884
50	46.902	74.358	117.391	184.565	289.002	450.736	700.233

附表一(續)

n	15%	16%	17%	18%	19%	20%	24%
1	1.150	1.160	1.170	1.180	1.190	1.200	1.240
2	1.323	1.346	1.369	1.392	1.416	1.440	1.538
3	1.521	1.561	1.602	1.643	1.685	1.728	1.907
4	1.749	1.811	1.874	1.939	2.005	2.074	2.364
5	2.011	2.100	2.192	2.288	2.386	2.488	2.932
6	2.313	2.436	2.565	2.700	2.840	2.986	3.635
7	2.660	2.826	3.001	3.185	3.379	3.583	4.508
8	3.059	3.278	3.511	3.759	4.021	4.300	5.590
9	3.518	3.803	4.108	4.435	4.785	5.160	6.931
10	4.046	4.411	4.807	5.234	5.696	6.192	8.594
11	4.652	5.117	5.624	6.176	6.777	7.430	10.657
12	5.350	5.936	6.580	7.288	8.064	8.916	13.215
13	6.153	6.886	7.699	8.599	9.596	10.699	16.386
14	7.076	7.988	9.007	10.147	11.420	12.839	20.319
15	8.137	9.266	10.539	11.974	13.590	15.407	25.196
16	9.358	10.748	12.330	14.129	16.172	18.488	31.245
17	10.761	12.468	14.426	16.672	19.244	22.186	38.741
18	12.375	14.463	16.879	19.673	22.091	26.623	48.039
19	14.232	16.777	19.748	23.214	27.252	31.948	59.568
20	16.367	19.461	23.106	27.393	39.429	38.338	73.864
21	18.822	22.574	27.034	32.324	38.591	46.005	91.592
22	21.645	26.186	31.629	38.142	45.923	55.206	113.574
23	24.891	30.376	37.006	45.008	54.649	66.247	140.831
24	28.625	35.236	43.297	53.109	65.032	79.497	174.631
25	32.919	40.874	50.658	62.669	77.388	95.396	216.542
26	37.857	47.414	59.270	73.949	92.092	114.475	268.512
27	43.535	55.000	69.345	87.260	109.589	137.371	332.955
28	50.066	63.800	81.134	102.967	130.411	164.845	412.864
29	57.575	74.009	94.927	121.501	155.189	197.814	511.592
30	66.212	85.850	111.065	143.371	184.675	237.376	634.820
31	76.144	99.586	129.946	169.177	219.764	284.852	787.177
32	87.565	115.520	152.036	199.629	261.519	341.822	976.099
33	100.700	134.003	177.883	235.563	311.207	410.186	1210.36
34	115.805	155.443	208.123	277.964	370.337	492.224	1500.85
35	113.376	180.314	243.503	327.997	440.701	590.668	1861.05
40	276.864	378.721	533.869	750.378	1051.67	1469.77	5455.91
50	1083.66	1670.70	2566.22	3927.36	5988.92	9100.44	46890.4

附表一(續)

n	25%	28%	30%	32%	36%	40%
1	1.250	1.280	1.300	1.320	1.360	1.400
2	1.563	1.638	1.690	1.742	1.850	1.960
3	1.953	2.097	2.197	2.300	2.515	2.744
4	2.441	2.684	2.856	3.036	3.421	3.842
5	3.052	3.436	3.713	4.007	4.653	5.378
6	3.815	4.398	4.827	5.290	6.328	7.530
7	4.768	5.630	6.276	6.983	8.605	10.541
8	5.960	7.206	8.157	9.217	11.703	14.578
9	7.451	9.223	10.604	12.166	15.917	20.661
10	9.313	11.806	13.786	16.060	21.647	28.925
11	11.642	15.112	17.922	21.199	29.439	40.496
12	14.552	19.343	23.298	27.983	40.037	56.694
13	18.190	24.759	30.288	36.937	54.451	79.371
14	22.737	31.691	39.374	48.757	74.053	111.120
15	28.422	40.565	51.186	64.359	100.712	155.568
16	35.527	51.923	66.542	84.954	136.969	217.795
17	44.409	66.461	86.504	112.139	186.277	304.913
18	55.511	85.071	112.455	148.024	253.388	426.879
19	69.389	108.890	146.192	195.391	344.540	597.630
20	86.736	139.380	190.049	257.916	486.574	836.683
21	108.420	178.406	247.065	340.449	637.261	1171.36
22	135.525	228.360	321.184	449.393	866.674	1639.90
23	169.407	292.300	417.539	593.199	1178.68	2259.86
24	211.758	374.144	542.801	783.023	1603.00	3214.20
25	264.698	478.905	705.641	1033.59	2180.08	4499.88
26	330.872	612.998	917.333	1364.34	2964.91	6229.83
27	431.590	784.638	1192.53	1800.93	4032.28	8819.76
28	516.988	1004.34	1550.29	2377.22	5483.90	12347.7
29	646.235	1285.55	2015.38	3137.94	7458.10	17286.7
30	807.794	1645.51	2619.99	4142.08	10143.0	24201.4
31	1009.74	2106.25	3405.99	5467.54	13794.5	33882.0
32	1262.18	2696.00	4427.79	7217.15	18760.5	47430.8
33	1577.72	3450.87	5756.13	9526.64	25514.3	66408.7
34	1972.15	4417.12	7482.97	12575.2	34699.5	92972.2
35	2465.19	5653.91	9727.86	16599.2	47191.3	130161
40	7523.16	19426.7	36118.9	66520.8	219562	700037
50	70064.9	229350	497929	1068308	—	—

附表二

一般现值系数表　$(P, i, n) = (1+i)^{-n}$

n	1%	2%	3%	4%	5%	6%	7%	8%	9%	10%
1	0.990	0.980	0.971	0.962	0.952	0.943	0.935	0.926	0.917	0.909
2	0.980	0.961	0.943	0.925	0.907	0.890	0.873	0.857	0.842	0.826
3	0.971	0.942	0.915	0.889	0.864	0.840	0.816	0.794	0.772	0.751
4	0.961	0.924	0.888	0.855	0.823	0.792	0.763	0.735	0.708	0.683
5	0.951	0.906	0.863	0.822	0.784	0.747	0.713	0.681	0.650	0.621
6	0.942	0.888	0.838	0.790	0.746	0.705	0.666	0.630	0.596	0.565
7	0.933	0.871	0.813	0.760	0.711	0.665	0.623	0.584	0.547	0.513
8	0.924	0.854	0.789	0.731	0.677	0.627	0.582	0.540	0.502	0.467
9	0.914	0.837	0.766	0.703	0.645	0.592	0.544	0.500	0.460	0.424
10	0.905	0.820	0.744	0.676	0.614	0.558	0.508	0.463	0.422	0.386
11	0.896	0.804	0.722	0.650	0.585	0.527	0.475	0.429	0.388	0.351
12	0.887	0.789	0.701	0.625	0.557	0.497	0.444	0.397	0.356	0.319
13	0.879	0.773	0.681	0.601	0.530	0.469	0.415	0.368	0.326	0.290
14	0.870	0.758	0.661	0.578	0.505	0.442	0.388	0.341	0.299	0.263
15	0.861	0.743	0.642	0.555	0.481	0.417	0.362	0.315	0.275	0.239
16	0.853	0.728	0.623	0.534	0.458	0.394	0.339	0.292	0.252	0.218
17	0.844	0.714	0.605	0.513	0.436	0.371	0.317	0.270	0.231	0.198
18	0.836	0.700	0.587	0.494	0.416	0.350	0.296	0.250	0.212	0.180
19	0.828	0.686	0.570	0.475	0.396	0.331	0.277	0.232	0.195	0.164
20	0.820	0.673	0.554	0.456	0.377	0.312	0.258	0.215	0.178	0.149
21	0.811	0.660	0.538	0.439	0.359	0.294	0.242	0.199	0.164	0.135
22	0.803	0.647	0.522	0.422	0.342	0.278	0.226	0.184	0.150	0.123
23	0.795	0.634	0.507	0.406	0.326	0.262	0.211	0.170	0.138	0.112
24	0.788	0.622	0.492	0.390	0.310	0.247	0.197	0.158	0.126	0.102
25	0.780	0.610	0.478	0.375	0.295	0.233	0.184	0.146	0.116	0.092
26	0.772	0.598	0.464	0.361	0.281	0.220	0.172	0.135	0.106	0.084
27	0.764	0.586	0.450	0.347	0.268	0.207	0.161	0.125	0.098	0.076
28	0.757	0.754	0.437	0.334	0.255	0.196	0.150	0.116	0.090	0.069
29	0.749	0.563	0.424	0.321	0.243	0.185	0.141	0.107	0.082	0.063
30	0.742	0.552	0.412	0.300	0.231	0.174	0.131	0.099	0.075	0.057
35	0.706	0.500	0.355	0.253	0.181	0.130	0.094	0.068	0.049	0.036
40	0.672	0.453	0.307	0.208	0.142	0.097	0.067	0.046	0.032	0.022
45	0.639	0.410	0.264	0.171	0.111	0.073	0.048	0.031	0.021	0.014
50	0.608	0.372	0.228	0.141	0.087	0.054	0.034	0.021	0.013	0.009

附表二(續)

n	11%	12%	13%	14%	15%	16%	17%	18%	19%	20%
1	0.901	0.893	0.885	0.877	0.870	0.862	0.855	0.847	0.840	0.833
2	0.812	0.797	0.783	0.769	0.756	0.743	0.731	0.718	0.706	0.694
3	0.731	0.712	0.693	0.675	0.658	0.641	0.624	0.609	0.593	0.579
4	0.659	0.636	0.613	0.592	0.572	0.552	0.534	0.516	0.499	0.482
5	0.593	0.567	0.543	0.519	0.497	0.476	0.456	0.437	0.419	0.402
6	0.535	0.507	0.480	0.456	0.432	0.410	0.390	0.370	0.352	0.335
7	0.482	0.452	0.425	0.400	0.376	0.354	0.333	0.314	0.296	0.279
8	0.434	0.404	0.376	0.351	0.327	0.305	0.285	0.266	0.249	0.233
9	0.391	0.361	0.333	0.300	0.284	0.263	0.243	0.225	0.209	0.194
10	0.352	0.322	0.295	0.270	0.247	0.227	0.208	0.191	0.176	0.162
11	0.317	0.287	0.261	0.237	0.215	0.195	0.178	0.162	0.148	0.135
12	0.286	0.257	0.231	0.208	0.187	0.168	0.152	0.137	0.124	0.112
13	0.258	0.229	0.204	0.182	0.163	0.145	0.130	0.116	0.104	0.093
14	0.232	0.205	0.181	0.160	0.141	0.125	0.111	0.099	0.088	0.078
15	0.209	0.183	0.160	0.140	0.123	0.108	0.095	0.084	0.074	0.065
16	0.188	0.163	0.141	0.123	0.107	0.093	0.081	0.071	0.062	0.054
17	0.170	0.146	0.125	0.108	0.093	0.080	0.069	0.060	0.052	0.045
18	0.153	0.130	0.111	0.095	0.081	0.069	0.059	0.051	0.044	0.038
19	0.138	0.116	0.098	0.083	0.070	0.060	0.051	0.043	0.037	0.031
20	0.124	0.104	0.087	0.073	0.061	0.051	0.043	0.037	0.031	0.026
21	0.112	0.093	0.077	0.064	0.053	0.044	0.037	0.031	0.026	0.022
22	0.101	0.083	0.068	0.056	0.046	0.038	0.032	0.026	0.022	0.018
23	0.091	0.074	0.060	0.049	0.040	0.033	0.027	0.022	0.018	0.015
24	0.082	0.066	0.053	0.043	0.035	0.028	0.023	0.019	0.015	0.013
25	0.074	0.059	0.047	0.038	0.030	0.024	0.020	0.016	0.013	0.010
26	0.066	0.053	0.042	0.033	0.026	0.021	0.017	0.014	0.011	0.009
27	0.060	0.047	0.037	0.029	0.023	0.018	0.014	0.011	0.009	0.007
28	0.054	0.042	0.033	0.026	0.020	0.016	0.012	0.010	0.008	0.006
29	0.048	0.037	0.029	0.022	0.017	0.014	0.011	0.008	0.006	0.005
30	0.044	0.033	0.026	0.020	0.015	0.012	0.009	0.007	0.005	0.004
35	0.0260	0.0189	0.0140	0.0102	0.0075	0.0055	0.0041	0.0030	0.0022	0.0017
40	0.0154	0.0107	0.0075	0.0053	0.0037	0.0026	0.0019	0.0013	0.0010	0.0007
45	0.0091	0.0061	0.0041	0.0028	0.0019	0.0013	0.0009	0.0006	0.0004	0.0003
50	0.0054	0.0035	0.0022	0.0014	0.0009	0.0006	0.0004	0.0003	0.0002	0.0001

附表二(續)

n	22%	24%	25%	28%	30%	32%	35%	36%	34%
1	0.820	0.806	0.800	0.781	0.769	0.758	0.741	0.735	0.714
2	0.672	0.650	0.640	0.610	0.592	0.574	0.549	0.541	0.510
3	0.551	0.524	0.512	0.477	0.455	0.435	0.406	0.398	0.364
4	0.451	0.423	0.410	0.373	0.350	0.329	0.301	0.292	0.260
5	0.370	0.341	0.320	0.291	0.269	0.250	0.223	0.215	0.186
6	0.303	0.275	0.262	0.227	0.207	0.189	0.165	0.158	0.133
7	0.249	0.222	0.210	0.178	0.159	0.143	0.122	0.116	0.095
8	0.204	0.179	0.168	0.139	0.123	0.108	0.091	0.085	0.068
9	0.167	0.144	0.134	0.108	0.094	0.082	0.067	0.063	0.048
10	0.137	0.116	0.107	0.085	0.073	0.062	0.050	0.046	0.035
11	0.112	0.094	0.086	0.066	0.056	0.047	0.037	0.034	0.025
12	0.092	0.076	0.069	0.052	0.043	0.036	0.027	0.025	0.018
13	0.075	0.061	0.055	0.040	0.033	0.027	0.020	0.018	0.013
14	0.062	0.049	0.044	0.032	0.025	0.021	0.015	0.014	0.009
15	0.051	0.040	0.035	0.025	0.020	0.016	0.011	0.010	0.006
16	0.042	0.032	0.028	0.019	0.015	0.012	0.008	0.007	0.005
17	0.034	0.026	0.023	0.015	0.012	0.009	0.006	0.005	0.003
18	0.028	0.021	0.018	0.012	0.009	0.007	0.005	0.004	0.002
19	0.023	0.017	0.014	0.009	0.007	0.005	0.003	0.003	0.002
20	0.019	0.014	0.012	0.007	0.005	0.004	0.002	0.002	0.001
21	0.0154	0.0109	0.0092	0.0056	0.0040	0.0029	0.0018	0.0016	0.0009
22	0.0126	0.0088	0.0074	0.0044	0.0031	0.0022	0.0014	0.0012	0.0006
23	0.0103	0.0071	0.0059	0.0034	0.0024	0.0017	0.0010	0.0008	0.0004
24	0.0085	0.0057	0.0047	0.0027	0.0018	0.0013	0.0007	0.0006	0.0003
25	0.0069	0.0046	0.0038	0.0021	0.0014	0.0010	0.0006	0.0005	0.0002
26	0.0057	0.0037	0.0030	0.0016	0.0011	0.0007	0.0004	0.0003	0.0002
27	0.0047	0.0030	0.0024	0.0013	0.0008	0.0006	0.0003	0.0002	0.0001
28	0.0038	0.0024	0.0019	0.0010	0.0006	0.0004	0.0002	0.0002	0.0001
29	0.0031	0.0020	0.0015	0.0008	0.0005	0.0003	0.0002	0.0001	0.0001
30	0.0026	0.0016	0.0012	0.0006	0.0004	0.0002	0.0001	0.0001	0
35	0.0009	0.0005	0.0004	0.0002	0.0001	0.0001	0	0	0
40	0.0004	0.0002	0.0001	0.0001	0	0	0	0	0

附表三

年金終值系數表　$(F_A, i, n) = [(1+i)^n - 1]/i$

n	1%	2%	3%	4%	5%	6%	7%
1	1.000	1.000	1.000	1.000	1.000	1.000	1.000
2	2.010	2.020	2.030	2.040	2.050	2.060	2.070
3	3.030	3.060	3.091	3.122	3.153	3.184	3.125
4	4.060	4.122	4.184	4.246	4.310	4.375	4.440
5	5.501	5.204	5.309	5.416	5.526	5.637	5.751
6	6.152	6.308	6.468	6.633	6.802	6.975	7.153
7	7.214	7.434	7.662	7.898	8.142	8.394	8.654
8	8.286	8.583	8.892	9.214	9.549	9.897	10.260
9	9.369	9.755	10.159	10.583	11.027	11.491	11.978
10	10.462	10.950	11.464	12.006	12.578	13.181	13.816
11	11.567	12.169	12.808	13.486	14.207	14.972	15.784
12	12.683	13.412	14.192	15.026	15.917	16.870	17.888
13	13.809	14.680	15.618	16.627	17.713	18.882	20.141
14	14.947	15.974	17.086	18.292	19.599	21.015	22.550
15	16.097	17.293	18.599	20.024	21.579	23.276	25.129
16	17.258	18.639	20.157	21.825	23.657	25.673	27.888
17	18.430	20.012	21.762	23.698	25.840	28.213	30.840
18	19.615	21.412	23.414	25.645	28.132	30.906	33.999
19	20.811	22.841	25.117	27.671	30.539	33.760	37.379
20	22.019	24.297	26.870	29.778	33.066	36.786	40.995
21	23.239	25.783	28.676	31.969	35.719	39.992	44.865
22	24.471	27.298	30.536	34.247	38.505	43.392	49.005
23	25.716	28.844	34.452	36.617	41.430	46.995	53.436
24	26.973	30.421	34.426	39.083	44.501	50.815	58.176
25	28.243	32.030	36.349	41.646	47.727	54.864	63.249
26	29.525	33.670	38.553	44.311	51.113	59.156	68.676
27	30.820	35.344	40.709	47.084	54.669	63.705	74.483
28	32.129	37.051	42.930	49.967	58.402	68.528	80.697
29	33.405	38.792	45.218	52.966	62.322	73.639	87.346
30	34.784	40.568	47.575	56.085	66.439	79.058	94.461
31	36.132	42.379	50.002	59.328	70.760	84.801	102.073
32	37.494	44.227	52.502	62.701	75.298	90.889	110.218
33	38.869	46.111	55.077	66.209	80.063	97.343	118.933
34	40.257	48.033	57.730	69.857	85.066	104.183	128.258
35	41.660	49.994	60.462	73.652	90.320	111.434	138.236
40	48.886	60.402	75.401	95.026	120.799	154.761	199.635
50	64.463	84.579	112.796	152.667	209.347	290.335	406.528

附表三(续)

n	8%	9%	10%	11%	12%	13%	14%
1	1.000	1.000	1.000	1.000	1.000	1.000	1.000
2	2.080	2.090	2.100	2.110	2.120	2.130	2.140
3	3.246	3.278	3.310	3.342	3.374	3.407	3.440
4	4.506	4.573	4.641	4.710	4.779	4.850	4.921
5	5.867	5.985	6.105	6.228	6.353	6.480	6.610
6	7.336	7.523	7.716	7.913	8.115	8.323	8.536
7	8.923	9.200	9.487	9.783	10.089	10.405	10.730
8	10.637	11.028	11.436	11.859	12.300	12.757	13.233
9	12.488	13.021	13.579	14.164	14.776	15.416	16.085
10	14.487	15.193	15.937	16.722	17.549	18.420	19.337
11	16.645	17.560	18.531	19.561	20.655	21.814	23.045
12	18.977	20.141	21.384	22.713	24.133	25.650	27.271
13	21.495	22.953	24.523	26.212	28.029	29.985	32.089
14	24.215	26.019	27.975	30.095	32.393	34.883	37.581
15	27.152	29.361	31.772	34.405	37.280	40.417	43.842
16	30.324	33.003	35.950	39.190	42.753	46.672	50.980
17	33.750	36.974	40.545	44.501	48.884	53.739	59.118
18	37.450	41.301	45.599	50.396	55.750	61.725	68.394
19	41.446	46.018	51.159	56.939	63.440	70.749	78.969
20	45.762	51.160	57.275	64.203	72.052	80.947	91.025
21	50.423	56.765	64.002	72.265	81.699	92.470	104.768
22	55.457	62.873	71.403	81.214	92.503	105.491	120.436
23	60.893	69.532	79.543	91.148	104.603	120.205	138.297
24	66.765	76.790	88.497	102.174	118.115	136.831	158.659
25	73.106	84.701	98.347	114.413	133.334	155.620	181.871
26	79.954	93.324	109.182	127.999	150.334	176.850	208.333
27	87.351	102.723	121.100	143.079	169.374	200.841	238.499
28	95.339	112.968	134.210	159.817	190.694	227.950	272.889
29	103.966	124.135	148.631	178.397	214.583	258.583	312.094
30	113.283	136.308	164.494	199.021	241.333	293.199	356.787
31	123.364	149.575	181.943	221.913	271.293	332.315	407.737
32	134.214	164.037	201.138	247.324	304.848	376.516	465.820
33	145.951	179.800	222.252	275.529	342.429	426.463	532.035
34	158.627	196.982	245.477	306.837	384.521	482.903	607.520
35	172.317	215.711	271.024	341.590	431.663	546.681	693.573
40	259.057	337.882	442.593	581.826	767.091	1013.70	1342.03
50	573.770	815.084	1163.91	1668.77	2400.02	3459.51	4994.52

附表三(續)

n	15%	16%	17%	18%	19%	20%	24%
1	1.000	1.000	1.000	1.000	1.000	1.000	1.000
2	2.150	2.160	2.170	2.180	2.190	2.200	2.240
3	3.473	3.506	3.539	3.572	3.606	3.640	3.778
4	4.993	5.066	5.141	5.215	5.291	5.368	5.683
5	6.742	6.877	7.014	7.154	7.297	7.442	8.048
6	8.754	8.977	9.207	9.442	9.683	9.930	10.980
7	11.067	11.414	11.772	12.142	12.523	12.916	14.615
8	13.727	14.240	14.773	15.327	15.902	16.499	19.123
9	16.786	17.519	18.285	19.086	19.923	20.799	24.712
10	20.304	21.321	22.393	23.521	24.701	25.959	31.643
11	24.349	25.733	27.200	28.755	30.404	32.150	40.238
12	29.002	30.850	32.824	34.931	37.180	39.581	50.895
13	34.352	36.786	39.404	42.219	45.244	48.497	64.110
14	40.505	43.672	47.103	50.818	54.841	59.196	80.496
15	47.580	51.660	56.110	60.965	66.261	72.035	100.815
16	55.717	60.925	66.649	72.939	79.850	87.442	126.011
17	65.075	71.673	78.979	87.068	96.022	105.931	157.253
18	75.836	84.141	93.406	103.740	115.265	128.117	195.994
19	88.212	98.603	110.285	123.414	138.166	154.740	244.033
20	102.444	115.379	130.033	146.628	165.418	186.688	303.601
21	118.810	134.841	153.139	174.021	197.847	225.026	377.465
22	137.632	157.415	180.172	206.345	236.438	271.031	469.056
23	159.276	183.601	211.801	244.487	282.362	326.237	582.630
24	184.168	213.978	248.808	289.494	337.010	392.484	723.461
25	212.793	249.214	292.105	342.603	402.042	471.981	898.092
26	245.712	290.088	342.763	405.272	479.431	567.377	1114.63
27	283.569	337.502	402.032	479.221	571.552	681.853	1383.15
28	327.104	392.503	471.378	566.481	681.112	819.223	1716.10
29	377.170	456.303	552.512	669.447	811.523	984.068	2128.96
30	434.745	530.312	647.439	790.948	966.712	1181.88	2640.92
31	500.957	616.162	758.504	934.319	1151.39	1419.26	3275.74
32	577.100	715.747	888.449	1103.50	1371.15	1704.11	4062.91
33	664.666	831.267	1040.49	1303.13	1632.67	2045.93	5039.01
34	765.365	965.270	1218.37	1538.69	1943.88	2456.18	6249.38
35	881.170	1120.72	1426.49	1816.65	2314.21	2948.34	7750.23
40	1779.09	2360.76	3134.52	4163.21	5529.83	7343.86	22728.8
50	7217.72	10435.6	15089.5	21813.1	31515.3	45497.2	195373

附表三(續)

n	25%	28%	30%	32%	35%	40%
1	1.000	1.000	1.000	1.000	1.000	1.000
2	2.250	2.280	2.300	2.320	2.350	2.400
3	3.813	3.918	3.990	4.062	4.173	4.360
4	5.766	6.016	6.187	6.362	6.633	7.104
5	8.207	8.700	9.043	9.398	9.954	10.946
6	11.259	12.136	12.756	13.406	14.438	16.324
7	15.073	16.534	17.583	18.696	20.492	23.853
8	19.842	22.163	23.858	25.678	28.664	34.395
9	25.802	29.369	32.015	34.895	39.696	49.153
10	33.253	38.592	42.619	47.062	54.590	69.814
11	42.566	50.399	56.406	63.122	74.697	98.739
12	54.208	65.510	74.327	84.320	101.841	139.235
13	68.760	84.854	97.625	112.303	138.485	195.929
14	86.949	109.612	127.913	149.240	187.954	275.300
15	109.69	141.393	167.286	197.997	254.738	386.420
16	138.109	181.868	218.472	262.356	344.897	541.988
17	173.635	233.791	285.014	347.309	466.611	759.784
18	218.045	300.252	371.518	459.449	630.925	1064.70
19	273.556	385.323	483.973	607.472	852.748	1491.58
20	342.945	494.231	630.165	802.863	1152.21	2089.21
21	429.681	633.593	820.215	1060.78	1556.48	2925.89
22	538.101	811.999	1067.28	1401.23	2102.25	4097.24
23	673.626	1040.36	1388.46	1850.62	2839.04	5737.14
24	843.033	1332.66	1806.00	2443.82	3833.71	8033.00
25	1054.79	1706.80	2348.80	3226.84	5176.50	11247.2
26	1319.49	2185.71	3054.44	4260.43	6989.28	15747.1
27	1650.36	2798.71	3971.78	5624.77	9436.53	22046.9
28	2063.95	3583.34	5164.31	7425.70	12740.3	30866.7
29	2580.94	4587.68	6714.60	9802.92	17200.4	43214.3
30	3227.17	5873.23	8729.99	12940.9	23221.6	60501.1
31	4034.97	7518.74	11350.0	17082.9	31350.1	84702.5
32	5044.71	9624.98	14756.0	22550.5	42323.7	118585
33	6306.89	12321.0	19183.8	29767.6	57138.0	166019
34	7884.61	15771.8	24940.0	39249.3	77137.2	232428
35	9856.76	20189.0	32422.9	51869.4	104136	325400
40	30088.7	69377.5	120393	207874	466960	1750092
50	280256	819103	1659760	3338460	9389020	—

附表四

年金现值系数表 $(P_A, i, n) = [1 - (1+i)^{-n}]/i$

n	1%	2%	3%	4%	5%	6%	7%	8%	9%
1	0.990	0.980	0.971	0.962	0.952	0.943	0.935	0.926	0.917
2	1.970	1.942	1.913	1.886	1.859	1.833	1.808	1.783	1.759
3	2.941	2.884	2.829	2.775	2.723	2.673	2.624	2.577	2.531
4	3.902	3.808	3.717	3.630	3.546	3.465	3.387	3.312	3.240
5	4.853	4.713	4.580	4.452	4.329	4.212	4.100	3.993	3.890
6	5.795	5.601	5.417	5.242	5.076	4.917	4.767	4.623	4.486
7	6.728	6.472	6.230	6.002	5.786	5.582	5.389	5.206	5.033
8	7.652	7.325	7.020	6.733	6.463	6.210	5.971	5.747	5.535
9	8.566	8.162	7.786	7.435	7.108	6.802	6.515	6.247	5.995
10	9.471	8.983	8.530	8.111	7.722	7.360	7.024	6.710	6.418
11	10.368	9.787	9.253	8.760	8.306	7.887	7.499	7.139	6.805
12	11.255	10.575	9.954	9.385	8.863	8.384	7.943	7.536	7.161
13	12.134	11.348	10.635	9.986	9.394	8.853	8.358	7.904	7.487
14	13.004	12.106	11.296	10.563	9.899	9.295	8.745	8.244	7.786
15	13.865	12.849	11.938	11.118	10.380	9.712	9.108	8.559	8.061
16	14.718	13.578	12.561	11.652	10.838	10.106	9.447	8.851	8.313
17	15.562	14.292	13.166	12.166	11.274	10.477	9.763	9.122	8.544
18	16.398	14.992	13.754	12.659	11.690	10.828	10.058	9.372	8.756
19	17.226	15.678	14.324	13.134	12.085	11.158	10.336	9.604	8.950
20	18.046	16.351	14.877	13.590	12.462	11.470	10.594	9.818	9.129
21	18.857	17.011	15.415	14.029	12.821	11.764	10.836	10.017	9.292
22	19.660	17.658	15.937	14.451	13.163	12.042	11.061	10.201	9.442
23	20.456	18.292	16.444	14.857	13.489	12.303	11.272	10.371	9.580
24	21.243	18.914	16.936	15.247	13.800	12.550	11.469	10.529	9.707
25	22.023	19.524	17.413	15.622	14.094	12.783	11.654	10.675	9.823
26	22.795	20.121	17.877	15.983	14.375	13.003	11.826	10.810	9.929
27	23.560	20.707	18.327	16.330	14.643	13.211	11.987	10.935	10.027
28	24.316	21.281	18.764	16.663	14.898	13.406	12.137	11.051	10.116
29	25.066	21.844	19.189	16.984	15.141	13.591	12.278	11.518	10.198
30	25.808	22.397	19.600	17.292	15.373	13.765	12.409	11.258	10.274
35	29.409	24.999	21.487	18.665	16.374	14.498	12.948	11.655	10.567
40	32.835	27.355	23.115	19.793	17.159	15.046	13.332	11.925	10.757
50	39.196	31.424	25.730	21.482	18.256	15.762	13.801	12.233	10.962

附表四(續)

n	10%	11%	12%	13%	14%	15%	16%	17%	18%
1	0.909	0.901	0.893	0.885	0.877	0.870	0.862	0.855	0.847
2	1.736	1.713	1.690	1.668	1.647	1.626	1.605	1.585	1.566
3	2.487	2.444	2.402	2.361	2.322	2.283	2.246	2.210	2.174
4	3.170	3.102	3.037	2.974	2.914	2.855	2.798	2.743	2.690
5	3.791	3.696	3.605	3.517	3.433	3.352	3.274	3.199	3.127
6	4.355	4.231	4.111	3.998	3.889	3.784	3.685	3.589	3.498
7	4.868	4.712	4.564	4.423	4.288	4.160	4.039	3.922	3.812
8	5.335	5.146	4.968	4.799	4.639	4.487	4.344	4.207	4.078
9	5.759	5.537	5.328	5.132	4.496	4.772	4.607	4.451	4.303
10	6.145	5.889	5.650	5.426	5.216	5.019	4.833	4.659	4.494
11	6.495	6.207	5.938	5.687	5.453	5.234	5.029	4.836	4.656
12	6.814	6.492	6.194	5.918	5.660	5.421	5.197	4.988	4.793
13	7.103	6.750	6.424	6.122	5.842	5.583	5.342	5.118	4.910
14	7.367	6.982	6.628	6.302	6.002	5.724	5.468	5.229	5.008
15	7.606	7.191	6.811	6.462	6.142	5.847	5.575	5.324	5.092
16	7.824	7.379	6.974	6.604	6.265	5.954	5.668	5.405	5.162
17	8.022	7.549	7.102	6.729	6.373	6.047	5.749	5.475	5.222
18	8.201	7.702	7.250	6.840	6.467	6.128	5.818	5.534	5.273
19	8.365	7.839	7.366	6.938	6.550	6.198	5.877	5.584	5.316
20	8.514	7.963	7.469	7.025	6.623	6.259	5.929	5.628	5.353
21	8.649	8.705	7.562	7.102	6.687	6.312	5.973	5.665	5.384
22	8.772	8.176	7.645	7.170	6.743	6.359	6.011	5.696	5.410
23	8.883	8.266	7.718	7.230	6.792	6.400	6.044	5.724	5.432
24	8.985	8.348	7.784	7.283	6.835	6.434	6.073	5.746	5.451
25	9.077	8.422	7.843	7.330	6.873	6.464	6.097	5.766	5.467
26	9.161	8.488	7.896	7.372	6.906	6.491	6.118	5.783	5.480
27	9.237	8.548	7.943	7.409	6.935	6.514	6.136	5.798	5.492
28	9.307	8.602	7.984	7.441	6.960	6.534	6.152	5.810	5.502
29	9.370	8.650	8.022	7.470	6.983	6.551	6.166	5.820	5.510
30	9.427	8.694	8.055	7.496	7.003	6.566	6.177	5.829	5.517
35	9.644	8.855	8.176	7.586	7.070	6.617	6.215	5.858	5.539
40	9.779	8.951	8.244	7.634	7.105	6.642	6.233	5.871	5.548
50	9.915	9.042	8.304	7.675	7.133	6.661	6.246	5.880	5.554

附表四(續)

n	19%	20%	22%	25%	28%	30%	32%	35%	40%
1	0.840	0.833	0.820	0.800	0.781	0.769	0.758	0.741	0.714
2	1.547	1.528	1.492	1.440	1.392	1.361	1.332	1.289	1.224
3	2.140	2.106	2.042	1.952	1.868	1.816	1.766	1.696	1.589
4	2.639	2.589	2.494	2.362	2.241	2.166	2.096	1.997	1.849
5	3.058	2.991	2.864	2.689	2.532	2.436	2.345	2.220	2.035
6	3.410	3.326	3.167	2.951	2.759	2.643	2.534	2.385	2.168
7	3.706	3.605	3.416	3.161	2.937	2.802	2.678	2.508	2.263
8	3.954	3.837	3.619	3.329	3.076	2.925	2.786	2.598	2.331
9	4.163	4.031	3.786	3.463	3.184	3.019	2.868	2.665	2.379
10	4.339	4.192	3.923	3.571	3.269	3.092	2.930	2.715	2.414
11	4.486	4.327	4.035	3.656	3.335	3.147	2.978	2.752	2.438
12	4.611	4.439	4.127	3.725	3.387	3.190	3.013	2.779	2.456
13	4.715	4.533	4.203	3.780	3.427	3.223	3.040	2.799	2.469
14	4.802	4.611	4.265	3.824	3.459	3.249	3.061	2.814	2.478
15	4.876	4.675	4.315	3.859	3.483	3.268	3.076	2.825	2.484
16	4.938	4.730	4.357	3.887	3.503	3.283	3.088	2.834	2.489
17	4.988	4.775	4.391	3.910	3.518	3.295	3.097	2.840	2.492
18	5.033	4.812	4.419	3.928	3.529	3.304	3.104	2.844	2.494
19	5.070	4.843	4.442	3.942	3.539	3.311	3.109	2.848	2.496
20	5.101	4.870	4.460	3.954	3.546	3.316	3.113	2.850	2.497
21	5.127	4.891	4.476	3.963	3.551	3.320	3.116	2.852	2.498
22	5.149	4.909	4.488	3.970	3.556	3.323	3.118	2.853	2.498
23	5.167	4.925	4.499	3.976	3.559	3.325	3.120	3.854	2.499
24	5.182	4.937	4.507	3.981	3.562	3.327	3.121	2.855	2.499
25	5.195	4.948	4.514	3.985	3.564	3.329	3.122	2.856	2.499
26	5.206	4.956	4.520	3.988	3.566	3.330	3.123	3.856	3.500
27	5.215	4.964	4.524	3.990	3.567	3.331	3.123	2.856	2.500
28	5.223	4.970	4.528	3.992	3.568	3.331	3.124	2.857	2.500
29	5.229	4.974	4.531	3.994	3.569	3.332	3.124	2.857	2.500
30	5.235	4.979	4.534	3.995	3.569	3.332	3.124	2.857	2.500
35	5.251	4.992	4.541	3.998	3.571	3.333	3.125	2.857	2.500
40	5.258	4.997	4.544	3.999	3.571	3.333	3.125	2.857	2.500
50	5.262	4.999	4.545	4.000	3.571	3.333	3.125	2.857	2.500

國家圖書館出版品預行編目(CIP)資料

會計學 / 趙德武 主編. -- 第八版.
-- 臺北市：財經錢線文化出版：崧博發行, 2019.01
　面；　公分
ISBN 978-957-680-254-6(平裝)
1. 會計學
495.1　107018109

書　名：會計學
作　者：趙德武 主編
發行人：黃振庭
出版者：財經錢線文化事業有限公司
發行者：崧博出版事業有限公司
E-mail：sonbookservice@gmail.com
粉絲頁　　　　　網　址：
地　址：台北市中正區延平南路六十一號五樓一室
8F.-815, No.61, Sec. 1, Chongqing S. Rd., Zhongzheng Dist., Taipei City 100, Taiwan (R.O.C.)
電　話：(02)2370-3310　傳　真：(02) 2370-3210
總經銷：紅螞蟻圖書有限公司
地　址：台北市內湖區舊宗路二段 121 巷 19 號
電　話：02-2795-3656　傳真：02-2795-4100　網址：
印　刷：京峯彩色印刷有限公司（京峰數位）

　　本書版權為西南財經大學出版社所有授權崧博出版事業有限公司獨家發行電子書及繁體書繁體版。若有其他相關權利及授權需求請與本公司聯繫。
定價：600元
發行日期：2019 年 01月第八版
◎ 本書以POD印製發行